雅文食趣

著

张延年○校注

中国纺织出版社有限公司

内 容 提 要

本书是据手抄秘本整理出版的清代菜谱。以扬州菜系为主，从日常小菜腌制到宫廷满汉全席，应有尽有。收荤素菜肴两千种、茶点果品一千类，烹调、制作、摆设方法，分条一一讲析明白。实为我国古代烹饪艺术集大成的巨著。

图书在版编目（CIP）数据

调鼎集 /（清）童岳荐著；张延年校注 . -- 北京：中国纺织出版社有限公司，2022.7

ISBN 978-7-5180-8554-5

Ⅰ. ①调… Ⅱ. ①童… ②张… Ⅲ. ①食谱—中国—清代②菜谱—中国—清代 Ⅳ. ① TS972.182

中国版本图书馆 CIP 数据核字（2021）第 088722 号

责任编辑：郑丹妮 国 帅 责任校对：王蕙莹
责任印制：王艳丽

中国纺织出版社有限公司出版发行
地址：北京市朝阳区百子湾东里 A407 号楼 邮政编码：100124
销售电话：010—67004422 传真：010—87155801
http://www.c-textilep.com
中国纺织出版社天猫旗舰店
官方微博 http://weibo.com/2119887771
唐山玺诚印务有限公司印刷 各地新华书店经销
2022 年 7 月第 1 版第 1 次印刷
开本：710×1000 1/16 印张：23.25
字数：332 千字 定价：68.00 元

凡购本书，如有缺页、倒页、脱页，由本社图书营销中心调换

总　目

再版前言

  《调鼎集》属抢救过来的中国烹饪文化煌煌巨作，若非偶然机缘在北京图书馆发现其独存的手抄本，并逐一拍照留存，几至埋没、湮灭。

  1987年，吾友董欣宾、郑奇知悉我已校注完毕，力荐由出版社出版发行以造福后人。1988年6月，中州古籍出版社正式出版，分为上下两册，"筵席菜肴篇"和"酒菜点心篇"，当时印数较少，只印了三千册，很快市场告罄。2006年元月，由中国纺织出版社出版了"仿古"的纺织社版本。倏忽间又过去了十五年，董欣宾、郑奇二君皆已驾鹤西去，市场上的《调鼎集》也难觅踪影。中国纺织出版社有限公司出于对中华传统文化留存于世的责任感，决定再版，在此深表敬佩和感谢！

  《调鼎集》内容之广博，见解之精到，技法之细腻，实非三言两语能够道尽。所有具一定底蕴之烹饪从业者、烹饪理论研究者、烹饪院校师生若能人手一册，细心研读，用心领悟，则中国烹饪文化、烹饪技艺传承，必将日益昌盛，烹饪王国之称号，永属中华定无疑义！

张延年于邢上五味斋

2021年2月

厨家秘籍　烹饪瑰宝

民以食为天。因为要解决吃的问题，人类发明了生火方法，从而创造了以烹饪文化为起始的人类文明。源远流长的中国烹饪技艺，是中华民族宝贵的文化遗产。勤劳、智慧的中国人民，经过长期的实践和积累，总结出许多选择、保藏原料，调制酱醋、佐料，烹制菜肴、点心，制作醇酒、香茶的方法和经验。由于历代厨师大都缺少文化，留传技艺多是师徒相授、代代因袭。以文字形式流传下来的资料，主要是由文人搜集、整理、归纳而成的。从《吕氏春秋·本味篇》到贾思勰的《齐民要术》；从谢讽的《食经》，到忽思慧的《饮膳正要》；从韩奕的《易牙遗意》到袁枚的《随园食单》，都是那些名重一时的学者，同时又精于饮食之道的美食家撰著而成，为我们留下了丰富而珍贵的烹饪文化宝藏。然而，由于"君子远庖厨"的封建文化思想影响，烹饪著作又往往得不到社会重视。一些并非出自知名人士之手的烹饪专著，常常以手抄本的形式散存于民间，《调鼎集》就是这样一部得以幸存的手抄本。这部洋洋洒洒数十万言，工工整整一笔不苟的烹饪巨著，一直沉睡在北京图书馆善本部内。20世纪70年代末，于偶然机缘之中，被笔者发现。几经转折，于80年代初校注印出部分卷次作为教学参考之用。1986年，我国著名书画家董欣宾先生，建议并力荐正式出版，挥毫题签；著名学者友人郑奇君还命笔作序，为这部厨家秘籍增色多多。二十年匆匆过去，欣宾先生业已驾鹤西去，手捧存世不多的中州古籍版《调鼎集》，物是人非，感慨良多，不禁黯然神伤。

《调鼎集》全书十卷，涉足于烹饪饮食的各个方面，其主要内容是：

第一卷 调和作料部 收录了制作各种鲜汁的方法二十八种，调香剂二十九种。用发酵法制作五十种酱、酱油、醋的具体方法。该卷中内容，对继承我国烹饪中味的开发和应用，汤的调制及传统酱的发酵方法，都有十分现实的指导意义。

第二卷 铺设戏席部 此卷介绍了各类筵席的规格、筵席程式和各类菜肴的择用。为便于读者查阅，笔者将原第八卷《茶酒部》中收录的"满席""汉席"和"菜式"编入此卷。本卷中，介绍的筵席规格近三十类，涉及菜点一千一百余款，可谓蔚然大观。尤为可贵的是，本卷记录了以猪体为原料的"全猪席"，介绍了七十三种看馔制作方法，并归纳出满族筵席、汉族筵席菜肴的择用。

第三卷 特牲杂牲部 收录了猪肉、猪内脏类的菜肴，分门别类，多达三百零七种。牛、羊肉、内脏等为原料的菜肴一百二十五种。

第四卷 羽族部 收录了鸡类菜肴一百二十四种，鸭类菜肴一百二十六种，其他禽类菜肴四十种。

第五卷 江鲜部 收录了各种鱼、虾、蟹计二十三类，以水产品为原料的菜肴三百三十八种。

第六卷 衬菜部 收录了可以作为燕窝、海参、鱼翅、鲍鱼四种名贵原料作为陪衬的菜肴二百八十四种。

第七卷 蔬菜部 收录了竹笋、萝卜、青菜、黄芽菜、芥菜、苋菜、荠菜等二十六类蔬菜制作的菜肴三百四十种。

第八卷 茶酒部 收录了二十五种茶和七十一种酒。该卷还详细介绍了清代绍兴酒的具体酿造方法，是极为可贵的酿酒工艺资料。笔者还将原散存于《铺设戏席部》与《衬菜部》中有关茶、酒的条目，尽皆编入此卷。

第九卷 点心部 笔者将分散在各卷中的点心、饭、粥条目，皆编入此卷。本卷共收有面条、糕饼等点心二百七十七种，糖货类十三种，干果六十七种，饭、粥六十五种。其中特别介绍了"西人面食"三十一种，是研究清代及清代以前我国西北少数民族地区面食的重要资料。

第十卷　果品部　收录了梅、樱桃、杏、枇杷、菱、梨、桃、山药、百合、苹果等四十余类果品二百六十种。

除上述简要介绍的内容外，书中还分散收录了许多关于烹饪原料、操作技艺、制作要领、保藏秘诀等方面内容，诸如产地、分类、选料、加工等方面，涉及面广，论述也十分精辟，具有极重要的现实意义。

经考证，《调鼎集》系清代乾隆嘉庆年间扬州盐商童岳荐选编撰著的。清人李斗在《扬州画舫录》中记曰："童岳荐，字砚北，绍兴人，精于盐荚，善谋画，多奇中。寓居埂子上。"埂子上即今扬州市埂子街。《扬州画舫录》是一部专门记载扬州地理名胜、社会风俗、名人轶事的方志，十分翔实可靠。乾、嘉时期的扬州，商业经济发达，百业市场繁荣，为《调鼎集》这部搜罗广博的烹饪著作，奠定了坚实的物质基础。

扬州，古称邗城、广陵、江都、淮扬、维扬等，建城于公元前486年的春秋时期，至隋开皇九年，即公元589年始称扬州。明初称为维扬府，后又改称扬州府，延至清末。扬州面江负淮，运河中贯，扼守南北交通之咽喉，地位十分特殊。域内气候温暖，河网纵横，物产丰富。扬州自古即为"淮盐总汇"，且人文荟萃，富庶繁华，史称"江淮大镇"。宋人洪迈在《容斋随笔》卷九"唐扬州之盛"条中记曰："唐世盐铁转运史在扬州，尽斡利权，判官多至数十人，商贾如织，故谚称'扬一益二'，谓天下之盛，扬为一而蜀次之也。"

我们从唐代诗歌中，也可以看到历史上扬州的繁华风貌：

"二十四桥明月夜，玉人何处教吹箫。"

"天下三分明月夜，二分无赖是扬州。"

"十里长街市井连，月明桥上看神仙。"

这种"千灯照碧云""灯火连星汉"的繁荣景象，使扬州成为帝王将相、豪商巨贾、骚人墨客的竞游之地，极大地刺激和推动了扬州饮食文化的形成和发展。明、清两朝，扬州迎来了又一个烹饪、饮食发展的高峰，市面上食肆林立。清帝康熙、乾隆屡屡南巡，官吏、士绅于扬州以盛宴接驾。"上买卖街前后寺观皆为大厨房，以备六司，百官食次。"李斗的《扬州画舫录》留下了我国仅有的"满汉全席"菜单，开列的食单分为五级，一次就有上百种以上的菜肴。这种特殊的历史际遇，独特的需求环境，不仅使得扬州烹饪博采外帮菜肴之长，融汇南北风味之精华，而且让扬州的烹饪人才济济，饮食业长盛不衰。清代是扬州繁华的又一高峰。由于两淮盐运使设于扬州，两淮盐商对清政府财政有着举足轻重的作用。乾隆、光绪两朝修订的《两淮盐法志》上记曰："盐课据天下赋税之半，两淮盐课又居天下之半。"而"扬州盐商向有数百家"，且"富以百万计""百万以下者皆为小商"。扬州的盐商们广筑园林，追求享乐，"衣物屋宇，穷极华奢；饮食器具，备求工巧……宴会嬉游，殆无虚日……骄侈淫佚，相习成风。""各处盐商皆然，而淮扬尤甚。"家资钜万的盐商们还附庸风雅，经常让家厨制作各种精美肴馔，筵请骚人墨客聚会，饮宴时即席挥毫，赋诗作画，相互唱和，称为"诗文之会"。盐商们相互攀比，争富斗胜。这种特殊的社会需要，不仅使扬州的烹饪技艺日渐其精，而且促进了家厨这个特殊职业群体的日益庞大，人数越来越多。应该说，悠久的历史文化，丰富的自然资源，重要的经济地位，频繁的南北交流，特殊的社会需要，庞大的厨师队伍，在这些因素交叉作用下，扬州得以形成了一个大的菜系，在全国范围内得到了"吃在扬州"的共同赞誉，成为名副其实的"厨师之乡。"在历史发展的长河中，维扬菜肴形成了"选料严格，刀工精细。讲究火工，擅长炖焖。汤清味醇，汤浓不腻。清淡鲜嫩，原汁原味。工于造型，巧用点缀。咸中微甜，南北皆宜"的风味特色。童岳荐生活在乾嘉时期的扬州，《调鼎集》中也广泛记录了当时扬州饮食市场出现的品种。《扬州画舫录》记曰："小东门街多食肆"。小东门街在埂子街北，呈东西走向，与埂子街呈丁字形，位处童岳荐寓所附近。这些食肆供应"多糊炒田鸡、酒醋蹄、红白油鸡、鸭、炸虾、板鸭、五香野鸭、鸡鸭杂、火腿片之属。"而"酒煨蹄""炒田鸡①""板鸭""五香野鸭""火腿片"等菜肴，

---

① 田鸡：虎纹蛙的别称，是国家野生保护动物。本书中涉及的所有野生保护动物，禁止捕杀掠食。——编者注

在《调鼎集》中均有记载。《调鼎集》中汇集的众多菜点中，有相当多的部分至今仍然是维扬菜点中的代表之作。如"文思豆腐""葵花肉圆（现名"葵花斩肉""狮子头"）、"套鸭"（现名"三套鸭"）、"荷包鲫鱼""芙蓉鸡"（现名"芙蓉鸡片"）、"芙蓉豆腐""金银鸭""千层糕"（现名"千层油糕"）、"酥盒""春卷"等。据粗略统计，仅"江鲜部"记录的菜品中，至今仍有八十多种菜肴在扬州饮食市场上供应。古今制作的方法，有的略有发展变化，有的则基本没变。

《调鼎集》采取选编与撰写相结合的方法成书。童岳荐既采摘当时传世的诸家饮食著作，又记录了自己亲见亲闻的烹饪知识和菜点制作技术。即使是采摘他人著作，也增添了许多独立的见解，使内容的广度和深度都有很大发展。童岳荐选用较多的是《闲情偶记》（明李渔著）和《随园食单》（清袁枚著）。李渔和袁枚都是全国知名的文人，《随园食单》更是流传广泛、影响面广、理论性很强的一部烹饪专著。《调鼎集》中有数卷，多以《随园食单》所论为纲，再阐述作者的见解，继而充实以长期收集、积累的资料。如《随园食单》（特牲部）仅记有猪肉类菜肴五十三种，而《调鼎集》中（特牲部）则对猪作了系统论述，收罗了猪类菜肴三百零九种，超过《随园食单》中猪类菜肴五倍余。在《随园食单》（江鲜部）中，袁枚只作了二十字的说明："郭璞《江赋》，鱼族甚繁，今择其常有者治之，作江鲜单。"童岳荐不仅抄录了这段话，而且作了近五百字的论述，就鱼类的选料、去腥、烹制等方面作了详细说明。这类例子甚多，不再一一列举。除去摘抄、汇编，童岳荐还独立行文。如《酒茶部》中酒谱序："吾乡绍兴酒，明以上未之前闻，此时不特不迳而走，几遍天下……恒留心采问，详其始终，节目为缕述之，号曰酒谱……会稽北砚童岳荐书"。由此可见，童岳荐在编撰《调鼎集》时，绝不只是抄抄录录，而是狠下了一番功夫的。

《调鼎集》内容之广泛，资料之丰富，见解之精到，远非一般食谱可比。可以说，它是烹饪技艺、历史资料、饮食理论的集大成者。仅就它收录了一千六百多种菜肴，六百多种点心、饭粥、小吃这一点而言，就使《调鼎集》成为中国烹饪发展史上极为珍贵、容量最大的一部典籍。特别对维扬菜点历史和风味特色的研究，更具有重要意义。

　　《调鼎集》中个别地方意义不明，笔者未敢骤然断论，故亦有未加注者。水平所限，不当和疏漏之处在所难免，请诸方家，不吝指正。

　　　　　　　　　　　　　　　　　　　　张延年

　　　　　　　　　　　　　　　2005年12月3日于邢上五味斋

他序

　　余少喜文史，自攻读研究生，则专治画史、画论，亦时有论文、论著问世。不道天假时机，分配至江苏商专，参与中国烹饪高等教育之筹建工作，并首创《中国烹饪美学》学科。专业不对口，本出无奈，人亦以为社会之莫大误会。然从业经年，渐觉柳暗花明。饮食之道，原为人类一切文明之所本，亦为衡量人类文明水平高低之尺度。科学、技术、文学、艺术……皆深关饮食烹饪。中国烹饪，作为人类文化之佼佼者，其高、其深、其厚，堪称独绝！古文人有如苏轼、倪瓒、袁枚辈，无不深谙此道，且有论著留世，为当今研究烹饪之宝贵资料。然不知何时，人们竟生一奇怪思想：视饮食之道为区区俗事，且为君子所不齿。流风至今，仍不乏对余误入"歧途"深表同情者。嗟乎！

　　吾友张延年君，向不以流风为然，从事烹饪教育工作多年，不独桃李遍天下，且于教书育人之余，广泛搜求史料，加以研究、发掘。本《调鼎集》系国内唯一抄本，原藏北京图书馆，十年前张君偶得影印之件，如获至宝，时时披览，发现其以维扬菜系为主，几集中国烹饪文化之大成，蔚为大观，乃为史籍所罕见者也。为使广大烹饪工作者对传统文化有较为全面之了解，以发扬光大，张君利用业余时间，挑灯夜战半年之久，标注成册，以飨读者。大画师兼美食家董欣宾兄见之甚喜，力荐正式出版，并欣然题签，又嘱余为之序云云。

郑　奇

1987年3月8日于扬州

调鼎①集序

　　是书凡十卷，不著撰者姓名，盖相传旧钞本也。上则水陆珍错②，下及酒浆醯③酱、盐醢④之属，凡《周官》⑤庖人烹人之所掌，内饔外饔之所司⑥无不灿然大备于其中⑦。其取物之多，用物之宏，《齐民要术》⑧所载物品饮食之法，尤为详备。为此书者，其殆躬逢太平之世⑨，一时年丰物阜，匕鬯不惊⑩，得以其暇，著为此篇。华而不僭，秩而不乱⑪。《易》⑫曰："君子以酒食宴乐"⑬，其斯

---

① 调鼎：调，调味。《吕氏春秋·去私》："庖人调和而食之。"鼎，流行于商周至汉代的炊具，名贵者用青铜制成，圆形三足两耳，亦有长方形的，调鼎即指烹调食物。

② 水陆珍错：指水里陆地所产众多珍贵的食物，《晋书·石崇传》："丝竹尽当时之选，庖膳穷水陆之珍。"

③ 醯（音 xī 希）：即酸醋。

④ 醢（音 hǎi 海）：用鱼或肉制成的酱，这儿指各类酱。

⑤ 周官：亦称《周礼》《周官经》，儒家经典著作之一。内容系周朝官制、战国时各国制度和儒家的政治理想等。

⑥ 庖人烹人之所掌，内饔外饔之所司：庖人，负责屠宰的人。烹人，负责膳食制作的人。庖人烹人都指厨师。内饔（音 yōng 雍）系管理为王、后、世子烹制菜肴和宗庙祭祀的机构，外饔系管理外祭祀、大宴、出师巡狩酒宴用割烹事宜的机构。

⑦ 无不灿然大备于其中：没有不明明白白、完整地记在里面。

⑧《齐民要术》：书名，北魏贾思勰撰。是我国完整保存至今最早的一部古代农书。全书十卷，九十二篇，除记叙了各种农作物、蔬菜、果树、竹木栽培和家禽家畜饲养，农产品加工之外，还收录了许多食物烹调方法。

⑨ 其殆躬逢太平之世：其，那时。殆（音 dài 代），大概。躬，身体。太平之世，指封建社会相对安定发展的时期。清代即所谓"康乾盛世"。

⑩ 匕鬯不惊：匕（音 bǐ 比）、鬯（音 chàng 畅）都是古代祭器。过去用以形容行军有纪律，所到之处，百姓安宁，不废宗庙。这儿是说整个社会比较安定。

⑪ 华而不僭，秩而不乱：华，华丽；僭，过分；秩，秩序。意思是说文字华丽但又不过分，编排得很有条理。

⑫ 易：指《周易》，亦称《易经》，儒家重要经典著作之一。

⑬ 君子以酒食宴乐：有道德的人举行宴会以酒食为乐。

之谓乎①！往者伊尹以割烹要汤②，遂开商家六百载之基。高宗之相傅说③也曰："若作酒醴，尔为盐梅④。"遂建中兴之业⑤。《老子》⑥曰："治大国若烹小鲜⑦。"圣王之宰割天下，比物此志也。然则是书也，虽曰食谱，谓之治谱可也⑧。

济宁鉴斋先生与多禄相知⑨余二十年，素工赏鉴，博极群书⑩今以伊、傅之资，当割烹盐梅之任⑪，则天下之喁喁⑫属望，歌舞醉饱犹穆然⑬。想见宾筵礼乐之遗，而故人之所期许，要自有远且大者，又岂仅在寻常匕箸间哉⑭！

先生颇喜此书，属弁数言⑮以志⑯赠书之雅云。戊辰⑰上元⑱成多禄序于京师⑲十三古槐馆。

---

① 其斯之谓乎：就是这个说法吧。

② 伊尹以割烹要汤：伊尹（音yī yǐn衣引），商代名臣，相传他是陪嫁的奴隶。以做饭的身份担任了商的要职。

③ 高宗之相傅说：殷高宗武丁的宰相傅说（音yuè月）。

④ 若作酒醴，尔为盐梅：此句有误，《书·说命下》"若作和羹，尔惟盐梅"，是殷高宗任命傅说作宰相时说的话，意思是说，傅说是国家迫切需要的人。盐咸梅酸，为作羹必不可少之物。

⑤ 遂建中兴之业：于是建成了中兴国家的功业。

⑥《老子》：春秋时思想家老聃（音dān丹）的著作。老聃，姓李名耳，字伯阳。

⑦ 治大国若烹小鲜：鲜，鲜鱼，活鱼，治理一个大的国家就像煮小鱼一样，意即要整治、调理得当。

⑧ 谓之治谱可也：把它称为治理国家的书也行。

⑨ 相知：交好，互相奉为知己。

⑩ 素工赏鉴，博极群书：素，一向。工，善于。赏鉴，欣赏鉴别。博，广大，极，通。

⑪ 今以伊、傅之资，当割烹盐梅之任：现在以伊尹、傅说的能力，担当着厨师的责任。

⑫ 喁（音yú于）喁：形容众人向往羡慕之状。

⑬ 穆然：美好的样子。

⑭ 想见……匕箸间哉：我可以想象得到，在宴乐之余，鉴斋先生所希冀的是更远大的目标，哪里仅仅在饮食之间呢？

⑮ 属弁数言：属同嘱，嘱咐。弁，古代的一种皮帽子，引申为放在最前面。意思是说，嘱咐我在这本书前面写上几句话。

⑯ 志：记。

⑰ 戊辰：一八六八或一九二八年。根据成书年代，可能是一九二八年。

⑱ 上元：清时县治，今江宁县。另，旧历正月十五日称上元。

⑲ 京师：北京。

一、《调鼎集》内容丰富，涉及广博，为保存我国的优秀文化遗产，曾于1988年分为《筵席菜肴编》和《酒茶点心编》两册，由中州古籍出版社出版。现应海内外烹饪界人士要求，按原书卷次，重新出版。

二、《调鼎集》系手抄本秘籍，有些部分内容比较混乱，原书各卷目录，多有与内容不符之处。为便于读者查阅，现根据实际内容重编目录。在（　　）内标出原书有关字样。原抄本内部分无目录的，由校注者定名，在菜品前以［　　　］注明。对于较烦琐的，则只在目录上以×菜×款标出。对于过于烦琐的，则只标总目，不再一一另编目录。原抄本中目录一概不再使用。

三、《调鼎集》条目后的说明，均在其后以（　　）标出。原抄本书眉另加的文字，不论条目或说明，均另起一行以（　　）排印，并不再另编目录，请读者阅读时注意。

四、《调鼎集》中使用的除繁体字外，还有一些异体字、同音字、笔误字、借用字，亦有缺少、重复、错讹现象。现全部改为规范汉字，明显错误的已改规范。对其他文字现象，仍保留其原貌，在其后加（　　）予以说明或订正。

五、《调鼎集》中的冷僻字，均加汉语拼音和同音字注音。对于手抄本中论述偏颇或有迷信色彩的内容，注释中只予指出，不另加评析。

六、《调鼎集》中重量、体积单位均为旧制，注释中不再一一说明。

目录

第一卷　调和作料部
·············· 1

第二卷　铺设戏席部
·············· 32

调鼎集

第三卷 （北砚食单卷三）特牲杂牲部
·············79

第四卷 （童氏食规卷五）羽族部
·············· **121**

第五卷 （北砚）江鲜部
·············· **146**

第六卷　衬菜部

第七卷　蔬菜部

第八卷 茶酒部
·············225

第九卷 点心部
·············268

第十卷 果品部
·············316

书中所涉及的国家级野生保护动物、植物，不可捕杀、贩卖和食用，其他级别保护动物、植物，也不建议食用。制作方法仅供参考，可用其他动物、植物或用人工养殖品种替代。
——出版者注

第一卷　调和作料部

［ 酱 ］

酱不生虫：面上洒芥末或川椒末，则虫不生。

辟蝇蚋①：面上洒小茴末，再用鸡翎沾生香油②抹缸口，则蝇蚋不生。

凡生白衣③与酱油浑脚，用次等毡帽头，稀面不紧者，滤之则净。醋同。

造酱用腊水：头年腊水④拣极冻日⑤煮滚，放天井空处冷定存。俟夏日泡酱，是为腊水。最益人，不生虫，经久不坏。造酱油同。

又，六月六日取水，净瓮盛之。用以作酱、醋、腌物，一年不坏。

造酱要三熟：熟水⑥调面作饼；熟面作黄⑦，将饼蒸过用草罨⑧。熟水浸盐，盐用滚水煎。造酱油同。

滤盐渣：凡盐，入滚水搅三、四次，澄清，滤去泥脚，草屑用。造酱油同。

---

① 辟蝇蚋：蚋，音 ruì 锐，双翅类的一种昆虫，此处指苍蝇一类虫子。辟同避。辟蝇蚋，使苍蝇等逃避。

② 生香油：扬州人过去称麻油为香油，生香油指未熬炼过、有较浓味道的麻油。

③ 白衣：因霉菌大量繁殖，形成的白色块状物。

④ 头年腊水：扬州人称前一年、去年为"头年"。第一年腊月里的水，农历十二月称为腊月，是一年中气温最低的一个月。

⑤ 极冻日：非常冷的、上冻的日子。

⑥ 熟水：煮沸过的水。

⑦ 黄：制酱或酱油过程中先行制好的发酵物。一般用豆类、谷类蒸煮熟后，捂盖任其生出黄绿色菌孢，干燥后成为黄色块状或粉状物称为黄或黄子。

⑧ 罨：音 yǎn 掩，敷，覆盖。

造甜酱：宜三伏①天取面粉，入炒熟蚕豆屑（不拘多少），滚水和成饼，厚二指，大如指（疑为手字）掌，蒸熟冷定，楮叶②厚盖，放不透风处，七日上黄。晒一、二日捣碎，滚水下盐（滤过）泡成酱。每黄子十斤，用盐三斤。又，每面粉一担，蒸熟作饼，放黄子七十五斤。不论干湿，每黄一斤，用盐四两。将盐用滚水化开，下缸即用棍搅，不使留（若有块，出复上磨）苏州甜酱，每黄豆一石，用面一百六十斤。扬州甜酱，每豆一石，用面四百斤，又，晒甜酱加炒熟芝麻少许，滋润而味鲜，用以酱物更佳。

又，黄子一百斤，用盐二十五斤，水六十斤，晒三十日。须每日换缸晒之，然后搅转。长晒愈晒愈红愈甜。黄用干面一百斤，晒透净存八十斤，成酱可还原一百斤。盐加晒熟可得一百三十斤。酱黄内入七分开之梅花、香。

造瓮酱：白豆炒磨极细粉，投面、水和作饼，入汤煮熟，切片晒干，同黄子槌碎入瓮，加盐滚水，泥封十个月成酱，味极甜。

造酒酱：糯米一斗，做成白酒浆。加炒盐四两、淡豆豉半斤、花椒一两、胡椒二钱，大小茴香各一两、生姜一两，和匀细磨，即成美酱。

造麸酱：每小麦麸一斗，用盐三斤。少则淡，易酸。先将麦（疑缺麸字）煮熟取起，待温，用粉拌。摊芦蓆上一寸厚，七日上黄，晒干蘑（疑为磨字）碎，每碎十斤，加盐三斤、熟水三十斤下缸，入糯米冷饭一碗，搅匀成酱，任酱各物皆了（疑为可字）。凡酱物须腌去水，晾干投酱内，一复时③可用。

芝麻酱：熟芝麻一斗，捣烂。六月六日将滚水晾冷，用坛调匀，水高芝麻一指许④，封口晒七日，开坛将黑皮去尽，加酒酿糟三碗、酱油三碗、酒

---

① 三伏：指初伏、中伏、末伏。一年中气温最高的一段时间，又称为"大伏天"。《初学记》卷四引《阴阳书》："从夏至后第三庚为初伏，第四庚为中伏，立秋后第一庚为后伏，谓之三伏"。

② 楮叶：楮，音chǔ楚，桑科类乔木，亦名构树。因其皮可制桑皮纸，故作为纸的代称。楮叶亦可作模仿、逼真的比喻词。此处似指楮树的叶片或软而保温的厚物，如棉垫等。

③ 一复时：扬州方言，指一昼夜。

④ 水高芝麻一指许：水要浸没芝麻，并超过二三厘米。

二碗，红曲①末一升、妙（疑为炒字）绿豆一升、小茴一两，和匀，半月后用。

乌梅酱：乌梅一斤，洗净连核打碎，入沙糖五斤，拌匀，隔汤煮一炷香②，伏天取用消暑。

玫瑰酱：甜酱碟内入玫瑰花蕊蘸用。多投入缸内，酱物亦好。

甜酱卤：即甜酱稀汁。以之烧肉，色甚佳。蘸白肉，拌黄菜③俱妙。

米酱：白米舂粉，烧水作饼子。蒸熟候冷，铺草上，以草盖之，七日取出晒干，刷去毛，不必捣碎。每斤配盐四两，水十大碗。盐，水先煎滚，候冷，澄清泡黄。早、晚翻搅，晒四十日，收贮听用。又，糯米与白米对配④，作同前。又，不论何米，江米⑤更好，用几煎几滚⑥，带生捞起，不可太熟，蒸透（不透不妨）取起，用蓆摊开寸半厚，俟冷盖密，至七日晒干。如遇好天⑦，用冷茶拌湿再晒。每米黄一斤，配盐一斤、水四斤。盐、水煮滚，澄清去渣。候冷，将米入盐水，晒四十九（疑缺天字），不时用竹棍搅匀。倘日色太烈⑧，晒至期过干，用冷茶和匀（不干不用），俟四十九日后，将米饼水俱收起，磨极细即成米酱（或用细筛磨烂亦可）。以后或晒，或盖密，直（疑为置字）当日处⑨，任便⑩加酱。干可加冷茶，和匀再晒。凡搅时看天气，

①红曲：又名赤曲、红米、福曲。是曲霉科真菌紫色红曲霉，寄生在粳米上而成的红曲米。呈不规则颗粒状，形如碎米，外表棕红色，断面呈粉红色，质脆、味淡，微酸。入药有活血化淤，健脾消食之功效。在食品制造上，多用来做红色着色剂。
②隔汤煮一炷香：隔汤煮即隔水炖，将原料盛在容器中，再连容器放锅内水中，不使水漫，盖锅烧煮，谓隔水炖。炷，音zhù住，灯芯。此处一炷香，系指一小把束好的香。隔水炖的时间，相当于点完一小束香那么长。
③黄菜：似指黄芽菜。扬州人称大白菜为黄芽菜。
④对配：一半配一半，各占百分之五十。
⑤江米：即糯米。扬州人俗称江米。
⑥几煎几滚：扬州人口语。指水沸腾后投入糯米，再等水开，稍候即捞起。
⑦好天：扬州口语，即晴天。
⑧日色太烈：太阳光过于强烈。
⑨当日处：太阳光可以晒到的地方。
⑩任便：任意，随意。

晴明动手。如遇阴天，则不可搅。

西瓜甜酱（做酱油水用此黄）：用白饭米泡水，隔宿捞起春粉，筛就晒干，或碎米亦可。次用黄豆淘尽（米粉十五斤，配黄豆亦可）和水和满锅，慢火①，煮一日歇火闷一复时。次早连汁取出，入大盆内同粉拌匀，用手揣揉，捻成块子，铺草蓆上，仍用草盖，少则七日，多则十日，取出摊门上，晒干刷去毛，杵②碎与盐对配（前去［疑为法字］黄子十斤，用盐二斤八两）和匀装盆。每黄一斤，配好西瓜六斤，削去青皮。用木板架于盛黄盆上，切开瓤，揉烂带汁子一并下去。白皮切作薄片，仍用力横括细碎，搅匀。此酱所重者瓜汁，一点勿轻弃。将盆口开向日中大晒，搅四、五次，至四十日，装罈听用。若欲作菜，俟一月时，另取小罐，用老姜或嫩姜切丝，多下杏仁，去皮、尖。如要入菜油，先煮透，搅匀再晒十余（疑缺日字）收贮，可当淡豆豉用。

面甜酱：白面十斤，以滚水作成饼子，不可太厚。中挖一孔令透气，蒸熟放暖屋，用稻草铺遍。草上加蓆，放面于上，覆以蓆，勿令见风，俟七日发黄，取出俟冷，晒干。每十斤配盐二斤八两。滚水将盐池泡半日，候冷澄去浑脚。下黄时以木扒搅令烂，每早日未（疑缺出字）时翻搅极透，晒红取出，磨过放大锅煎之。每一锅放红糖一两，不住手搅熬，至颜色极红装坛，候冷封口，仍晒之，味甚鲜美。一云③酱晒至红色，可以不磨，只在合盐水时搅打，用手摩擦极烂。或先行杵碎，粗筛筛过，以水泡之，自然隔化④兼可不用锅煎，只用大盆盛，置锅内，隔汤煮之。亦加红糖，不住手搅，至红色装起，此法似略简。又，小麦蒸粉，不拘⑤多少，和水成块，切片约厚四、五分，蒸。先于空房内用青蒿铺地，鲜荷叶亦可。加干稻草，上面再铺蓆。将熟面片排草上，覆（疑为复字）以稻草盖上，至半月后发黄取出，晒干，将毛刷去，用新磁器收存。临用研成细粉，每十斤配盐二斤八两。将大盐预

---

① 慢火：小火。

② 杵：音 chǔ 楚，捣物的棒槌。

③ 一云：另一种说法。

④ 自然隔化：自然而然地融化在水中。

⑤ 不拘：不论，随便。

先杆（疑为擀字）碎，净水煎过，澄去浑脚，和黄入缸。或加红糖亦可。以水较酱黄约高寸许，大日[1]晒月余，每早日未出时，翻转极透，自成好酱。又，白面粉每斗得黄酒糟一饭碗入面。做剂子一斤一个，蒸熟，晾冷收。或一堆，用布袍（疑为包字）袱盖好，十日后，皮作黄色，内泛起如蜂窝。分开小块，晒干研烂，新汲井水调和，不干不湿便可卷[2]成团。每面一斤（疑为斗字），约用盐四斤六两，调匀下缸。大晴天晒五日，即泛涨如粥，酱皮红色如油。用木扒兜底掏转，仍照前一斗之数，再加盐三斤半调和。后按五日一次掏转，晒至四十五日即成酱矣。酱油热时，不可乱动，切忌。又，黄豆五升，配干面粉十五斤。先将盐用滚水泡开，澄去浑脚，晒干，净用十二斤。将豆下大锅，水配满，煮一夜歇火，次早汁取（疑多一汁字）入大盆，用面粉拌匀，用手捻起，排芦蓆上，盖草令发霉。少则七日，多则十日，取出摊开晒干，研碎下缸。将盐泡水和下，欲干，少加水。欲稀，多加水。日晒，每早用木棍翻搅，十日或半月可用。一云，多用水，依前小麦面方作酱油亦佳。又，白面粉和剂，切成片蒸熟，用各树叶罨七日，晒久捣碎。每十斤用盐三斤，熟水二十斤，晒，每日搅之，色红而甜。又，生白面粉，水和作饼，罨黄晒松。每十斤用盐五斤，水二十斤，晒成收入，作调粉极佳。又：小麦二斗，泡二（疑缺日字）取出，淋净蒸熟，晾冷铺蓆上，用草盖好，黵[3]七日，俟冷，取出晒极干，簸其黄衣[4]磨粉，不必筛。用白糯米八升煮稀粥，晾冷。将麦面每斤用盐六两，同粥和匀，放浅缸内，四面摊开，晒七日。俟冷取出，即可酱物。其酱于七日后分作二股，一半酱头落[5]一半留入坛（又，每麦糯米三升，用盐五十八两。如有酸味，再味糯米粥、盐）。

自然甜酱：先将大酱尊[6]一个，入白面几十斤，每斤用水一斤，用手拌

---

① 大日：大太阳，即阳光强烈的日子。

② 卷：此处是用手抟（音 tuán 团）的意思。

③ 黵：音 zhěn 诊，黑貌。此处指放在阴暗处。

④ 黄衣：黄子上黄中带绿的绒毛。

⑤ 酱头落：酱园内制作酱菜工序，指首次酱物。

⑥ 尊：即樽，酒杯。

之。如酱黄成，即起别处。将面用水，以手拌之。又起，如此拌完。不温（疑为湿字）不干，以草盖好。热过七日，将黄冲（疑为春字）碎，筛细如粉。取热盐卤入面内，不湿不干，入箔箔（疑为薄薄）坛内，以手压实，一层面一层盐，至顶而止。夏布扎口，外用镦子镲①盖顶。不必露天，放有日处。不必去看，亦不畏雨，一月即好。多日更红、更甜。数年俱可留得，永绝蝇蛆之患。

蚕豆酱：蚕豆炒过，磨成粉，一半面，三斤和匀，切片罨黄晒。每十斤盐五斤腊水，晒成收入（近不炒，磨去壳煮，子［疑为至字］糜而已。亦有不去壳者）。

至黄豆酱：黄豆磨净，和面罨，再磨。每十斤盐五斤腊水，晒成收之。

黑豆酱：黑豆一斗炒熟，水浸半日，煮烂，入大麦面二十斤，拌匀和剂，切片蒸熟，罨黄晒捣。每一斗，盐二斤，井水八斤。晒成，黑、甜而色清。

用酱各条：凡烹调用酱，取冷水调稀，勿用热水。澄清，去酱渣，入锅略熬，亦无酱气。

八宝酱：甜酱加沙糖，用熬熟香油炒透。将冬笋晒干，香蕈②、沙（疑为砂字）仁③、干姜、桔皮片俱研末，和匀收贮。又，或不研末，和冬笋及各种菜（疑为果字）仁、砂仁、酱瓜、姜同。

炒千里酱：陈甜酱五斤、炒芝麻二斤，姜丝五两、杏仁④、炒（疑为砂字）仁各二两、桔皮四两、椒末二两，洋糖四两，以熬过菜油，用前物炒干收贮，暑月行千里不坏。又，鸡肉丁、笋丁、大椒⑤、香蕈、脂油，用甜酱炒，贮用，亦千里酱。又，各物用酱油煮，临用冲开水。

---

① 镦子镲：镲，音 piě 撇，敞口锅。

② 香蕈：极好之嫩菇。

③ 砂仁：姜科植物阳春砂或缩砂的成熟果实或种子。含挥发油气味，可作调香料。中医入药，有行气调中，和胃醒脾之功效。

④ 杏仁：蔷薇科乔木杏或山杏的种仁，味苦。烹饪上可作调味剂，亦可单独食用。入药有祛痰止咳，平喘润肠之功效。

⑤ 大椒：即辣椒。

炒芝麻酱：芝麻炒熟去皮，和细肉丁、甜酱同炒。酱内入大椒末，酱各种菜另有一种辣味。麻油，甜酱用鲜汁和，熬成滤清用。

［　酱油　］

造酱油用三伏黄道日①（除危定执②皆黄道日），浸豆，黄道日拌黄。又，端午日③取桃枝入缸。又，火日④晚间照（疑为造字）酱，俱不生虫。不拘黄豆、黑豆，照法煮烂入面，连豆汁洒和，或散或块，或楮叶，或青蒿，或麦秸，于不透风处罨七日，上黄捶碎用。

［造酱禁忌］

——下酱忌辛日⑤

——水日⑥造酱必虫

——孕妇造酱必苦⑦

——防雨点入缸

——防不洁身子、眼泪

——忌缸坛泡法不净

——酱晒得极热时不可搅动。晚间不可即盖，应搅之日务于清晨上盖，必待夜静晾冷。下雨时盖缸，亦当用木棍撑起，若闷住，黄必翻⑧。又，日已（疑为未字）出，或日已没，下酱无蝇。又，橙合酱不酸。又，雷时⑨合酱令

①黄道日：即黄道吉日。星相家说有吉神值日，诸事顺遂。

②除危定执：此句不详。似乎说除掉危险、诸事不利的日子。过去皇历上逐日有所标明。

③端午日：旧历五月初五。

④火日：我国古代以天干纪年、月、日的方法。火日为丙丁日。

⑤辛日：天干纪年中，甲、乙、丙、丁、戊、己、庚、辛、壬、癸为十干。辛列为第八。

⑥水日：壬癸日。

⑦孕妇造酱必苦：此说不确。

⑧黄必翻：一定翻黄。下酱后若不透气，引起内部发热，使酱变质，谓之翻黄。

⑨雷时：雷声响的时候。

人复（疑为腹字）鸣。又，月上、下弦之候，触酱辄①。

［试盐水法］

——式（疑为试字）盐水咸淡，用鸡子②一枚入盐水内，若咸适中，蛋浮八分。淡则下沉，咸则浮起二指，丝毫不爽也。每黄十斤，配盐三斤，水十斤，乃做酱油一定之法。斟酌加减，随宜而用。

［制盐水法］

——盐入水顺搅二、三次，澄清，滤去泥渣，二次下盐再晒。色淡加麦糖③汁、甘草④水。但加颜色，须防春发霉，秋、冬无碍。

［制酱油法］

——做酱油愈陈愈好，有留至十年者极佳。

腐乳同。每坛酱油浇入麻油少许更香。又，酱油滤出入瓮，用瓦盆盖口，以石灰封口，日日晒之，倍胜于煮。

——做酱油豆多味鲜，面多味甜。北豆⑤有力，湘豆⑥无力。

——酱油缸内，于中秋后入甘草汁一杯，不生花⑦。又，日色晒足，亦不起花。未至中秋，不可入⑧。用清明柳条，止酱、醋潮湿。

——做酱油，头年腊月，贮存河水，俟伏日用，味鲜。或用腊月滚水。酱味不正，取米雹⑨一、二斗入瓮，或取冬月霜⑩投之即佳。

---

① 上、下弦之候，触酱辄：农历初八、九看到月亮西边一弯钩状，二十二、二十三，见到东边月牙，故谓之上、下弦。辄，音 zhé 哲，两足移动不便。意思是说，月上、下弦时，人接触到酱，会行走不便。此说不确。

② 鸡子：鸡蛋。

③ 麦糖：即饴糖。

④ 甘草：豆科多年生草本植物甘草的根。其主根甚长，含甘草甜素等物质。中医上应用广泛，有缓中补虚、泻和解毒、调和诸药之功效。

⑤ 北豆：北大豆，北方的大豆。亦特指东北产的大豆。

⑥ 湘豆：湖南产的大豆。

⑦ 不生花：不长白色的霉衣。

⑧ 不可入：不能加甘草汁。

⑨ 米雹：所指不详。从字面看，似为米花。

⑩ 冬月霜：农历十一月以后刮下的霜。

——酱油自六月起，至八月止①。悬一粉牌②，写初一至三十日。遇晴日，每日③下加一圈，扣定④九十日，其味始足，名三伏秋油。又，酱油坛用草乌⑤六、七个，每个切作四块，排坛底，四边及中心有虫即死，永不再生。若加百倍⑥（疑为部字）尤炒（疑为妙字）。

苏州酱油：每缸，黄一百一二十斤、盐一百二十斤、水四百五十斤，晒六十日，箍⑦油三百五十斤。少晒生花，多晒折耗⑧，故以六十日为准。二油⑨每缸加盐一百斤、水四百斤，六十日，抽油三百斤。

扬州酱油：每缸，黄二百二十斤、盐一百五十斤，水五百五十斤，晒三个月，箍油三百五十斤。二油。

黄豆酱油：每豆三斗，晚间煮熟，停一时搅转再煮，盖过夜。次早将熟豆连汁取出，放缸内，用面粉一担拌匀，于不通风处将芦草铺匀，楮叶厚盖，七日上黄，刷尽晒干。每黄一斤，用盐一斤，入熟水七斤。浸透半月后可用。

又，黄子十斤，盐三斤，水十斤，伏日下缸。又，黄豆一担，面粉一担，半（疑为拌字）水十六担，用火日下缸。又，先晒水，后晒盐，入黄子，日晒夜露⑩，一月可成。

蚕豆酱油：五月内取蚕豆一斗，煮熟去壳，用面三斗，滚水六斗，晒七

---

① 自六月起，至八月止：这是一年内最热的三个月。

② 粉牌：可以写字的木板，相当于小黑板。

③ 每日：指逢到晴朗的那一天。

④ 扣定：认准。

⑤ 草乌：为毛茛科多年生草本植物乌头的块根，味辛辣，麻舌。可入药，有搜风胜湿，散寒止痛，开痰消肿之功效。

⑥ 百部：多年生草本植物百部类的块根，含有强烈抗菌作用的百部碱。入药有温润肺气，止咳杀虫之功效。

⑦ 箍：即抽。酱油制好后，以油抽自大缸中抽出，故名抽油。

⑧ 折耗：损耗。

⑨ 二油：第一次提取后，酌加原料继续制作的酱油叫二油，品质不如头抽好。

⑩ 日晒夜露：白天放在阳光下晒，夜晚亦敞对天空，以承接露水。扬州人至今有此口语，指不爱惜东西。

日，入盐十八斤，滤净入黄，二十日可（面熟拌匀作饼，草卷七日上黄，刷尽晒，晒松捶碎用）。如天阴，须二十余日才得箍尽。二油加盐再晒。又，蚕豆三斗煮糜，白面粉二十四斤，搅、晒成油。

套油：酱油代水，加黄再晒。或二料并作一料，名夹缸油。油晒出，味自浓厚。

白酱油：豆多面少，其色即白。如用豆一担加至二担，面用一担，只用五斗。

麦酱油：小麦二斗，泡二日蒸熟，取出晾冷。大黄豆一斗，煮过夜，令极烂，冷透伴面十斤，罨七日，取出晒干。以冷水少许拌和黄子，加力揉。如用，下铺盐一碗，将黄铺匀盖定，再放盐一碗，以草围紧，勿令透风，七日取出，再晒二、三日，每黄十斤，水下四十斤，盐七斤半，搅匀晒之，色黑味甜。第二落盐、水减半，晒至色浓为度（前后二油，煎一、二滚入坛晒之。又每黄十斤，煎甘草汤一两入内，不出虫而味甜。炒饴糖熬汤下，色更浓）。

又，不拘黄豆、黑豆，俱拣净、煮烂、晾冷。每豆一斗，拌面十五斤，作小圆块，以苇箔摊贮，上加稻草盖好，周围必须透风。过七日取出，晒干去黄衣。至七、八月间，每黄十斤，水四十斤、白盐五、六斤，晒月余，滤起再晒，过月余便可入坛。

花椒酱油：黄十斤，盐六斤，水四十斤，加鲜花椒四斤，共入坛，滚水，灌满，泥封晒半月即成（酱渣入水磨下再加盐，可将[疑为酱字]各种小菜。大约水十斤，盐一斤）。

麸皮酱油：麸皮二斗、腐渣①十斤，二物拌匀，不宜太湿，湿则不黪。蒸过取起，如合酱法。七日后晒干，每一斤，水十五斤，盐二斤半，清晨下，次日榨出。二次水减半，盐二斤，如前沼②（疑为遭字）之二油，并晒、色黑味浓，再煮一、二滚入坛（黪过取出，再以水拌入坛。封二七日③更好）。

---

① 腐渣：制豆腐留下的渣滓。

② 前沼：扬州口语，指上一次。

③ 封二七日：密封、不透气二七天，即十四天。

米油：白糯米一斗，泡七日，沥干淋尽，蒸熟取起，以滚水多遍泼之，放盆内，摊开稍冷，拌红曲米一斤入坛。次日用酱油四斤、炒盐八两、花椒粒二两，共入搅匀，面盖烧酒①、香油各二斤，泥封两月后可用。炖热蘸诸物绝佳。其所泼滚水，一并入坛。

小麦酱油：将小麦淘净，下锅煮熟，闷干取起，摊铺大笤内日晒，不时用筷翻搅，半干将笤揭开，晚房上用笤盖蜜②，三日，如天气太热、麦气太旺，日间将笤抬入空间，仍盖蜜（疑为密字）。若天气不热，麦气不旺，则日间将笤开缝就好。倘天气虽热，而麦气不旺，即当盖蜜（疑为密字）为是，切勿透风气。七日后取出晒干。若一斗出有加倍，即为尽发。将做就麦黄，以饭泔③漂洒，即带绿色。每斤配四两（疑漏去盐字）、水十大碗。盐水先煎滚，澄清候冷，泡麦黄，日晒至干，再添滚水，至原泡分量为准，不时略搅，至赤色，将卤滤起下锅，加香芫、大茴（整之），芝麻（袋装），同入三、四滚，加好老黄酒一小瓶，再滚，装罐听用。其渣酌量加盐，煎水如前法，再至赤色，下锅煎数滚收贮，以备煮物作料之用。又，麦黄与前同，但晒干时用手搓摩，扬簸去霉，磨成细曲。每黄十斤，配盐三斤，水十斤。盐同水煎滚，澄去浑脚，合黄、面做一大块，揉得不硬不软，如饽饽式，装缸盖紧令发。次日掀开，用一手掬水，飔飔（疑为洒字）下晒，加一次（疑缺水字），至用木棍搅得活转就止。或遇雨，亦不致生蛆。

黑豆酱油：黑豆先煮极烂，捞起候略温，加白面粉拘（疑为搅字）拌匀（每豆一斗，配面二斤或五斤）摊开了半寸厚，用布盖蜜（疑为密字），或蓆草亦可，候发霉，至七日晒干。天气热，不过五、六日。凉则六、七日，总以多生黄衣为妙，然不可过烂。如遇天色晴明，用冷茶拌湿，再晒干（用冷茶拌者，欲其味甘，不拘几次，愈多愈妙），每黄豆一斤，配盐十四两，水四斤。盐和水煮滚，澄清去浑脚，晾冷，将豆黄入盐水泡，晒四十九日，要

---

① 面盖烧酒：上面以烧酒浇之。烧酒，酒精度较高的酒，可以以火燃之，故名。
② 晚房上用笤盖蜜：晚间放在房子上（意即放在露天地）用竹圍盖紧。蜜为密之误。
③ 饭泔：指淘米水。

加香芃、大茴、花椒、姜丝、芝麻各少许。捞出两次豆渣，加盐水再熬，酌量加水（每水十斤，加盐二两）再捞出三次豆渣，加盐水再熬，去渣。然将一、二次之水随便合作一处拌匀，或再晒几日，或用糠火煨滚皆可。其豆渣微干，加香料即名香豉，可作家常小菜也。

黄豆酱油：每拣净黄豆一斗，用水煮熟，须慢火煮，以豆色红为度，连豆汁盛起。每斗豆用白面二十四斤，连汁并豆拌匀，或柳（疑为衍字）用竹笃，或柳笃分盛摊薄、按实。将笃放无风处，上覆稻草，黢七日，去草，日晚间收①次日又晒，至十四日。遇阴天算数补之，总以极干为度，此作酱黄之法也。笃好酱黄一斗，先用井水五斗，量准倾缸内。每斗酱黄用生盐十五斤称足，将盐盛竹篮或竹筲箕，溶化入缸，去其底渣。将酱黄加入，晒三日，至第四日早晨，用木扒兜底掏转（热晒时，不可动）又过二日，如法再掏转，如此者三、四次、至二十日即成酱油。至沥酱油之法，以竹丝编成圆筒，有周围而无有底、口，名曰酱笃②坐实缸底，笃中浑酱住不（疑为不住）挖出，见底乃已。笃上用砖压住，以防酱浮起。缸底流入浑酱，次早则笃中则俱属清酱，缓缓舀起，另住（疑为注字）洁净缸内，仍放有日处再晒半月。缸口用纱或麻布包好，以免苍蝇投入。如欲多做，将豆、面、盐水照数加增。末笃时，其浮面豆渣捞出一半，晒干可作干豆豉用。又，将前酱黄整块（酱黄即做甜酱所用者）先将饭汤候冷，逐块揾湿，晒干再揾，再晒四、五度。若日炎，可干六、七次更妙，至色赤乃止。黄每斤配盐四两，水十大碗。盐，水先煎滚澄清，候冷泡酱黄，晒干即添滚水，至原泡份量为准，不时略搅，但不可搅破酱黄块。晒至赤色，酱卤滤起下锅，加香芃、大茴、花椒（整粒用）、芝麻（用袋装）同入，三、四滚，加好老黄酒一小瓶，再滚，装罐听用。其渣再酌量加盐煎水，如煎水如前法，再晒至赤色，下锅再煮数滚，收贮以备煮物作料之用。

---

① 日晚间收：即白天拿出去晒，晚上收回来。
② 酱笃：一种竹制圆筒，系制酱油专用器具。

千里酱油：拣厚大香芃一斤，入酱油五斤，日晒日浸[1]干透收贮，行远[2]作酱油用。又，酱油内入陈大头菜，切碎装袋，浸之发鲜。或虾米、金钩[3]亦可。胡椒亦发鲜。又，棉花入伏油，晒干，用时多寡随意。

［ 醋 ］

取其酸而香，陈者色红。米醋为上，糖醋次之。镇江醋色黑味鲜（醋不酸，用大麦炒焦），投入（包固，即将得味。又：米醋不入炒盐，不生白衣。）

神仙醋：五月初一日，取饭锅（疑多一锅字）捏成团，置筐内悬起，日投一个。至来年午日[4]，捶碎簸净，和水入坛，封口，七日成醋，色红而味酸。

又，老黄米一斗蒸饭，酒曲一斤四两，打碎，拌匀入瓮。一斗饭、二斗水，置静处勿动，一月即成。又，硬米一斗，浸一宿，蒸饭，晾冷入坛。三日后，入河水三十斤，以柳条每日搅数次。七日后，不须搅，一月成醋。滤去渣，加花椒少许，煎滚收贮。又，五月二十一日掬米[5]，每日掬米一次，至七次，蒸熟晾冷入瓮，青布絷口，置阴处，将瓮架起（不可着地），至六月六日，取下加水，大约每饭一碗，加水二碗，纳瓮七日，日搅一次，至七日倾入煎滚，又加炒黑米半升于瓮底，复灌满入瓮，封固六十五日即成。

佛醋：清明，糙籼[6]一斗，水浸七日，加柳枝头七个，浸第八日，将米捞起装蒲包内（衬荷叶数片），悬风前人来人往之处，二七后解下，晒至四月初八日入坛。米一斗，用水三斗，再加耗水[7]。碗置向太阳处（或灶门口），

---

① 日晒日浸：白天晒一天，晚上浸入酱抽，第二天再晒，如此反复。

② 行远：出远门。

③ 金钩：大海米。其色如金，其弯如钩，故名。

④ 午日：端午那天。

⑤ 掬米：掬，音jū，双手捧取。

⑥ 糙籼：只去了稻壳而没去稻衣的籼米。

⑦ 再加耗水：再将耗去的水加进去。

每日用柳棍，四十九次搅之①，酸（疑为醋字）榨出，米渣澄清入锅，每斗加盐半斤，椒、茴各少许，封口听用。

糯米醋：六月六日，取小麦二升，磨碎不筛，汲新井水和作饼，不宜过湿（伤湿则心发青②，蒸不坚实则易生虫）。皮纸包固，悬风透处阴干，听其自发，至八月社日③，用糯米一斗，淘湿蒸饭，同面饼捣碎，拌匀入瓮，以蒸饭水四斗，冷定浇入。如不足，生水加上。纸瓮口针刺数孔于纸上（此时用烫净器备用），一月满后，榨醋煮熟。另用早稻一升，舂半壳半米，炒焦色，乘热投醋中，入净器封固窖之④则醋色黑、味酸。头醋煎藏，二、三、四次之醋，加麦滚水冷下。又，糯米五斗，舂五分熟，六月初一日入水浸之，至初六日滤干，蒸饭下坛。将饭捺实，每坛加滚水两大碗，夏布包口，七日倾大缸内，用冷井水五斗拌匀，分装七坛，早、晚顺搅二次，过十四日每早搅一次，澄清不必再搅。过五十日查看，如有白花，用红炭⑤淬，搅至无花而止。两月上榨，榨后即煎。锅要干燥，每一锅加盐卤半茶杯。如无卤盐，（疑为盐卤之误），盐一撮，趁热入坛即泥封（其坛须先用热灰洗净，热醋一荡始可用，即一切家伙，着生水，其醋即坏）排列檐下晒之。

大麦醋：大麦仁⑥二斗，蒸一斗、炒一斗，晾冷，用面拌匀入瓮，滚水四十斤灌满，夏布盖面，外一（疑为衍字）日下晒，七日成醋。

乌梅⑦醋：（出路用。名千里醋）乌梅去核一斤，捶碎。酽醋⑧五斤，倾入乌梅浸一复时，晒干，再浸再晒，以醋收尽为度。研成细末，和之为丸，

---

① 四十九次搅之：搅动四十九圈。

② 伤湿则心发青：伤同荡。荡湿，浸泡的太潮。心发青，麦心发绿。

③ 社日：古时祭祀土神的日子，为立春、立秋后第五个戊日。此处指秋社日。

④ 窖之：窖，音yìn印，地窖。窖之，放在地窖里。

⑤ 红炭：树棍明火已燃完，但仍通体透红的炭。

⑥ 大麦仁：去掉外皮的大麦种仁。

⑦ 乌梅：蔷薇科落叶乔木梅的未成熟果实。干燥后含大量柠檬酸、苹果酸，可作调味剂，亦可制成蜜饯。入药有收敛生津，安蛔驱虫之功效。

⑧ 酽醋：酽，音yàn验，汁液很浓。酽醋，即浓醋。

如芡实①大收收（疑收为衍字）贮。用一、二丸于汤中即成醋矣。

五辣醋：酱一匙、醋一钱，白糖一钱，花椒七粒、胡椒二粒、生姜一钱，大蒜二瓣。又，姜花、胡椒、桔皮丝、蒜，亦名五辣醋。

五香醋：甜酱、黄酒、桔皮、花椒、小茴。又，花椒，小茴，莳萝②、丁香③炒盐，酱为五香醋。

白酒醋：三白酒用花椒四两、炒盐半斤，入坛内即成醋。

绍兴酒做醋：馒头一个、乌枚（疑为梅字）二十四个，放坛内，半月即成。又，凡酸酒，入热饭团如碗大，七日成醋。

浓醋脚：以之擦锡器、铜器易亮。入烹疱易结底④。

二落醋糟：拌脂油、盐可作饭菜。

焦饭醋：饭后锅底铲起锅粑，投入白水坛，置近火暖热处，常用木棍搅之，七日便成醋矣。又，凡酒醋（疑为酸字）不饮者，投以锅粑，依前法做醋。用绍兴酸酒更好。

米醋：赤米不用舂，淘净蒸饭，拌曲发香，用水或用酒泼皆可。其曲发时，愈久愈好。乃将酒渣筛筛添入（即熬酒之熬桶尾），俟月余可用。如霉用铁火钳烧红淬之，每日一、二次，仍连坛取出晒之。又，糯米一斗，浸过夜，取出蒸熟，晾冷装坛。三日酸透，入凉水三十斤，用柳条每日搅数次，七日后不必搅，过一月不动。候其成醋，滤去糟粕，入花椒、黄柏⑤少许，煎数滚，收坛贮用。

---

① 芡实：睡莲科一年生草本植物芡的成熟种仁。为直径零点六厘米左右的圆形物，富含淀粉。入药有固肾涩精，补脾止泄之功效。

② 莳萝：伞形科植物莳萝的果实，亦称土茴香。有香气，可充调香剂。入药有温脾胃，开胃，散寒，行气，解鱼肉毒之功效。

③ 丁香：桃金娘科常绿乔木丁香的花蕾。含挥发性丁香油，故可作调香剂。入药有温中，暖胃，降逆之功效。

④ 易结底：容易愈合，结疤。

⑤ 黄柏：芸香科落叶乔木黄柏或黄皮树的皮。入药有清热，燥湿，泻火，解毒之功效。

极酸醋：五月午时，用做就粽子七个，每个内夹白曲一块，外加生艾[①]心七个，红曲粉一把，合为一处，装瓮，罐（**疑为灌字**）井水七、八分满，瓮口以布塞得极紧，置背（**疑缺阴字**）地方候三、五日，早晚用木棍搅之。尝有酸味，再用黑糖四、五圆打碎，和烧酒四、五壶，隔汤炖，糖化取起，候冷，倾入醋内，早晚仍不时搅之，俟极酸可用。要用时，取起酸汁一罐，换烧酒一罐下去，再用不完，酸亦不腿（**疑为退字**）。

［神仙醋］

又，神仙醋：糙糯米或籼米，每米一斗五升，泡七日，扬起淋净蒸饭，候冷，用饴糖六斤，与饭拌匀入力（**疑为坛字**），再加河水三斗，以清明棍[②]每日早晚搅之，晒日中，或透风高处。初起七日，须在阴地[③]（原方：米一斗，糖七斤，一月即熟。清明前后做皆可。）又，不拘何米，清明起日泡，至第八日，将米捞起，铺芦蓆上晾干，以蒲包收贮，藏至四月八日。每米一斗五升，加水三斗，入坛封好，放阴处，八月可榨。又，三伏时用仓米一斗，淘尽蒸饭，摊冷、盦[④]黄，晒簸，投水淋尽。别以仓米二斗蒸饭，和匀入瓮，以水淹满，蜜（**疑为密字**）封贮暖处，二七日成。又，糯米醋：秋社日，用糯米 斗淘净，浸一宿，蒸过，用六月六日做成小麦面和匀，加水二斗，入瓮封。酿三七日成。蒸后以水淋过。

锡醋：米锡[⑤]每一斤，水三斤煎化，白曲末二两，瓶封晒收。

粟米醋：陈粟米一斗，淘尽，浸七日，蒸过淋净，俟冷入瓮蜜（**疑为密字**）封，日夕搅之，七日即成。

小麦醋：小麦水浸三日，蒸熟，盦黄入瓮，七七日[⑥]成。

---

①生艾：即艾叶。菊科多年生草本植物艾的干燥叶。含多量挥发性油。入药有理气血，逐寒湿，温经止血，安胎之功效。

②清明棍：指清时节的柳枝。

③阴地：晒不到太阳光的地方。

④盦：音 ān 安，覆盖。

⑤米锡：锡为饧之误。饧，音 táng 糖，谷芽熬制的软糖。

⑥七七日：四十九日。

大麦醋：大麦、小麦米①各一斗，水浸，蒸熟、盦黄，晒干淋过，再以麦米煮二斗和匀，加水封开（疑为闭字），三七日成。

[糟油]

糟油：嘉兴②枫泾者佳，太仓州③更佳。其澄下浓脚，涂熟鸡、鸭、猪、羊各肉，半日可用。以之作小菜，蘸各种食亦可用。法用花椒、酱油、酒、白酒娘，一年可用，愈陈愈佳。

又，酒娘脚十斤、酒曲八两，川椒二两，闭之数月，其浮者即为油。又，灌蒙纱入糟坛中，从春过夏取出，在罐中者即为糟油。凡油脚十斤，如酒曲二斤。又，以竹作笪，置糟坛，为笪下者为油。亦须冬收，过夏者乃取。

又，三黄糟：三伏中，糯米一斗罨作黄子，以一斗用酒药造成白酒浆，以一斗炊作软饭，合此三者，拌匀入瓮，用泥封之，日晒至秋，冬用。或加在酱内亦妙。

陈糟油：榨新酒时，将酒脚淀清，少加盐，煎过入坛泥封，伏日晒透，至冬开坛。取糟油浸鸡、鸭、鱼、肉，数日可用。

绍兴陈糟：上榨后，每一斤拌盐三两装坛。坛底面放盐，泥封，置有太阳处，一年后用。有一种水种味不香。或将糟磨碎，加滤汁或酒，加糟用布包，上下覆衬，糟物洁净而香。

暑月糟物：鸡、鸭、鱼、肉之类，带熟擦盐装罐。一层食物浇一层烧酒至满。月（疑为用字）湿腐皮包口，再加皮纸扎好，数日可用。

暑月开糟坛（酒坛同）：装数小瓶贮用，其大坛口须盐卤春泥封好。若见生水，各物必坏。

糟饼：白酒娘滤去水，白面一斤，糯米粉一斗和匀，候酵发，作饼蒸。

---

① 大麦、小麦米：去掉硬壳的种仁。
② 嘉兴：浙江省北部的一个县，今改市制。
③ 太仓州：今江苏省东部太仓县。

白酒娘：白糯米一斗，夏日用冷水淘浸过夜，次早捞起蒸熟，不要倾出，用冷水淋入甑内①，至微温为度，倾扁缸①摊凉。用白酒药三粒，捣碎如粉，拌饭铺平。饭中开一锅穴，再用碎白药一粒，糁匀窝穴周围，其缸用包袱盖好，三日其窝有酒，即成酒娘。如欲多做，照数加之。冬日用热水淘净，浸过夜，次日捞起蒸熟，不要倾出，用温水淋入甑内，不至泡手即止。倾扁缸内，不必摊冷，即用白酒药如前拌入，仍做一锅，仍加药粉一粒，包袱盖好，用稻草周围上下装盖，不令其冷。如无稻草，棉遮盖亦可。凡春秋之时，总以淋水酌量得法为要。

［ 油 ］

菜油取其浓，麻油取其香。做菜须兼用之。麻油坛埋地，窨数日，拔去油气始可用。又，麻油熬尽水气即无烟，还冷可用。又，小磨将芝麻炒焦磨油，故香。大车麻油则不及也。豆油、菜油入水煮过，名曰熟油，以之做菜，不损脾胃。能埋地窨过更妙。

熬椒姜油：老姜四、五片，或用花椒一两，入麻油熬过收贮。临用加酱油、醋、洋糖。凡暑调和诸菜，味香而肥。如菜宜拌油者，浇之绝妙。如白菜、豆芽、水芹，俱须焯过，冷汤漂净，抟②干再拌。

猪油：未熬时加盐略腌，去腥水。若熬久始用，入盐则臭。

时（疑为鲥字）鱼油：时（疑为鲥字）鱼治净，入麻油炸，去鱼对（疑为兑字）入酱油，做各种菜，鲜美异常。河豚、蚱蜢、鲚鱼酱油同。

［ 盐 ］

凡盐入菜，须化水澄去浑脚，既无盐块，亦无渣滓。一切作料先下，最后

---

① 扁缸：口大底浅的缸。

② 抟：音tuán 团，原指将散碎的东西捏聚成团。此处指双手合力把水挤干。

下盐方好。若下盐太早，物不能烂。盐能破坚，生食作泻①。浙盐苦，淮盐味鲜。

飞盐：以好盐入滚水泡化，浑（疑为澄字）去石灰、泥渣，下锅煮干，入馔不苦。

盐饼：盐不拘多少，以水淘化，铺粗纸上筲箕底，将盐水倾入，放净锅上，候水滴尽，煮干，入生芝麻少许和之，再捺实，箬包，火煅去汁，作饼。大、小如意。

［　姜　］

八月交新，能解诸毒，能调五味。姜亦（疑为或字）姜霜，或切片或整块，烹庖诸品必须之物也。

欲去辣味，用炒盐拌揉，或滚水焯，不宜日晒，致多筋渣。加料浸后再晒，则不妨。又，用核桃二个，捶碎置瓮底则不辣。以半熟粟末糁瓮口，则无渣。以蝉脱②数枚置瓮底，虽老姜亦无筋。

五辣姜：花椒、小茴、莳萝、丁香、炒盐。又，甜酱、黄酒、桔皮、花姜、茴香。

五美姜：嫩姜一斤，切片，白梅半斤，打碎去核。入炒盐二两拌匀，晒三日，入甘松③一钱、甘草五钱，芸香末④一钱拌匀，又晒三日收用。

姜霜：老姜擦净，带湿磨碎，绢筛滤过，晒干或（疑为成字）霜，长途多带，饮食中加之，有姜味无姜形，食蟹尤宜。又，磨下之水，滤去渣即姜汁。

姜米：老姜去皮切碎，如小米大，晾干用，亦以便长途之需也。

---

① 生食作泻：吃生盐，即不经烧沸的盐，能使人腹泻。
② 蝉脱：即蝉蜕，蝉科昆虫黑蚱羽化后的蜕壳。性凉，味甘咸。入药有散风热，宣肺，定痉之功效。
③ 甘松：败酱科植物甘松香或宽叶甘松的根或根茎。气芳味苦，入药有理气止痛，醒脾健胃之功效。
④ 芸香末：多年生草本植物芸香干燥粉末。带白霜，有强烈气味。夏季开花，花小色黄。枝叶含芳香油，可作调香原料。全草可入药，有解青，利湿，止咳，平端之功效。

伏姜：六月伏日，每生姜三斤，切丝，配紫苏①三斤，青梅②一斤，炒盐揉匀，趁三伏中晒干收贮。凡受风寒，以姜丝，紫苏少许，泡粗六安③茶饮之，取汗即愈。

红糖姜：先将黄梅④五斤，盐腌七日，加取卤，另生水将黄梅浸投数日，取出梅子捏扁晒干（不扁再捏）再晒。又将牵牛（俗名喇叭，先去带［疑为蒂字］）浸入原卤内（花愈多愈红），晒干收贮。俟鲜姜上市，取嫩姜十斤，用布擦净切净（疑为片字），矾腌一日，倾去卤，即将牵牛花、梅干同姜拌匀，晒二日，拣去牵牛花，用次色糖拌二次，去卤再拌洋糖，晒二日装瓶。一层姜一层梅干，洋糖封口，终年不变色。每姜片一斤，前后用糖一斤，愈白色愈红。糖卤梨丝并各种果品，甚美。

糖姜丝：拌荸荠丝，加糖姜卤更美。

红盐姜：沸汤八升，盐三斤，打匀去泥渣。白梅半斤，捶碎入水浸，二水和合收贮。逐日投牵牛花去蒂，俟水色深浓去花。取嫩姜十斤，勿见水，擦去外红衣切片。白盐五两、白矾五两，滚水五碗，化开澄清。姜置日影边微晒二日，取出晾干，加盐少许拌匀，入前二水内，烈日晒干，上白盐凝嗓，装瓶。

糟姜：勿伤皮，勿见生水，用干布擦净，晾半干。每姜一斤，陈糟一斤，盐五两，于社日前拌腌入瓮。又，晴天收嫩姜，阴干四、五日，勿见水，用布擦去皮。每姜一斤，用盐二两，陈糟三斤，拌匀封固。要色红，入牵牛花拌糟。又，每嫩芽姜一斤，用糟一斤半，炒盐一两五钱，拌匀入瓶，仍洒炒盐封口。又，秋社前嫩姜，用酒和糟、盐拌匀入坛，上加黑糖一块，封七日可用。

酱姜：生姜取嫩者，微腌。先用粗酱套之，再用细酱套之，凡三套而味

---

① 紫苏：唇形科植物皱紫苏、尖紫苏的茎叶。此处可能指其果实，亦名苏子。入药有下气，消痰，润肺，宽肠之功效。

② 青梅：蔷薇科落叶乔木梅的尚未成熟果实。味极酸。

③ 六安：安徽省西部，大别山东北麓一个县，盛产茶叶。六安瓜片名闻遐迩。

④ 黄梅：蔷薇科落叶乔木梅的成熟果实，味甜酸。

始成①。又，半老姜不拘多少，刮去皮，切两片，用盐少许，一腌捞起，沥干入开水锅一焯，候冷投甜酱内，嫩而不辣。又，刮去皮切开，腌一宿，取起沥干，买现成②甜酱入盆，三、五日可用。

酱芽姜：去辣味，拌炒盐，装袋入甜酱。

醋姜：嫩姜，炒盐腌一宿，取卤，同醋煎熬沸，候冷入炒糖，封口收贮。

蜜姜：嫩姜切小片，去辣味，蜜浸。

冰姜：嫩姜切薄片，用熬过白盐腌。

闽姜：嫩姜切条，去辣味，入熬热洋糖腌。

鲜姜丝：鲜姜去皮，挤去汁，入糖再舂，拌桂花蕊。

糖姜饼：嫩姜，滚水焯去辣味，捣烂拌洋糖，印小饼③。

腌红甜姜：拣大块嫩生姜，擦去粗皮，切成一分厚片子，置磁盆内，用研细白盐少许，或将盐打卤，澄去泥沙，下锅再煎成盐用之。腌一、二时辰即沥出盐水，约每斤加白腌梅干十余个，拌入姜内，隔一宿俟梅干发涨，姜片柔软，捞起去酸咸水，仍入磁盆。每斤可加洋糖五、六两。染铺所用好红花汁半酒杯，拌匀晒一日，至次日尝之。若有咸酸水，仍逼去，再加洋糖、红花一、二次，总以味甜而色红为度，仍晒二、三（疑缺次字）日入瓶。晒时务将磁盆口用纱蒙扎，以防蚂蚁、苍蝇投入。

〔 蒜 〕

青蒜八月起，次年三月止。蒜头四、五月，蒜苗三、四月止。

青蒜：嫩青蒜叶切段，每斤盐一两，腌一宿，去臭味，晾干入滚水焯。

---

① 凡三套而味始成：套，扬州俗语，指不断更换鲜美汁液使原料味美。此处讲制酱姜要先后换三次酱来酱制，才能去尽辣味，使其鲜嫩。

② 买现成：现成，扬州俗语，指已经制好的，不必自己再动手的物品。买现成，即市上供应的。

③ 印小饼：用模子制成小圆饼状。

又晾干，再拌甘草汤蒸。晒干装瓮，或拌酱、糖均可。

蒜梅：青硬梅子二斤，大蒜头一斤，去净皮、衣。炒盐三两，量水煎汤，停冷。浸之五十日，其卤变色，倾出再煎，停冷入瓶，一七月（疑为日字）后用。梅无酸味矣，蒜亦无晕（疑为荤字）气。

糖醋蒜：去外面老皮，水浸七日，一日一换水。取出晒干，滚水焯过，加炒盐腌透。每蒜一百，用醋一斤、红糖半斤，泥封收贮。乳蒜，小蒜也。加糖腊装瓶。出沥沚者佳。

腌大蒜：大蒜去梗、须并外面老皮，贮小缸，泡去辣味，一日一换水，约七、八日。取起晾干，用炒盐腌，装坛过性①，夏月取用。

腌蒜苗：蒜苗切段腌入缸，榨八分干，入炒盐揉，装小瓶过性，六月间取用。

蒜苗干：蒜苗切寸段，每一斤盐一两，腌去臭味，略晾干，或酱，或糖拌少许，蒸熟，晒干收藏。

做蒜苗：取蒜，用些少盐腌一宿，晾干，汤焯过又晾干，以甘草汤拌过上甑，晒干入瓮。

糖醋蒜苗白：蒜苗白盐腌，榨干，入醋装瓶。又，盐腌干切段，或晒干入甜酱，或糖、醋煮。

腌蒜头：新腌蒜头，乘（疑为趁字）未甚干②者，去干及根，用清水泡二、三日，尝辛辣之味，去有七、八分就好③。如未，即换清水再泡，洗净再泡，用盐加醋腌之。若用咸④，每蒜一斤，用盐二两、醋三两，先腌二、三日，添水至满封贮，可久存不坏。设需半咸半甜，于水中捞起时，先用菹盐⑤腌一、二日，后用糖、醋煎滚，候冷灌之。若太淡，加盐。不甜，加糖可也。

---

① 过性：使蒜苗的荤味去除。
② 未甚干：没有干透，还含些水分。
③ 去有七、八分就好：指蒜的辣味去掉七、八分。
④ 若用咸：如果想要吃咸的。
⑤ 菹盐：即薄盐，稍许用点盐。

［芫荽（六、七月有，至次年正、二月止）］

又名香菜。

酱芫荽：酱腌数日，入甜酱。蜜饯芫荽同。

腌芫荽：板桥萝卜①皮剽②小片同腌，作小菜（现用③爽口，色味俱好，不耐久耳）。

炒芫荽：配豆腐、香蕈④、豆粉炒。

［椒］

川产名大红袍，最佳。

花椒：或整用，或研用（焙脆研末，须筛过，或装袋同煮，方无粗屑）。

椒盐：皆炒研极细末（盐多椒少），合拌处蘸用。

胡椒：洋产者色白，用法同花椒。胡椒入盐，并葱叶同研，辣而易细，味且佳。

大椒：一呼（秦椒，一呼花番椒。草本有园［疑为圆字］、长二种，生者青，熟者红。西北能整食，或研末入酱油、甜酱内蘸用。）大椒捣烂，和甜酱蒸之，可用虾米屑搀入，名刺虎酱。

拌椒末：大椒皮丝拌萝卜丝。萝卜略腌，加麻油、酱油、淅醋⑤。

大椒酱：将大椒研烂，入甜酱、脂油丁、笋丁，多加油炒。

大椒油：麻油。整大椒入麻油炸透，去椒存油，听用。

拌椒叶：采嫩叶炸熟，换水浸洗，油、盐拌。以之拖面⑥，油炸甚香。

---

① 板桥萝卜：江苏省江宁县板桥出产的萝卜。

② 剽：音 piāo 飘，削。

③ 现用：当时用，做好了就吃。

④ 香蕈：极好的嫩菇。

⑤ 淅醋：淅，音 xī 息，淘洗过的米。淅醋即米醋。

⑥ 以之拖面：拖面，扬州俗话，意思是将原料在面浆中拖，使其裹满面浆。此处指将辣椒叶沾满面浆。

[葱]

酱黄芽葱：盐腌去辣味水，装袋入甜酱。

葱汤：用鸡汁调和，多加醋，能醒酒。

葱用整根：扎把放，馔好将葱取出。或将葱捣汁，似有葱之味，而无葱之形。青蒜、芫荽、韭菜捣汁同。

[诸物鲜汁]

提清老汁：先将鸡、鸭、鹅肉、鱼汁入锅，用生虾捣烂作酱，和甜酱、酱油加入提之[1]。视锅滚有沫起，尽行撇去，下虾酱，三、四次无一点浮油，捞去虾渣淀清。如无鲜虾，打入鸡蛋一、二枚，煮滚，捞去沫亦可。

老汁：麻油三斤，酱油三斤，陈醋二斤，茴香、桂皮同熬，日久加酱油，酒，不可加水。

又，猪大肠一副，洗净置地面片时，覆以瓦盆，去脏味气。查（疑为煮字）汁，撇去油腻，加盐一斤，白酒二斤搅匀，入大桂皮、茴香各四两、丁香二十粒、花椒一两，装夏布袋，投汁内与鸡清[2]同煮，加（疑为如字）老汁略有臭味，加阿魏[3]一、二厘。

卤锅老汁：丁香一钱、官桂捶碎一钱，大茴八分（去核）、砂仁八分（去衣）、花椒八分、小茴五分，用生纱袋，或将夏布将右药六分扎口入锅，又加煮过火腿汤四、五碗，腌肉汤亦可。酱油一碗，香油一碗，黄酒一碗。将口袋投锅煎滚，撇去沫。忌煮牛、羊、鱼腥。

猪肉汁入汤锅，一沸取出，撇去浮油。再用生肉切丝，揉出血水，倾入汤内，即清。鸡蛋清亦可。猪肉皮汁同。

---

① 提之：一种制汤方法，加入茸状原料，沸腾后撇浮沫，使其汤清味美。

② 鸡清：恐为鸡清汤。

③ 阿魏：伞形科多年生草本植物阿魏等的树脂。

[诸汁特点]

蹄汁稠　　肉汁肥　　鸡、鸭汁鲜　　火腿汁香　　干虾子汁更香　　又，夏布袋加胡椒数粒熬。

鸡、鸭、鹅汁　　虾米汁　　火腿汁　　火腿皮汁　　鲜虾汁　　青螺汁　　干虾子汁（出扬州）　　蛏干汁　　蟢嫩汁　　银鱼糊　　鱼汁　　河豚汁　　鲚鱼汁　　时（疑为鲥字）鱼汁　　笋汁　　笋卤　　菌汁（天花）　　黄豆芽汁　　绿豆芽汁　　百合汁（蓬蒿）　　蚕豆　　芽汁　　蘑菇汁　　紫菜汁　　香蕈汁　　甜酱汁（凡取汁，加椒数粒更鲜）　　鳗鱼汁　　备采诸汁，荤素可用。（肥油鸡二只，猪前肘一只，去骨熬汤，捞去渣用）

诸水和汁：凡煮粥取水，必须洁净者，收拾和诸菜。于（疑为未字）打矾水断不可用。如水入锅，应先酱油、盐，醋调和，得味后下各种食物，易于得味。

［ 调和作料 ］

玫瑰、桂花、牡丹、梅花均可熬汁，且可作饼。　　姜汁　　姜丝　　姜米　　姜霜[①]　　花椒末　　胡椒末（熬汁用，味发鲜）　　大小茴香末　　莳萝　　桔皮丝　　橙丝　　桂皮　　陈皮[②]　　紫苏　　薄荷　　红曲　　丁香　　砂仁[③]　　瓜仁　　杏仁粉　　辣椒酱　　葱蒜　　麻油　　蕈粉　　虾粉　　檀米[④]　　芝麻　　芝麻酱　　荸荠粉

---

① 姜霜：生姜榨汁，干燥后可得。

② 陈皮：芸香科植物福橘等果皮。果实成熟后，剥皮晒干或阴干即得。入药有理气、调中，燥湿、化痰之功效。

③ 砂仁：姜科植物阳春砂或熟砂的成熟果实。因有挥发油，可作调香剂。入药有行气调中、和胃醒脾之功效。

④ 檀米：檀香末。檀香，檀香科常绿小乔木檀香的心材，含挥发性油，味浓烈。入药有理气、和胃之功效。

五香丸：茴香二钱、丁香一钱，花椒二钱、生姜三钱，葱汁为丸。

熏料：柏枝、荔壳、松球、紫蔗皮，晒干捣碎放锅内，锅下烧火熏透，无烟煤气。

五香方：甜酱、黄酒、桔皮、花椒、茴香。

又方，花椒、小茴、莳萝、丁香、炒盐。

五香醋：沙糖一斤，大蒜三囊①，大者切三片。带根葱白七茎，生姜七片，麝香②如豆大一粒。将各件置瓶底，次置洋糖面。先以花箬紧扎，次以油级（疑为纸字）封。重阳煮周时③，经年不坏。临用旋取，少许入菜便香美。

芥辣：每食当备，以其困者为之起倦，闷者为之豁襟，食中之爽味也。

制芥辣：三年陈芥子，碾碎入碗，入水调，厚纸封固。少倾（疑为顷字），用沸汤泡三、五次，去黄水，覆冷地，俟有辣气，加淡醋充（疑为冲字）开，滤去渣，入细辛④二、三分更辣。又，芥子研碎，以醋一盏及水调和，滤去渣，置水缸冷处。用时加酱油、醋。又，将滚之水，调匀得宜，盖蜜（疑为密字），置灶上，略得温气，半日后或隔宿开用。

（以下五条原在第二卷）

[制油法]

真菜油十斤，先以豆腐三、四块切碎投油中，炸枯捞净。入捶碎生姜二、三两，炸枯捞净。又入黑枣四两，炸枯捞净。又入白蜜四两略熬，将油收起贮用（各物用夏布袋另装入油亦可。又，菜油十斤，只用红枣二斤，豆腐八地块，炸枯捞起，听用。）

---

① 三囊：三瓣。
② 麝香：鹿科动物雄麝香腺囊中分泌物，每年冬、春各取一次，气味浓烈。入药有开窍、辟秽、通络、散淤之功效。
③ 周时：一昼夜。
④ 细辛：马兜铃科植物辽细辛或华细辛的带根全草，气芬芳，可作调香剂。入药有祛风、散寒、行水、开窍之功效。

又，真菜油十斤，用橄榄二斤，陆续投油，炸枯捞净，贮用。

豆油味厚，宜做素菜。能照菜油法制之，更佳。诸油陈久，即有耗气。若豆油，终有豆气，不及菜油远甚。

炼油：茶油十斤入锅，用豆腐五斤，或片、或条、或块、或面饼、饺类炸之，名为熟油，做各种菜胜子荤（疑为荤字）油。菜油同。

菜油、麻油炼后，再埋土一、二年更美。

制豆油法：素菜必须豆油始肥。豆油十斤，入豆腐片五斤，红枣二斤，或加生姜数片，熬透，捞出渣，将油伏地①，十日取用。

小磨麻油只取香，其油性浮而上②，食之者易于动火。一切素菜（疑为油字），须用油车③炸出者，油真而味厚。

凡用菜油或小磨麻油，将油先入锅炼透，然后再下菜，即无生油气。

麻油膏：麻油熬熟，入豆粉收之。

［用油借味］：素油无味，须借他味以成味。是以炒、烧、焖三种，加豆粉、麻油、甜酱、酱油始能得味。

［ 糟 ］

绍兴酒对（疑为兑字）入酒娘，糟物更鲜。

苏州县孙春阳家，香糟甚佳。早晨物入坛，午后即得味。

［糟油］：绍兴酒脚，归装一坛。多加炒盐、花椒、封口，置灶下暖处，即是糟油。

做酒娘法：如欲酒娘醉物，预先将酒娘做好，泥封小坛，随意开用，入瓜、果等物醉之。

---

① 将油伏地：将炼制好的油放在泥土地上，上面用东西连容器覆盖起来。

② 其油性浮而上：油质轻而使人上火。

③ 油车：一种榨油的器械。

东铺酒最出名者，沈全由字号[1]。做法顶其（疑为真字），价值较他家稍减。

[姜乳]

取生姜之无筋滓者，子姜[2]不中用。错（疑为挫字）之并皮裂，取汁贮器中，久之澄清，其上黄而清者撇去，取下白而浓者，阴干刮取如面，谓之姜乳。以蒸饼或饭搜和，丸如桐子，以酒或盐米汤[3]吞服数十粒，或取末置酒、食、茶、饭中食之，皆可。姜能健脾温肾，活血益气。

[花糖饼]

玫瑰、桂花捣各式糖饼。

[治腹痢痛]

用生姜切如粟米大，杂茶对烹[4]，并滓食之，实有奇效。又，用豆蔻[5]剜作瓮子，入通乳香[6]少许，复以塞之，不尽即用。和面少许，裹豆蔻煨熟，焦黄为度。三物皆为末，仍以茶末对烹之，比前益奇。

（以下十三条原在衬菜部）

---

① 沈全由字号：店名叫着沈全由的。

② 子姜：嫩生姜。

③ 盐米汤：咸米汤。

④ 杂茶对烹：一半姜米，一半茶叶，掺和起来烹煮。

⑤ 豆蔻：姜科植物白豆蔻的花。夏季采摘，晒干用。入药有开胃理气，止呕，宽闷胀之功效。

⑥ 通乳香：即乳香。橄榄科植物卡氏乳香树的胶树脂。春、夏季采收，味芳香。入药有调气，活血，定痛，迫毒之功效。

[酱油法]

每豆一斗，面十斤。要甜，多用面数斤。水一百斤，盐二十斤。

[甜酱法]

每豆一斗，炒香磨碎。面一百斤，每面一斤，用盐四两。

[酱瓜法]

六月六日午时，汲井水和面。不拘多少，蒸作卷子，用黄蒿铺盖，三七日取出，晒干刷净，碾细听用。秋后每面一斤、瓜二斤、盐半斤、醃三日。一层瓜一层盐（疑为面字）铺好，缸内逐日盘之，日久方好止。

[米酱瓜茄]

小麦一斗，煮熟摊稍温，楮树叶衬盖，盦七日，晒干为末。另以糯米一斗煮烘饭，摊冷，用盐三斤拌米饭、麦末极匀，入缸晒，每早翻转再晒。满七日，将瓜三十斤、茄二十斤，用盐七斤腌一日夜，取起瓜入酱缸内。再一宿，取茄入酱缸。瓜茄入缸亦每日翻转，至七日外，取起晒干。其茄（疑缺先字）榨油，方踩（疑为才字）收入。如再入瓜茄，如前腌入。

[酱瓜姜茄]

炒黄豆一斗为末，入面二十（疑缺斤字），和面饼入黄晒，晒干为末。每黄一斤，鲜瓜一斤，炒盐四两，分作九分擦瓜。每日擦三次，三次（疑为日字）擦完，将酒（疑为黄字）放下，每黄一层，瓜一层，剩下黄将盐拌，盖上封固。七日盘一次，盘六次或五次，入腌过茄子。每豆一斗，茄子五十个。后以刀豆滚水，焯过下之，封固，后入姜四、五斤。放透风处，半阴半阳，不宜晒。

又方，炒黄豆三斗，炒面三斗，生面七斗，共滚水和作饼，蒸熟盦黄。每饼一斤，盐四两下缸，用新汲水淹之，再取出晒之。

[豆豉]

黄豆一斗，晒干去皮。菜瓜丁三升，要一日晒干。杏仁三升，煮去皮，米再煮再浸共五次，淬冷水再浸半日，以无药味为要。砂仁、大茴、小茴、川椒、陈皮各四两，姜丝一斤，紫苏十斤，阴干铺底。甘草四两，陈酱油十碗。将前药拌匀如干粥，盛缸内闷一宿。如干，再照前酱油、酒（疑为衍字）数拌匀，装饼要装结实，泥头四面，二十一日。

又法，小茄五斤，入冷灰内一昼夜取出。白酒糟三斤，盐一斤，河水一碗。

[十香瓜]

牛角菜瓜切片，腌半日即榨去汁，以姜丝、莳萝、杏仁拌匀，布袋盛，入甜酱内。

[酱瓜]

极生菜瓜，剖开瓢洗净，晒一日，候微干，入陈甜酱酱之。过秋，候瓜肉透红色，以甜酱油以（疑为衍字）洗去瓜上甜酱，蒸笼蒸透，取出晒干，卷之收贮，听用。久之不坏，且甜净美口。

[豆腐乳法]

每豆八斤，红曲六两，大茴四两，酒（疑为甜字）酱六斤，火酒六斤，封一月。即以豆腐压干寸许方块，用炒盐、红曲和匀腌一宿，次用连刀白酒，用磨细和匀酱油，入椒末、茴香、灌满坛口，贮收六月更佳。腐内入糯米少许。

[茄腐法]

早茄一百个，大黑豆三升。茄切小块，用香油十两，砂糖八两、酱油一碗。将油熬过后，以酱油和糖，入锅煮茄，勿大烂。漉去，存汤在锅，以豆煮之，各晒干，余汁在（疑为再字）泡茄内，并一处收藏，茄无豆亦可。

[酒豆豉]

用黑豆□□□、□□、莳萝各二两，陈皮四两，砂仁一两、花椒□□□□斤（此处缺字），炒盐酌用，黄酒三十（疑缺碗字），酱油四十碗浸烘，加甘草、官桂各二两，同拌浸，晒。大黑豆一斗，如常盦法，晒干晒好，四面转晒。其作料内，杏仁最要制得法，泡去皮，滚水飞淬，冷淬捞起，又飞[1]又淬共七次，其杏仁方极淬（疑为脆字）而甜、白。

[面筋]

面筋切棋子块，装鹅肚内煮极烂取出，用晕（疑为荤字）酱油浇之，极美。

[晕（疑为荤字）酱油]

糯米三升蒸饭，猪肚（疑为油字）五斤切块，同曲拌作酒。五、六月后，酒熟则油化。榨去酒浆，和盐，下酱黄，晒，撇油如常法，其油鲜美。

---

[1] 飞：扬州饮食行业俗语，指将原料在水中焯水。

第二卷 铺设戏席部

[进馔款式]

十六碟、四小暖盘①（每人点心一盘，装二色。面茶一碗。）彻净进清茶（每位置酱油、醋各一小碟，四色小菜一碟，调羹连各一件）四中暖碗②（二色点盘，一汤）中四暖盘（二色点盘，一汤）四大暖碗（二色点盘，一汤）一大暖碗汤，清茶。

十六碟、四热炒（二点一汤）四热炒（二点一汤）四大碗（四点一汤）四烧碟，两暖盘、两暖碗。

十六碟、四热炒暖盘（二点一汤）四热炒暖盘（二点一汤）彻净进清茶。六中碗（四点一汤）两暖碗。

十六碟、四暖盘（二色点盘、一汤）四中碗（二色点盘、一汤）四中碗（二色点盘，一汤）二暖碗汤、清茶。又十八碟、八热炒（十簋③、四烧碟、二茶、二汤二点）。

（夏日各种菜供客须温④，并要小碗。）

十六碟、八碗、一大盘烧碟（疑为炸），一碗汤（又烧碟四小盘、菜两

---

① 暖盘：一种带盖而略深的瓷盘。上桌时放在锡做的外托里，托里放热水以保持盘内菜的温度。

② 暖碗：一种带盖的瓷碗，有两短耳。上桌时放在锡做的外托里，托里放热水以保持碗内菜的温度。

③ 簋：音 guǐ 鬼，古代一种盛食物的器具，圆口圈足，有两耳或四耳，亦有无耳的，多用青铜或陶土制成。

④ 须温：即下面提到的"温和"，指清淡适口、刺激性气味小而少油腻的菜肴。

大盘、两小盘）四碟、六热炒、五中碗（四小碟、四小碗、五中碗、四小碗、四中盘、四大碗）。

（中上[①]八碗、晚间四小碗、四小盘、再烧炸二大盘。）

（二十碟、八碟、四小碗。）

十六碟、八热炒（每位前一小碟）点茶（每位前一碟两色），四中碗、点茶（每位前碟两色）一盘烧炸、四中碗又两中碗。

（十六碟、八热炒、二点一汤、彻净。四大碗、二点一汤、八小碟烧炸、二点一汤、六大碗、热炒十二碗。）

十二碟、四热炒、四小碗、两盘、两碗。

（十六碟双拼高装[②]，四小碗、四小盘、五中碗、六点一茶、五中盘。）

十二碟对拼、四热炒、四小烧炸、四点一汤、四大盘红烧炸、四大盘白片、四大碗海菜[③]。二十四小碟、四大碗。

（十六碟高装、四中盘烧碟、四小碗、四小盘、中碗、五中盘、六点一茶、四攒[④]每盘三色。）

十二碟、八热炒、四点一汤、七碗。

九盘五碗、四盘六碗、四小碗、一盘、四中碗。

（十二碟、四热炒、十小碗、一点一汤，五大碗、四大盘、一点一汤。）

二小碗、一小碟、二小碗、一小碟、二点一汤、一中碗、一中盘、一中一中盘（疑一中重复）、一中碗、一中盘。

（十二碟，另加时果四式、四大盘烧炸。又四小碗、两点两汤。）

十二热炒、四中碗、四中盘、四大盘、四点四汤。

四小盘烧碟（疑为炸字）、四中碗、四大碗、八中碗、两大盘、四点一汤。

十六小碟、八热炒、二点二汤、四小碗、两中碗、二中盘、一大攒盘。

---

① 中上：扬州方言，即中午。

② 双拼高装：指用高脚盘子盛的由两种菜肴组成的拼盘。

③ 海菜：以海洋性烹饪原料为主料制作的菜肴。主要指海参、鱼翅、鲍鱼之类的菜。

④ 四攒：攒，音 cuán，集取、拼凑。四攒即四个拼盘。

一三寸碟攒四小菜，一二寸碟醋，一二寸碟酱油，一搁调羹小碟，四大碗、四中碗、两大盘烧炸。六小碗、四中碗盘中碗（疑中碗两字重复）、八热炒、四大碗、四大盘、四小碗。十六碟、四热炒、二点一汤（彻净两次，进清茶，八中碗、四点一汤）瓜子仁、花生仁，每人各供二小碟。

十六碟、四热炒、四点一汤，又四热炒、四点一汤（彻净进清茶。又四中碗、两大盘烧炸、四点一汤、四暖碗，一野鸭火锅[1]）八碟（四干四鲜[2]）十二热炒、八碟、十六碟、八热炒（双上[3]）四中碗。

（十六碟、八盖盅、十碗、四小碗、四点，瓜子、瓜仁、花生肉，每位两小碟。暖碗二中抽穿心连底，内入烧酒。围身围身［疑"围身"重复］布[4]、漱口杯。）

（席终，饭与粥兼用，粥内入小米更佳。）

（十六碟、四小碟、一道燕窝[5]汤用盖碗。又四碟、一道芷［疑为紫字］菜汤，亦四烧碟，一道鸡皮鸽蛋汤亦用盖碗。四点心。）

磁盘有高足者四碟（二干果三［疑为二字］水果）两冷碟、六热炒、二大碗、一中碗。

（十六碟、两小盘、两小碗，再上正菜。）

烹调食物须用煤火取其性硬而物易烂。

（十六碟内用八冷荤，或用四羊集一羊肉火锅。）

（新式八碗、一大碗汤、四碟或十碗不用点。或四大碗、四暖碗、四点、八碟、十小碗，内以热炒四碗配之。）

客初至献茶：用芝麻茶或杏酪，或果茶（用核桃仁、松仁）或茶叶内用

---

① 火锅：一种上大下小的圆形食器，多在寒冷的冬天使用。中间有腰鼓形炉膛可烧木炭对菜肴进行加热。有圆盖，两侧有耳环，多用铜或锡制成。

② 四干四鲜：指上桌的八个碟子中，四个装干果，四个装新鲜水果。

③ 双上：指每次同时端两个菜上桌。

④ 围身布：指口布。

⑤ 燕窝：金丝燕食海藻后吐出胶状物质凝结而成的巢，多在临海绝壁之上，是一种名贵的原料。亦可入药，有祛痰止咳之功效。

榄橄半枚、花生米十余颗，或江西小桔饼，或南枣①同元眼②煮作茶。牛乳冲藕粉入瓜子、核桃仁。

（十六碟，四鱼盘汤，席终又十六碗。）

［ 碗盘菜类 ］

闰七月有班子鱼③、蚌螯④，八月有面条鱼⑤。

（新式四干果、四水果，四荤点、一汤一菜、四粉点⑥、一汤一菜、四面点、一汤一菜。）

［燕窝菜六款］：核桃仁衬燕窝　　野鸡片衬燕窝　　把鸡脯片衬燕窝

火腿肥丝衬燕窝　　火腿烧珍珠菜⑦　　鲢鱼拖肚蟹肉

（夏日供客之菜，岂［疑为宜字］温和宜热且用干菜，少用汤菜。）

［制燕窝］：燕窝冬月宜汤，以鸡脯、鸡皮、火腿、笋四物配之，全要用纯鸡汤方有味。每中小碗须用一两二钱。夏月宜拌，将鸡脯切碎如米大，用油鸡汤略煮，拌（疑为捞字）起拌之，每中小碗须用二两以外三两以内。

（燕窝寸段装碗，鸽蛋衬燕窝第二层。）

---

① 南枣：原称"兰枣"，系鲜枣经特殊蒸煮烘晒后的干制品，因原产于浙江，多以兰溪为集散地，故世称"兰枣"。讹为"南枣"。色暗紫而有光泽，纹细肉实，摇动时发出响声，故亦有"响铃枣"之称。也有人称密枣为南枣。

② 元眼：指桂圆，亦名"龙眼干"，系新鲜龙眼果实焙干制成。扬州方言称元眼。有滋补之功。

③ 班子鱼：又作斑子鱼，状类河豚鱼而较小，柔滑无骨，味甘美如乳酪。

④ 蚌螯：蛤蜊的一种，壳平滑无皱，其肉十分鲜美。

⑤ 面条鱼：银鱼的一种，名"间银鱼"，体长一二一至一五五毫米，属回游性鱼类，每年惊蛰前后入长江上游产卵。

⑥ 粉点：指粳米粉制成的点心，一般多与部分糯米粉掺和使用。

⑦ 珍珠菜：多年生直立草本植物，春季开白花，生于路旁或荒山、草坡上，种子可榨油，全草可入药，亦可作猪饲料。另一说，扬州人称极嫩之玉米棒（上面只有稀疏小玉米粒）为珍珠菜，亦叫珍珠果。用时剖开成条，切丝或切块，焐油或焯水后入菜。此处似指后者。

［蹄筋鹿筋菜九款］：虾米烧蹄筋　　鸡冠油烧蹄筋　　冬笋条烧蹄筋　　脊筋　　烧蹄筋　　麻雀脯烧蹄筋　　鹿筋烧松鼠鱼　　煨鹿筋　　烧鹿筋　　鹿筋切豆大式（或烧或烩）　　牛乳内加藕粉

果子狸①：用米泔水②泡净，加木瓜酒，磁盆蒸。或夹以火腿片蒸，或鲜肉片。如裙折（疑为褶字）肉色（疑为式字）亦可。

［海参十三款］：火腿爪皮煨海参　　蚕豆瓣炒火腿笋丁

火腿圆火腿胗蛋白丁

（海参汤衬火腿、笋片、烧海参丝。野鸭块烧海参。肥鸭块煨海参、海参丁配文师豆腐③或班鱼肝。）

鹿筋煨海参。鱼肚煨海参。面条鱼去头尾煨海参。木耳烧海参，名嘉兴海参。八宝海参衬三寸段猪髓。变蛋配海参。

（折［疑为拆］碎野鸭煨海参、拌海参配杂菜。烧蹄去骨衬海参。海参粥：海参、米、多加豆粉。）

芝麻酱拌海参丝衬火腿肚片。班子鱼肚烧海参，胗亦可。猪舌烧海参。猪脑、木耳烧海参。

［鱼翅｜款］：鱼翅拖蛋黄胗。鹿筋烧鱼翅。鸡冠油④烧鱼翅。蛏螯煨鱼翅。核桃仁衬鱼翅。鱼翅须同配物煨得极烂方入味，每中碗用半斤，用酱油、酒。

蟹肉炒鱼翅加肥肉条。野鸭烧鱼翅。米果⑤烧鱼翅。鱼翅脊切条胗，加

---

① 果子狸：亦称"花面狸""白额灵猫"，大小如家猫，体较细长。因喜食植物果实，故又名"果子狸"。

② 米泔水：即淘米水。

③ 文师豆腐：清代仪征人李斗所撰《扬州画舫录》载："枝上村，天宁寺下院也……僧文思居之。文思字熙甫，工诗，善识人，有鉴虚、惠明之风，一时乡贤寓公皆与之友。又善为豆腐羹、甜浆粥。至今效其法者，谓之文思豆腐。"（扬州方音，思师不分）文思豆腐为乾隆南巡接驾菜品之一，以清淡鲜嫩见长，脍炙人口，流传至今。

④ 鸡冠油：指猪网油内鸡冠状油块，亦称冠油。

⑤ 米果：以糯米粉、粳米粉掺和，水调压制蒸熟的圆形制品，有白、红、黄三色，用水泡或油炸后即可入菜。亦有将米粉捏成小元宝形，染上诸色，为春季时令配菜。

鸽蛋。

（冠油煨鱼翅：冠油另烧入味，再煨。拌鱼翅。）

（鲍鱼先入冷水浸一夜，换热水又浸一夜，取出切象眼块，配肥肉亦切象眼块，煨一伏时可用。如切条配肥肉条共炒更美。）

［海参四款］：海参无论冬夏皆宜以猪爪尖煨之，加五香作料，每中碗用三两余。莲肉瓜仁烧海参丁。

蟹肉烧海参　　烧蝴蝶海参（衬火腿兼腰蹄筋。）　　脍油炸鬼①（贡干②治净抽去硬条，入水煨数时，逼［疑为滗字］去苦水，换鸡汤再煨。）

［　鸡菜　］

酥鸡：预备横直多挡竹架一付，寸许铜钩十余个，要上下作平钩，上可钩架，下可钩物。长阔照日锅③式为度，上不离锅，下不着油。再备麻油三斤煎沸存用，此油不但酥鸡，即酥鱼肉等物俱可。油多味好而油亦不耗用。肥母鸡一只治净，割下活肉④，其余骨肉入沙锅煨汁候用。将肉切成块，划作细路，不可伤皮，用小箩略筛豆粉于上，入笼略蒸，将竹架置锅上面，铜钩钩住鸡皮，其肉浸热油内酥之，熟时以井水浸去油腻，酥过鸡肉酥过（疑酥过两字重复）改成小块，斜方任便，即以所煨鸡汁捞净澄清，加蕈丝、冬笋片、火腿片再煨，上席则汤清、皮嫩、肉酥，可称美品。酥野鸡、野鸭、家鸭同。

荷叶包鸡：子鸡治净，或嫩鸭、子鹅，肥肉均切骨牌块，加以作料，咸

---

① 油炸鬼：指油条，浙人称为"油炸桧"，以示对南宋奸相秦桧卖国求荣、陷害忠良罪恶的憎恨。呼白即为"油炸鬼"。

② 贡干：一种较大的淡菜，系海中贻贝经蒸煮后剥肉晒干制成的海味食品。含有较高的蛋白质、脂肪及钙、磷、铁等矿物质。制作菜肴鲜美可口。

③ 日锅：一种圆形铁锅，锅壁较陡，较一般铁锅深。

④ 活肉：此处指鸡大腿肉和鸡脯肉。

淡得宜，或香芃^①、火腿、鲜笋皆可拌入，用嫩腐皮包好，再加新鲜荷叶托紧，外用黄泥周围裹住，糠火煨热以香气外达为度。临用取出泥叶，揭下腐皮盛大磁盘内，供客大有真味（五、六月最宜）。

鸡汁：老鸡炖汁，将汁再煮嫩鸡。

（鸡既取汁，其鸡或烧或为焖。）

[鸡四款]：烧鸡整煨　苏鸡整煨　蛋黄涂鸡皮　鸡脯片配莴苣（箔片烧鸡、鸭只取其近皮一层，以其味在皮，而肉其［疑为宜字］熟故也）。

干炒鸡脯片：配火腿、冬笋、青菜心、鸡汁作汤。鸡、鸭末入罐之先，用淡盐里外略略筱之^②，加酱油、甜酒，文火烤片时，少加水煨之。

（纯酱油煮老母鸡，不加酒水煮烂滤去渣，将汁入招宝紫菜^③拌晒或烘极干，携之行路，用时以滚水冲之。）

牛乳煨鸡：火腿煨去骨鸡块、肥肉片，扭入鸡脯片。

烹鸡：生鸡切中片，油炸捞起，入豆粉烧。

炒鸡：配诸葛菜^④新腌芥菜心。

石耳^⑤煨捶鸡：生鸡脯入米粉捶，配石耳，清汤煨。

鸡元饼：配石耳、火腿丝卷。

[鸡三款]：油炸鸡脯片　前（疑为煎字）鸡饼　鸡皮脍天花^⑥

[脍鸡脯]：火腿肥片配脍手撕鸡脯片。鸽蛋，油炸透，加蒿菜或蕨

---

① 香芃：极嫩的好菇。

② 筱之：筱，音xiǎo小，小竹子。筱之指用小竹子轻轻敲打。

③ 招宝紫菜：指浙江省招宝山出产的紫菜。招宝山原名"候涛山"，在镇海东北，面临大海，紫菜系海洋中一种薄藻类植物，经漂洗、晒干后制成的海味干菜。

④ 诸葛菜：亦名息菜、菲、二月兰，一年生草本植物。叶羽状分裂，初夏开花，产于我国中、北部，全株可作蔬菜，亦可观赏。

⑤ 石耳：地衣门真菌类食物，多附生于悬崖绝壁之石上，故名"石耳"。通常背面呈灰白或灰绿色，腹面呈黑褐或黄褐色。性平味甘，可作菜，亦可入药。我国庐山石耳以体大肉厚闻名于世，因其有养阴止血之功，尤宜与母鸡同治。

⑥ 天花：鲜菌的一种，外形如雏鸡状，可入菜。另一说，猪脑盖并上腭肉亦称天花。此处似指前者。

菜①烩。

蒿尖②烧油炸鸽蛋

[鸽蛋四款]：鸽蛋油炸配莴苣

（冰糖，鸽蛋作乳，鲜衬燕窝。）

酱烧鸽蛋　　鸽蛋衬青菜心烩　　茄圆配鸽（疑缺蛋字）珍珠菜

油丝蛋：鸽蛋十个、脂油一斤，下锅加力多搅。蛋内可入作料，各物分黄白，兼摆配盐荽③。

（油炸鸡蛋烧白苋菜④配火腿丝。）

（变蛋去壳切，以白酒、酱［疑为姜字］米。取鸡、鸭腹中软蛋挑孔，漏入滚汤内，名蛋线。）

芙蓉蛋：取蛋白打稠炖熟，用调羹舀作芙蓉瓣式，鸡汁脍。

松菌⑤烩鸭块

核桃仁煨鸭：用鸭，去骨，先入油一炸，再加糯米、火腿丁（亦加小菜，大瓢在皮内）煨之，用酱油、酒。又，不用油炸，即以火腿、糯米瓢之。另外配鱼肚少许更妙。鸭舌煨白果配口蘑、火腿丝。

冬瓜煨手撕烧鸭

[清汤]：鸡肉汤用绿豆粉少许（如用矾打水扑用筯［疑为箸字］一搅）自能澄清。

---

① 蕨菜：亦名乌糯，多年生草本植物。我国各地山野草地均有生长。其叶羽状分裂，嫩时可作菜，根茎可提炼淀粉。全株亦可入药，有解热利尿之功效。

② 蒿尖：指蒿菜的嫩尖。蒿菜，亦名芦蒿、芦笋、茭儿菜。芦柴荡中蒿草的嫩芽，有很浓的芳香味，可入菜。

③ 盐荽：即芫荽（音随），亦称胡荽、香菜，又名芫菜，扬州人呼为"盐荽"。一种有特殊香味的、一年生植物，茎叶可调味或入菜，果实可提炼芫荽油。全茎亦可入药，有解表发散之功效。

④ 白苋菜：苋菜，一年生草本植物，是一种富含钙、铁的蔬菜，有红、绿二色。扬州人称绿叶者为白苋菜。

⑤ 松菌：蘑菇的一种，张开如伞状，呈灰褐色或淡黑色。夏秋季节生于松林内断枝碎屑之上，采集后经日光暴晒制成。菌盖光而平，被面无菌褶，呈黑褐色，有松香味。

[白煮]：白煮鸡鸭肉等类，总须于煮熟后捞起、挂冷，将水沥干方好。否则皮不舒展，肉不中用。（鸡鸭捞起须倒挂之。）

攒盘：白煮肥鸡、嫩鹅、糟笋、酥即（**疑为鲫字**）鱼、晾干肉、熏蛋，糟鱼，火腿、鲜核桃仁（去皮）加冬笋、腌菜束之。其余如时鲜之黄瓜等类，皆可搭配。

[菜品七款]：烧东坡肉　　葵花肉圆　　莴苣干炒鸡脯条烧鸡杂　　天花煨鸡　　炒鸡球　　生炒子鸡配菱米

[猪类菜]

[肠菜三款]：烧梅花肠　　粉蒸肠　　煨极烂大肠
（青笋尖①烧去骨鸡块。又排骨去骨穿火腿条。）

烧肠：将大小肠如法治，扎住头，用清水入花椒、大茴煮九分熟，捞出沥干，将肠切段，肝切片，再入吊酱汤老汁②慢火煮烂，入整葱五、六根，捞出，将豆粉调稀，同熟脂油四、五两倾入汁内，不住手搅匀，如厚糊即可用。

脍蹄筋

[论猪]：猪肉取大膘二刀，腿筋，小膘用肋条心，更拣毛细皮薄而白者佳。黄膘猪食之有毒。

猪肉以本乡出者为最佳。平日所喂米饭，名曰圈猪，易烂而味又美。次之泰兴③猪，喂养豆饼，易烂而有味。又次江南猪，平日所喂豆饼并饭，煮之虽易烂、却无甚好味。不堪用者杨河猪，名曰西猪，出桃源县④，糟坊所喂酒糟，肉硬、皮厚，无油而腥，煨之不烂，无味，其肠杂等有秽气，洗濯不

---

① 青笋尖：即莴苣。

② 吊酱汤老汁：指撇去浮沫，用汤筛滤去沉渣的红汤鲜汁老卤。

③ 泰兴：县名，位于长江北岸江苏省境内，今属扬州市。该县以盛产白果闻名，被誉为"银杏之乡"。亦产皮薄肉白的小冬猪，为江苏名种猪。

④ 桃源县：位于湖南省西北部沅江下游，特产中以"桃源鸡"（即乌骨鸡）最为有名。

能去。凡酒坊、罗磨坊养者皆如此。更不堪者湖猪，亦名西猪，出山东。平日所吃草根，至晚喂食一次，皮厚而腥，无膘，其大、小肠，肝、肺等多秽气，极力洗刮亦不能去。

铜山县①风猪天下驰名，时值三九②，取三十斤重或四十余斤者宰之，不可经生水，截肋二块，腿四只、脊一与蹄一，并头，尾十一件，将肉用花椒炒盐着皮擦透，亦有加入硝③者，悬两头大风处。次年夏、秋时用。隔一年者入米泔浸一日，若三年者浸三日，去净耗肉④。煮熟片用，胜淡腿百倍，若早食之则无味，油耗时入草灰叠之。他处做风猪，用盐则味咸，只可淡风，然油耗太重。凡肉十斤，只取得三斤，味亦不及铜山远甚。

瓢柿肉小圆：萝卜去皮挖空，或填蟹肉、蛏螯、冬笋、火腿、小块羊肉，装满线扎柿子式，红烧，每盐（疑为盘字）可装十枚。

松果肉：五花肉切酒杯大块，皮上深划作围棋档⑤，用葱、蒜、姜、椒汁、酱油、酒将肉泡透，再用原泡作料，入锅红烧至七、八分成烂，提起出油。临吃时下麻油炸，其皮向外翻出，如松果式。

扒肉烧甲鱼，样比肉。

海参煨肉：以烂为度，煨蹄肘更美。冬笋煨糟肉块。

大剀肉圆：取肋条肉去皮切细长条粗剀，加豆粉少许作料，用手松捺不可搓，或油炸，或蒸（衬用嫩青⑥）。

（徽式炒肉）

[猪肉菜九款]：千层肉（火腿尖）白果肉烧小肉块　　冬菇煨肉　　火

---

① 铜山县：位于江苏省西北部，今属徐州市。

② 三九：农历以冬至日为"入九"，多在公历十二月二十二日或二十三日，是为"头九"。每九天为"一九"，三九即冬至后第十九至二十七天，为一年中最冷的时候。

③ 硝：某些矿物盐的统称。这儿指的是"火硝"，分子式为 KNO_3。在加工猪肉制品时（如肴蹄等），用硝的水溶液进行揉擦，使肉的色香味品质有所改善。在腌制食品中的用硝过量对人体有害，在加工食品中必须严格控制剂量。

④ 耗肉：有哈喇味的肉。

⑤ 作围棋档：档，扬州方言，即格子。作围棋档即用刀划成围棋格子的形状。

⑥ 嫩青：指嫩青菜。

腿块煨肉块　　　猪骨髓矗通①穿火腿或冬笋条。又，切五分条作衬菜。猪管内入刮肉。

　　猪管内穿火腿条。又，切五分段烧。火腿丝煨肚丝。

　　炸鱼肚块煨烧肉块。

　　（冰糖蜜饯，四熟果）

　　（烧猪舌片或丝，面拖猪头块）

　　金晴：即猪眼，又名龙眼。　　天花（即猪脑盖并上腭）　　糟宝盖　　脑乳（即猪脑，炸龙脑）　　鼎鼻（即猪嘴）　　雀舌（即猪舌）　　糟龙舌　　前腮（即猪腮颔）　　核桃肉（下腮肉炒）　　双皮（即猪耳或煮或烧）　　嘴叉（即猪嘴夹子）虎皮肉（将肉刮碎摊平，油炸或拌椒盐用）　　杨梅肉（小肉圆油炸）　　高丽肉②（肉拖蛋黄、米粉、油炸）　　水晶肉（夹火腿）　　盒皮肉（两面夹肉）　　算珠肉（不用油炸，或蒸用，亦有用油炸）　　喇嘛肉（取大块肉拖米粉，油炸）　　香袋肉（将肉刮碎用腐皮裹油炸，加红汤、用盐蒸）　　菊花肉（切片如菊花式，油炸）　　金钱肉（切圆片浸酱油、酒，用铁扦串，入火炙，食时将下装盘）　　绣球肉（与肉圆同）　　荔枝肉（切大块肉，背划纹）　　瓢骨（肋骨带寸段，熟时去骨，或冬笋片或茭白穿入）　　蹄掌（猪脚尖，盐水煮猪腿湾）　　玉桂（蹄筋，糟肋筋）　　玉带（脊髓。炒脊髓、炸脊髓）　　血糊涂（猪血搂散，和鲜汁作汤加瓜子仁）　　肝花（卤煮酥肝，芥末拌生肝，栗肉烧肝，冠油煨肝）　　腰胰　　梅花肠（灌血，蒸热作条）　　核桃肠（肠切寸段油炸，以绉为度）　　锅烧肥肠：切片

　　硬尾（肠灌肉或蛋）

　　（卤煮大肠：凡汤肚有秽气者，先用油炸透，或烧或焖，即无秽气）

　　（油肚：将肚不去油洗净，白水煮，蘸甜酱油用。取肚外层切四分宽、一寸长炒）

---

① 矗通：矗，音chù触，直立。矗通即戳通。

② 高丽肉：高丽原系朝鲜古名，此处是"膏里"的谐音。膏里肉指将原料挂上蛋粉糊后入油锅炸制的肉。膏里是一类菜肴的加工方法，共同特色是外松脆内软嫩。

（薄片白肚）

红血肠（灌血）　　白血肠（灌蛋清）　　鹿尾（小肠灌肉片用）　　拐肠（切段油炸）　　绣球肠（大［疑缺肠子二字］灌肉扎段）　　喉管（烧、煨皆可，或花开［疑为划］用，或糟用）　　爆肚　　油噜噜（脂油煮熟，再入油炸）　　金钱鞭（猪尾，切圆片）　　血皮（串油上肉）　　金条肉（肉切条，拖蛋黄、米粉）　　红炖　　鸡冠油（核桃仁烧冠油、冬笋烧冠油，笋切菱作角块）　　三煨肉（只在猪身上下，不拘何肉攒一碗）　　锅烧紫盖①　　白炖　　平肋②（烧大块，切条）　　琵琶肉③　　杂煨（肝、肠、肚、肺切丝）

（甜梨块去皮、核，同火腿汁煨。）

（撕肺。肉用硝擦，加盐易入。）

银丝肚（拌嘛喇肚丝）　　紫肺（不用水灌白者）　　蒸汤肉

罗贴肉（贴在肚上者）　　炒响骨　　罗圈肉（项圈白煮，片用）

脆皮　　蝴蝶肉（即肩上大片骨连肉者）　　哈儿巴（白煮猪臂。又，干烧哈儿巴）

猴儿头　　梳罗（脊骨）　　胸叉（胸叉上肉）

乌叉（腿膀肉）　　腿杖（整膀可分红、白）　　里肉（脊上大里肉）

卤煮五香瓜儿肉（即小块精肉）

［烧鸡丁］：脂油皮卷鸡丁或虾仁丁烧，少加醋。

烧炸肉：分精、肥、皮、肠四项（装盘）。

烀肉：洗净锅，少着水，柴头罨④烟焰不起，待他自熟莫催他，火候足时他自美。

［肉菜五款］：茶油⑤浸淡腌肉并鱼鸭。肉用茄子或南瓜、冬瓜皆可瓤。

松菌煨猪蹄　　烧哈儿巴　　火腿蹄尖皮配鲜蹄尖皮煨

---

① 紫盖：亦称子盖，猪后臀肉的一部分。

② 平肋：指猪的肋条肉。

③ 琵琶肉：指猪的前夹肉。

④ 罨：音 yǎn 掩，覆盖。

⑤ 茶油：从油茶树种子所得的不干性油，多供食用，也作工业用油。

甜酱肘：冬月①取小猪蹄数个约三斤，晾干，炒熟盐拌花椒末，擦透周身，厚涂甜酱，叠压缸中半月，带酱挂檐前透风处，俟干整煮。松鲞块配腌肉片。

[猪肉菜、火腿菜十八款]：猪管切一寸长，腰中二缝，穿出虾仁。炸脊筋。烧猪舌片。

烧、炙诸物，靠火时须不时转动，其肉松而不韧。

猪肉，鸡，虾仿三层肉圆。

（火腿汁烧扁豆、豇豆、丝瓜、茄子。火腿汁煨冬瓜、瓠瓜子。火腿陈一年者佳。）

熟切火腿配烧野鸭脯。火腿精片贴肥肉片脍（炒野鸭片或丝）。

火腿脍蓬蒿②嫩尖　　菜心脍火腿　　变蛋配火腿

煨火腿爪尖皮　　火腿爪尖皮加豆粉烧（火腿丝、笋丝作汤）

（交夏时，火腿入灰缸或灰池中间层叠好，用时取出，用未了者仍复入灰。其灰三月一换，水不生虫不油耗，最妙法也。）

猪管内穿火腿条　　去皮萝卜块煨火腿　　炖火腿（煨透切五分厚块）

炒蜇皮细丝，加火腿丝

火腿煨楚鱼③或松鲞。脂油薄衣卷鸡脯或虾脯煎。

肥火腿片煨风鸡片（去骨）或用糟冬笋块、糟冠油块均皆（**疑为可字**）。

[鸡菜二十三款]：嫩鸡切细丝炒熟，卷薄饼或春饼④，鸡丝内少加冬笋丝更好。

肥鸡去骨切长小块入脂油、木耳爆炒，少入红酱。

（雏鸡、老鸭肉一斤四两，入瓦钵加酱油一大碗，酒一大碗，盖好干锅，神仙炖法。）

---

① 冬月：农历称十一月为冬月。

② 蓬蒿：亦称茼蒿，一、二年生草本植物，嫩茎叶可作蔬菜。

③ 楚鱼：似指一种干咸鱼。

④ 春饼：旧时风俗，立春日食面饼，故名春饼，指用面粉烙制的不加油盐的薄饼。另有一种春卷皮，系将面粉揉上劲后在平锅上烙出半透明薄皮，可包各种馅料成卷油炸后食用。

烧鸡皮上临用洒酒浆、饭粒少许。烧鹅鸭同。

（烧鸡、鸭并肉，用花椒、甜酱、酒、盐频频试之。）

烧鸡皮去骨切块再烩。烧鸭同。

烧荔枝鸡（油炸麻雀，炒麻雀脯）

炒野鸡片　　盐水煨鸡　　烧荔枝鸡

挂炉野鸭去骨片用。取鸡翅第二节去骨，入火腿汁煨。

冬笋、火腿煨鸡脯　　石耳烧鸡脯

（烧鸡豆或拖面椒烧。猪腰、猪管同。）

鸡丁煨胡桃仁　　冬笋煨野鸡块

（鸡要油面肥者，不拘如何做法俱可，盖其味本鲜也。鸡圆内须加松仁。鸡粥。）

（核桃仁去皮煨去骨板鸭块，大块鸭羹。）

蒜烧水鸡腿　　烩水鸡腿

鸡皮衬鱼翅净肉块（用肥鸭皮更美）莴苣炒樱桃鸡块。

鸡肾作衬或去衣入鲜汁烩（少加松仁）剔骨鸡块配栗肉红烧。去骨小鸡块。金钱小蒲子片。

炒鸡豆加酱瓜、火腿丁。拆骨鸡块。

芡实①用鸡丁或火腿丁脍，芡实须拣一色大者。

［猪肉菜十四款］：熏猪头　　徽药②煨肉　　莴苣煨肉　　蒜苗炒精肉丝　　梨片煨肺　　松蕈煨肺　　烧肉洒研碎熟芝麻更香　　鲜肉块入火腿汁煨　　王氏煨肉　　盐水煨肚肺　　手撕卤煮肝　　驴肝作猪肝用

猪腰去净臊筋，面划纵横深纹切条炒（蛋白炒荔枝腰）。

猪脑切块作衬菜，或油炸，或滚以豆粉入油炸，脍用（羊脑同）。

（八宝鸭朼珍珠菜。烧鸭舌。烧鸭掌。）

（鸭舌脍鸽蛋。假鸽蛋用山鸡小蛋充之。）

---

① 芡实：亦称鸡头米，一种多年水生草本植物，果实似鸡头，故种子称鸡头米。供食用或酿酒，亦可入药，有健脾涩精之功效。

② 徽药：指安徽省出产的山药。

（杂果烧苏鸡）

（冬笋片炒野鸭片）　　（冬笋块煨野鸭块）

（糟肥鸭大块去骨煨烂，配肥炸鱼肚段，加火腿、冬笋片。）

（口蘑煨去骨肥块。鹅作鸭用）　　（瓶儿菜①炒鸡脯片，用香椿②香干更美。）

烧猪尾：尾切寸段，去骨，或烧或脍。

网油包裹肉片仍切碎，用缸豆、酱油，酒烧鸡冠油。蒜烧鸡冠油。

［　各式菜类　］

［石子羊］：羊宰后去后（疑为内字）脏，用烧红石子填满羊腹，羊熟而无火烧气。

［选羊］：羊有种名画眉头（黑头）饽饽口、蒲扇尾。（小时即骟③名羖羊，其肉肥嫩不膻而味美）有一种最不堪者，不曾阉割名臊羯羊，柳叶尾，其肉不肥，膻臭不可食。又有一种名种羊即母羊，皮壳枵薄④无油。又有一种水羊即种羊，术交不生小羊者皮嫩而肥。

喂羊：用豆秸每日拌芝麻油一茶杯，十日即发膘。

羊头染色名假画头，进上⑤之物，用五倍子⑥、皂矾⑦、桐油，日逐染之即不脱。

----

① 瓶儿菜：扬州酱菜店出售的一种小菜，多在农历二月将青菜切碎晾干，拌盐后盛入玻璃瓶中压实密封贮存，供初夏时食用。

② 香椿：一种落叶乔木，其叶有特殊香味，才长出的嫩叶可以做菜，俗称香椿头。

③ 骟：音shàn扇，割去牛马猪羊等牲畜睾丸。

④ 枵薄：枵，音xiāo消，本指空心树根，引申为空虚。枵与消谐音，扬州方言谓薄为"消"，此处是很薄的意思。

⑤ 进上：上，指皇帝。进上即进贡给皇帝。

⑥ 五倍子：蚜虫在盐芙木叶子上形成的干燥虫瘿（音yǐng影，细胞增生后的赘生物），主要成分为鞣酸，可用以制茶或染色，亦可入药，有敛肺涩肠之功效。）

⑦ 皂矾：皂，黑色。皂矾即黑矾。

［羊肉两款］：去皮荸荠烧羊肉。红萝卜削荸荠式煨羊肉（白萝卜同假鸡肾，用猪脑去衣捣烂，腐皮[①]卷作鸡肾式，挤入半滚水中捞出）。

（燕窝鸡白片如燕翅式）

（蝴蝶鸡） （薄片烧鸡）

（驴腰作猪腰用）

（猪脑捣烂搂入生豆腐，加松仁、火腿丁、鲜汁干脍。）

（烧高丽羊肉、羊尾拖米粉油炸。）

（栗子烧羊脯、烧羊蹄）（烧羊蹄） （烧羊舌） （挂炉羊肉烧羊脯） （烧羊头）

羊肉整块红烧再煮鱼：稣鲫鱼或鲜鲤治净，冷水煮，入盐如常法，以松叶心毛之，仍入浑葱白数茎，不得搅，俟羊熟，入生姜、萝卜汁，入酒各少许，三物相等调匀冷下，临熟入桔皮钱，乃食之。

［煮鲫鱼法］：即（疑为鲫字）鱼生流水中则鳞白，生止水[②]中则鳞黑而味恶。煮鱼煮透即起，肉嫩而松，不用锅盖，一用锅盖，鱼肉即老。

（鲫鱼每位前一碗，作汤稠汁，三、四月间用。）

（鲫鱼等类作汤，将鲜鱼捞出，另用其汤，加笋、鲜豆腐脍。）

（鲫鱼胶［疑为肚字］穿虾圆。烧黄鱼丁并鲫鱼脑。鲜鱼子饼用铜圈将鱼子填实油煎。烧脍鱼豆并可作羹。）

［鱼菜蟹菜二十款］：

腌芥菜切细丝煮黄鱼。

面条鱼去头（拖米粉、蛋黄炸）。

鲜汁惮[③]乌鱼片配火腿、笋片。烧胖鱼头上皮（衬鸡皮、石耳，或取腮肉同。又脍胖鱼肚）。

鸡汁焖白鱼片 炸鱼肚 鸡肉灌鱼肚

---

① 腐皮：豆浆煮沸后用微火烧，待浆面结成薄皮后用竹签挑出挂起，烘干后即腐皮。

② 止水：不流动之水，扬州人又呼为"死水"。

③ 鲜汁惮：惮，音 chán 产，炊煮，此处是烧的意思。

松蛋[①]（三分）煨白鱼块（七分）

白鱼肚皮切片，摊上米粉，将鱼敲薄作馄饨皮式（卷火腿仁）

松仁　花蓝季鱼[②]　鲤鱼白[③]　班鱼块　烧鱼肚皮　乌鱼片捶薄，作春饼式，卷珍珠果[④]。炒鳝鱼丝（寸段鳝鱼鏖）

青菜烧蟹肉。蟹酥（出清江浦[⑤]）熟团脐[⑥]蟹取黄炒蒸。醉蟹。稠卤面其卤用顶好蘑菇熬汁。蟹肉炒索面、索粉[⑦]配蚌螯、火腿。三元汤衬火腿鸡皮。

虾仁汤：将带壳虾滚透去沫捞出，虾剥肉和加脂油[⑧]再滚，临起入腐皮。

干虾子：（出扬州，有以鱼子伪充者。然虾子细而鱼子粗，人以此辨之）

海鱼味咸，惮食无味。卤虾（**疑为虾卤**）浸寸段芹菜。

（瓤虾圆：虾肉切两段加冬笋丁炒）

（虾米经日晒，咸而不鲜。）

（鲫鱼白去皮改刀，烧鲤鱼白取鲤鱼背厚、尾宽大、而金色者。）

（楚鱼切块用米泔水浸酥，肥肉块同烧。盛暑时可存十余日，烧时加入甜酱。）

松蚕隔一年者味始香。

荷包鱼：大鲫鱼或鲤鱼，去鳞将骨挖去，填冬笋、火腿，鸦丝或蚌螯、蟹肉，每盘二尾，用线扎好油炸，再入作料红烧。

［糟鲫鱼］：大活鲫鱼（取无子者）治净入糟坛，再脍配虾圆、鸡皮，香

① 松蛋：即变蛋、皮蛋，有些人在制作时加入柏叶，故剥壳后呈现松花斑纹，称为松花蛋。

② 季鱼：扬州方言，指桂鱼、鳜鱼，亦称季花鱼，以肉嫩、刺少、味鲜著称，为上品鱼之一。

③ 鲤鱼白：鲤鱼肚皮两侧鳍以下的白肉，肥嫩而无刺。又一说，雄性鲤鱼腹内两长条块精白称为鲤鱼白。

④ 珍珠果：极嫩的玉米棒。

⑤ 清江浦：即今江苏省淮阴市市区，位于江苏省北部大运河与淮河交汇处。

⑥ 团脐：螃蟹腹脐部呈长三角形者为雄蟹，俗称尖脚。呈卵圆形者为雌蟹，俗称团脐。

⑦ 索面、索粉：指细面条、细粉丝。

⑧ 脂油：指猪的板油块或熬制后的热猪油。

芄条。白鱼去骨切厚片，每片夹火腿一片脍。

白鱼羹：白鱼切黄豆大，甜酱瓜亦切黄豆大炒。鱼尾并鱼划水煮熟去骨，再脍。

冠油煨鲟鱼块。

糟鲜鱼：鲜青鱼治净，切块入苏州香糟坛，早晨至午即可用。鱼鲜味更透，可脍可汤。

刀鱼圆：（内入火腿米）蒿尖烧或脍。

刀鱼羹。

[蚨螯、蟹菜十款]：蚨螯去肚晾干，熬熟冷定，脂油内搅匀入坛，可以永久。

蚨螯干。鱼肚丝、鲜蛏丝。晕冒黄蚬①。

醉蟹须用团脐，更须于大雪节气后醉之，味始佳。

炒蟹腿　　蟹肉圆（清蒸）　　螃蟹白鱼羹（螃蟹腿配白鱼条）荸荠片炒蟹腿肉。冬笋切菱角块炒鲜蛏。冬笋细丝炒蟹黄。

脍豆腐：先将肉、笋、香芄切细丁（约需六两）用好酱、香油炒之，次下瓜仁、松仁、桃仁，凡可入之物皆切作细丁同炒。略用豆粉、洋糖，看火候以勿老为度。次用极嫩豆腐三块，削去四围硬皮漂数次。入鸡汤或肉汤，虾油煮熟盛大碗。将前肉、笋各丁，乘熟一同倾入，即可入供。煮腐必要用莳萝②味如鲜虾，或少加胡椒末更美。糟冬笋脍豆腐。

（豆腐捻碎任意和入诸物，用碗和之如捻豆腐式，听用。）

[烧豆腐]：煨透木耳烧豆腐。去皮胡桃③仁烧豆腐。香椿干或鲜香椿烧豆腐。香椿烧捻碎豆腐。蟹肉烧细丁豆腐，鲤鱼白烩豆腐。

---

① 晕冒黄蚬：晕，疑为荤。蚬，音xiǎn显，一种产于淡水中的介壳动物，外呈青黑或青绿色，肉可供食用。这里大概指用荤菜和蚬肉烧煮。
② 莳萝：亦称土茴香，多年生草本植物，夏季开小黄花。原产欧洲南部，我国现有栽培。全株作调料，亦可入药，有健脾开胃之功效。
③ 胡桃：亦称核桃，一种落叶乔木的果实。果仁富含油质，滋润味美，供食用，制作糕点或榨油。亦可入药，有温肺补肾之功效。

（麻油内入瓜仁、松仁、胡桃仁等果。）

（蟹肉烧豆腐）

嘉兴豆腐：豆腐切小薄片先煮，加甜酱、豆粉、火腿米烧。豆腐圆嵌火腿米、松仁。

荷瓣豆腐：（取豆腐浆点以火腿汁，用小铜瓢舀入鲜汁锅内）豆豉[1]入紫菜、玫瑰花瓣。豆腐饺（火腿、鸡绒，清汤或烧）。

［干豆腐］：取石膏豆腐[2]炸去腐气，片如瓜子仁薄，切小方块晒干，荤素听用。

面筋[3]：切小骰子块加芹菜炒，腐干同。面筋片、火腿片煨。面筋碎块，入香椿米[4]炒。火腿煨油炸腐皮。

糖面筋：面筋以旧城[5]古观寺前李家门楼糖心面筋[6]为佳。多用菜油炸好，用宽水[7]加桂皮[8]、八角[9]煮，再入酱油煮，起锅加酒。

（生熟面筋、糟、酱皆可。）

腐乳：临用少入麻油，味香。腐乳拌玫瑰花瓣。

---

① 豆豉：系大豆经过浸渍蒸煮发酵后制成的食品。其味鲜美，可直接佐餐或作调料。

② 石膏豆腐：用石膏作卤点制的豆腐，较盐卤点制的豆腐嫩。

③ 面筋：面粉中麦胶蛋白和麦麸蛋白的强度水化物。呈灰黄色，有韧性、粘性和延伸性，本身无味。将面粉稍加盐再加水调成面团，在清水中反复搓揉挤压，洗去淀粉即可得到面筋。

④ 香椿米：香椿头切成米粒大的细丁。

⑤ 旧城：扬州市的一个住宅区，在小秦淮河的西边。这个地区原是宋、元时期的城区，明清时城市逐渐向东发展，所以扬州人习惯分别称为"旧城""新城"。

⑥ 糖心面筋：糖心，扬州方言，指加工的食物中心部分尚未完全成熟，老化。面筋在洗好后需分成小块下沸水锅进行初加工，使面筋老化失去粘性。糖心面筋指面筋中心尚未完全受热老化的面筋。

⑦ 宽水：指烹调时加较多的水，一般以淹没原料为度。

⑧ 桂皮：桂树皮的干制品。除去外面粗皮的称为肉桂。可作调料，亦可入药，有解表发汗，补中益气之功效。

⑨ 八角：亦称大茴香，八角茴香。一种常绿小乔木的种子，有浓烈香气，可作调料，亦可入药，有调中止痛之功效。

豆渣饼[1]：入油炸透对开。用青菜头烧不用锅盖，恐盖则色黄，亦不宜过焖，以九分熟即止。

（做腐乳另入果品、橙丝[2]等。）

烧豆腐渣饼：配笋片或茭白片。豆渣饼内须和绿豆粉。

［腐皮、黄干菜七款］：松菌脍腐皮。腐皮卷蟹肉，煎黄切段。鸡皮烧腐皮黄干[3]片加虾米，笋片烧。黄干切骰子大块，挖空嵌馅，油炸再烧。

绿豆粉做素肉，内嵌桃仁、瓜子仁。真绿豆粉做素肉，可烧可烩。豆饼烧腐皮饺。

（绿豆粉和米粉裹馅蒸熟，外粘以去皮熟绿豆米。）

冠油烧海蜇：海蜇洗净去边，先煨，俟将烂再入冠油同煨。冠油用酱烧过与海蜇再烧。蜇皮切如发细丝，木耳丝拌。

火腿片煨海蜇尖皮：蜇皮切骨牌块，入火腿一方块，肥肉一方块，贡干去硬边、毛沙十余枚，同煨烂入味，捞出火腿、肥肉，另入鸡汤，将蜇皮、贡干、火腿片、鸡片再烩（贡干即淡菜）干脍海蜇皮衬火腿鸡片。鲜虾腌汁拌海蜇皮丝。

制萝卜：小雪时买白萝卜一担。切条，用盐三斤半腌二日捞起晒干，至晚仍入卤中。再晒再浸，以卤干为度，又晒极干。用好醋十斤煎滚，又用洁白洋糖四斤放两处钵内。将水烧滚入糖，候糖化入花椒、莳萝，不拘多少，将糖汁并醋贮入缸内，将萝卜放入发足[4]装小瓶中，逐渐开用。又，萝卜干切成菱角块风干，开水发透，拌花椒、小茴、炒盐揉。

（不拘红白萝卜，或切块或拌入醋并少加洋糖。）

（萝卜丝拌红菱丝）

生萝卜捶碎，入盐汁浸过做小菜。海蜇入荤汁煨透包馅，配萝卜圆再烧。

---

[1] 豆渣饼：豆渣，指磨碎的各种豆粉。豆渣饼指用黄豆或豌豆粉掺和部分绿豆粉制成的小圆饼。亦有用绿豆粉制成的，如小铜钱大，扬州人称为豆饼。

[2] 橙丝：鲜橙皮用糖腌渍后切成的细丝。

[3] 黄干：黄豆制成的豆腐干。

[4] 发足：此处指使萝卜吸足糖醋汁。又指干货原料用各种加工方法使其还原成本来状态。

红萝卜切切（**疑切字重复**）菱角块烧腰胰。

酱刀豆切丝。丝瓜去皮、瓤，配烧鸭块。

糟茄：小秋茄去蒂五斤，拣整个者洗净晾干。白酒娘六斤，炒盐十七两，花椒二两，先以白酒糟铺底一层，洒盐一层，放茄一层，再洒盐一层，如是放完，花椒盖面，加上好烧酒一斤封口，收贮年底开用。取寸长小茄，嵌去皮杏仁、花生仁，甜酱烧。

油拨斋：青菜洗净挂于檐口风晒四、五日，待其皮软，锅内入香油少许，俟油滚将菜放下，烹炒有斑即起锅，加以芝麻、麻油，酱油。又，用大头菜晾干，做辣加上制法更美。

瓶儿菜：花叶、老根去净，切三分长，盐花腌透榨干，每斤加炒盐二两五钱，拌莳萝。

煮笋：将笋磕碎入锅煮。用刀切即有铁腥气，并须短汤①。笋丝炒粉皮丝丝（**疑丝字重复**）加木耳丝。茭白萝卜丝同。 　　笋片拖蛋黄 　　炒冬笋丝

（笋、茭白黄芽菜或青菜心略腌晾干，即入陈糟坛，作小菜或配各物煨烧，茭白干冬日可取。）

金针菜：寸段入笋丝炒，拌以芥末、鲜核桃仁炒。金针菜寸段，芥菜心去皮略腌切块，配鲜肉、咸肉煨。

蒿菜：炒笋片、香芃块。又蒿菜圆（芦蒿②用滚盐水一焯，以炭屑火烘干，用咸莴苣切碎，用麻油、醋、红糖少许浸半日用）。

香苣③：取心切菱角块，配火腿、笋片、木耳，鲜汁煨。莴苣圆。

莴苣豆：嫩莴苣盐水浸一日，用炭屑火烘干，切蚕豆大，其味香脆。酱瓜薄片卷作酒盅式，一头一头小（**疑缺大字**）中嵌松子仁一颗。

瓢小芋子：外拖以豆粉油炸再烩。香芋同。淡笋尖煨芋子。

[制笋]：绍兴地方，取土灶毛笋，取破地处不及也。但笋有浸入酸水，

---

① 短汤：略加些水或汤汁。

② 芦蒿：即蒿菜。

③ 香苣：即莴苣。

而货者只知图利，而鲜味太减，殊属憾事。

冬笋尖干做时与豆拌煮，色姣而有味，但不可着潮气，即霉，不可久留矣。

（蜜饯笋干。淡干尖煨肉。荸荠块烧肉。淡笋干经日晒，鲜味去尽。）

茄饼：照瓠饼式制。

[素菜十款]：熟饭藕片晾干，入油炸，糁以洋糖。

削皮荸荠煨大香荑块。烧皆可。萝卜圆同。

松菌配鏨花①荸荠片。花生、瓜子用小菜盘供。孙春阳家有金钱桔饼。

（冠油烧去皮荸荠：荸荠去皮，切菱角块脂油烧。又煮熟用莲子先入洋糖煨，恐不烂，临熟时始可入糖。）

夏日用冬笋菜（糟醉之类）冬日用夏菜。

木耳丝、蛋丝炒绿豆芽。木耳烧茄泥。木耳烧扁豆。

（莲子去皮心，入滚水煨焖，水要多，临用拣去破碎，单用整者加糖。）

（乡山中均有干松菌收制。）

（冬日鲜菌。用松木盆不加漆者，取香荑若干入盆，浸以温水，晚时取以露水②，数夜与鲜菌无异。）

煨透香荑拖蛋黄或豆粉，蛋黄、豆粉内少加作料蒸，再胘或烧。木耳同。又，香荑拖豆粉油炸或蒸熟，豆粉内加刮碎松子仁、瓜子仁等。

甜酱蘑菇：鲜鸡腿蘑菇或干蘑菇、香荑等皆可入酱。但取色白，不可使黑。又一种名丁香蘑菇，早晨摘下，一日晒干其色就纯白，若隔宿晒干即变矣。冬煨蘑菇。

风鲤鱼：连鳞切块拖烧酒入坛，五、六日可用，泥封至夏亦不坏。醉鲤鱼过时，味酸不可食。

（天花煨青菜头、肥火腿。鸡松③出云南，如鲜菌式，形如鸡，故云："鲜

---

① 鏨花：鏨，音 zàn 暂，雕刻。鏨花即刻花。

② 晚时取以露水：此处指夜晚时将浸过的香荑放在露天地以承接露水。

③ 鸡松：亦名鸡菌，高脚伞头，以形似鸡而得名。多产于云南省楚雄、大理和丽江地区的红壤地带或沙地间。

者难存"，入酱油晒干者，加木瓜酒浸之，以之作料酒其味更鲜。）

虾油：内加麻油数点，以之蘸白片肉甚美。

蚕豆瓣炒虾仁。

制乌鱼蛋①：将蛋浸三、四日，时时换水，去净薄衣，用鸡汤脍。

炒虾仁：配栗肉块。

炒大虾米：须浸透用，汁始出。又，虾米浸透刮碎炒，名曰虾松。

油炸鳝鱼丝：切寸五分段，配笋片、火腿片烧。珍珠果炒鳝鱼丝。

小石蟹：一名沙里钩。先将蟹醉后冲酒饮，蟹空而味鲜。

［ 持斋 ］

平素不能持斋，先劝之食三净肉（见杀、闻杀，不宜为我而杀）或干肉（火腿、腌鱼、蛋、鲞之类）、或花斋②（十日、六日）或戒食（黑鱼、黄鳝）逐一陆续戒去，日久自能吃斋。须用白米饭易于下咽，或饥透食，或食饱食，虽有荤腥亦不朵颐③矣。所谓饥不择食，饱不思食也，或用荤汁做素菜，或用肉边（疑为灹字）素菜，或间餐荤素。如：早饭素，中饭荤，晚饭亦素，次日早饭荤；或用两餐素一餐荤，逐渐戒去，久之食素，或不记顿数吃。京中青豆芽汁最鲜，陈大头菜更鲜（或每月加六斋日）。

［素菜十三款］：鹿角胶④六分、虎骨胶⑤四分，老酒化开，入桃仁、瓜子仁、冰糖末搅匀，切片用。

冲百合粉入松仁十数颗，冲绿豆粉同。百合膏：大百合煮去皮、渣，照

---

① 乌鱼蛋：系墨斗鱼的卵用盐腌制而成的一种海味品，以个大、整齐、色白为上品。我国主要产于山东日照等地。

② 花斋：花，间隔或交叉。斋：不吃荤腥。花斋即间隔地吃素。

③ 朵颐：朵，动。颐，面颊。朵颐即吃东西。

④ 鹿角胶，鹿角熬制成的胶。以七月所采老鹿之角为佳。可入药，有补精益血之功。

⑤ 虎骨胶：虎骨熬制成的胶。以头骨、胫骨并色黄者为佳。可入药，有祛风湿强筋骨之功效。

山药膏式制。

煨百合捞起，小吃加糖。烧百果栗子。虾米炒荸荠片。炝笋。炸面拖扁豆。

（新栗肉炒扁豆。又扁豆、豇豆用脂油养之。）

（洋糖煨栗肉不碎。）

松菌熬汁下面。松菌煨鸡块。

蚌螯烧青菜。天花、鸭舌煨菜头。鸭舌烧青菜。

取西瓜重十斤者，浸冷切去盖将瓤捣烂，加洋糖四两，干烧酒一斤和汁饮之。

食芡法：人之食芡也，必啮而细嚼之①。未有多嘬而极燕②者也。芡五味腴③而不腻，足以致上池之水。故食芡者，能使人华液通流，转相挹注④积其力虽过石乳可也。以比知，人淡食而随饱，当有大益。

（豌豆头刮碎，拌姜、醋、麻油，如荠菜、甜菜头用。即枸杞子尖也。）

（淡腌菜随意切段，用梗不用叶，入白酒糟，加花椒少许封固至春日。）

（腌一切菜今冬可至明冬者，用水坛装，坛面平黄芽菜更好。）

东坡羹：东坡羹盖东坡居士所煮菜羹也。不用鱼肉，五味有自然之甘。其法：以松若⑤、蔓青若、芦服若及一瓷碗，下菜沸汤中，入生米为糁及少生姜，以油碗覆之不得触，触则生油气至熟不除。其上置甑，炊饭如常法，甑不可遽覆⑥须生菜气出尽乃覆之。羹每覆沸涌遇油辄下，又为碗所覆故才不得上，不尔羹上薄饭，气不得达，而饭不熟矣。饭熟羹亦烂可食。若无菜，用瓜茄切破，不揉洗入罨熟。赤豆与米相半为糁，余如煮羹法。

酱黄芽菜。冬笋炒白芹。如今日买青菜，不买菠菜之类。

---

① 必啮而细嚼之：啮，音 niè 聂，咬。这句话的意思是，一定要细细咀嚼。

② 多嘬而极燕：嘬，音 zuō，贪噬貌。极，大，尽量。燕通咽。意思是，贪吃而不细嚼。

③ 腴：音 yù 玉，肥美。此处指茨菇味既醇又美。

④ 华液通流，转相挹注：华液，指人体血液和各种消化液。挹，音 yì 义，舀。挹注，流动。意思是说，使人血脉通畅，精神爽健。

⑤ 若：疑为箬，本指笋皮，一般用来做包装物或封扎坛口。扬州人也称较宽厚的叶子为若。

⑥ 甑不可遽覆：甑，音 zèng 赠，古代一种蒸食炊器，底部有许多孔或格，如现在蒸锅式。遽，音 jù 据急。意思是说，不要忙着把甑盖起来。

荠羹：羹有天然之珍，虽不当于五味而有五味之美。《本草》①云："荠利肝明目。"凡人夜血则归于肝，肝宿血之腑，过三更不睡则且（疑为目字）面黄燥，意思荒荡②，以血不得归故也。所以，患疮疥以血滞故也。肝气利于血，血气流于津液，津液畅润，疮疥于何有所③？患疮疥宜食荠。其法：取荠三斤许择净，用淘过粳米一二合，冷水三升，生姜不去皮捶碎两指头大，同入釜中，浇生油一蚬壳多于羹上，不得触，触则生油气不可食，不可入盐、酢等。若知此味，则水陆八珍皆可鄙厌，羹以物覆则易烂④，而羹极烂乃佳。

（蒿菜尖脍芙蓉豆腐。蒿菜尖脍蘑菇或天花。蒿菜脍松菌。蒿菜脍栗菌炒鸽蛋。）

（香椿配笋可烧可拌，笋须煮熟。）

（木耳丝炒绿豆芽去头尾。芹菜切黄豆大配油干丁、甜酱瓜丁炒。风干白菜寸段入油炒。油炸鬼烧青菜心。）

炒大椒：用麻油、甜酱少许，加红糖更得味。

[上席⑤]

燕窝　脍蛏干　鱼翅　鹿筋烧松鼠鱼　海参煨樱桃鸡　蛏干炒羊肝　冬笋鸡脯　大块鸡羹　鲢鱼脑　高丽羊尾　火腿炖脍鱼片　挂炉羊肉挂炉片鸭　炖火腿块（长切寸五分、厚五分）　蟹　野鸭烧海参　煨三笋净鸡汤　火腿冬笋烧青菜心　海蜇煨鸡块（去骨）葵花虾饼　盐酒烧蹄桶　炖白鱼　燕窝　蛏干（肥肉块配红烧大

---

① 本草：指明朝人李时珍所著《本草纲目》。是书成于明万历六年（公元一五七八年），系统总结了我国十六世纪前药物学、植物学的经验。

② 肝宿血之腑，过三更不睡则目面黄燥，意思荒荡：这句话是说，肝是贮血的脏腑，到了半夜不睡觉，血不得归，使人面黄目赤，神思恍惚。

③ 肝气利于血……疮疥于何有所：这句话是说，肝气通畅了，血脉也通畅了，体内各种液汁通润，疮疥便无从立脚了。

④ 羹以物覆则易烂：作羹时用器物盖上则容易煮熟。

⑤ 上席：上等的筵席。此处指上等筵席中择用的菜。

块苏鸡）海参　　脍春斑①　　鱼翅　　鸭舌烧青菜心　　瓢鸭　　炒野鸭片　　炖火腿　　鸽蛋饺（苋菜炒鸽蛋）　　卤鸡　　烧羊蹄　　珍珠菜脍油炸鸽蛋　　油炸鸽蛋烧白苋菜　　徽州海参　　八宝海参　　芙蓉豆腐衬火腿、鸡皮　　蛏螯煨蛏干　　热切火腿配野鸭脯

松菌烧冠油　　炒蟹　　文师豆腐　　松菱煨白鱼块

烧羊蹄　　剔骨鸡配栗肉红烧　　鸡汁焯白鱼片

燕窝　　冬笋煨鸡脯　　鱼翅（蟹腿红烧各半配装）　　挂炉片鸭

文师海参　　烧鲢鱼脑（鸡皮、石耳）　　蛏干（野鸡脯、香芃火腿、蹄筋）　　鸭舌青菜

挂炉羊尾　　蟹羹　　蟹　　羊脯

火腿冬笋汤　　鸽蛋饺　　杂菜海参　　嘉兴海参

鹿筋烧麻雀脯　　蛏干　　炖鸭块　　麻雀脯烧蹄筋

松菌烧冠油　　东坡肉　　蟹饼　　炒野鸭片

水田肉②　　蟹　　荷花豆腐（取豆腐浆，点以火腿汁，用小铜瓢撒入鲜汁锅）

煨白鱼块火腿片　　烧蛏干　　肥鸭块煨海参　　炸鱼肚（又炸鱼肝泡，切丝作衬菜）

葵花肉圆③（刮好加松仁或桃仁）　　杂果烧苏鸡　　烹炒鸡（配诸葛菜）　　火腿烧青菜　　炖白鱼　　茼蒿、栗菌烧炸鸽蛋　　肉丝煨红汤鱼翅

清汤鱼翅　　烧海参（猪脑）　　煨大块鸡羹　　莲肉煨鸭

冬笋煨茶腿④　　芙蓉豆腐　　鲟鱼　　烧蟹肉

元宝肉　　烧鸡杂　　火腿笋丝　　清汤脍燕窝

野鸭烧鱼翅　　白汤鸡块煨海参　　火腿烩面条鱼　　海蜇煨红汤拆骨鸡

---

① 春斑：即土步鱼，亦名虎头鲨。

② 水田肉：指青蛙肉。青蛙亦称田鸡，多生活于水田中，故名之。

③ 葵花肉圆：即刮肉，扬州人又称之为"狮子头"。

④ 茶腿：火腿的一种，因其味淡而香，可用以喝茶时就食，故名。其中以"金华茶腿"最为有名。

清汤鱼翅　　杂菜海参　　炒鲜蛏　　火腿冬笋煨鸭块（去骨）

冬笋火腿汤

[中席①]

红汤野鸭　　烧肉块（烧盐酒大块肉）　　元宝肉　　烧青菜

虾圆　　长蛋　　烧鱼（鲥鱼块）　　蛑蝤豆腐

杂素　　杂脍　　蛑蝤豆腐皮　　杂小菜

松菌、笋尖煨拆骨鸡块　　菜台烧鱼翅　　红汤海参（配甲鱼边）

鸡丝煨鲜蛏　　火腿煨肺块（去衣）　　火腿煨鹿筋五香五丝整鸭

荠菜瓤野鸭　　煨绿螺丝　　烧猪脑　　烧血肠

茼蒿鸽蛋　　冠油花煨鱼翅（冠油红烧）　　猪脑烧海参

叉烧数珠鸡

烧沙鱼皮　　菌笋鸽蛋（白汤）　　猪脑红烧荸荠　　燕窝（鸡皮、鸽鸭舌）

杂菜烧海参　　火腿㸆班鱼　　野鸭烧鱼翅　　冬笋炒鸡丝

蟹肉烧台菜②　　火腿尖皮煨蹄尖皮　　蟹肉烧蔓菜

肉丝、冬笋丝脍鲜蛏丝刀鱼圆　　叉烧哈儿巴

燕笋煨火腿、鲜猪爪（去骨）　　叉烧糯米大肠　　叉烧数珠鸡

叉烧猪腰　　蹄筋　　盐水腰　　炒虎头沙片

炒蟹肉（莴苣尖）　　鸡皮、蟹肉拌鱼翅　　笋尖煨鸡腿　　海参（配鳝鱼丝、腰丝）　　杂菜海参　　刀鱼圆　　脍春班

红白挂炉鸭

诸葛菜烧鸭舌　　小笋烧鳝鱼　　烧鸡腰　　烧冠油块　　拌肚丝

[鲜果]

---

① 中席：中等的筵席。此处指中等筵席择用的菜。

② 台菜：苔菜茎的干制品，经热水发后入菜，质地脆嫩。

苹果　　石榴　　雪梨　　荸荠　　藕（加洋糖）　　菱桔　　葡萄
白果金桔　　青果　　糖球①（去皮）　　腌菜心穿核桃仁　　莴苣干穿熟杏
仁（去皮）　　红萝卜干穿橄榄　　青笋干穿荸荠片（去皮）　　熟香芋（去
皮加糖）　　熟荸荠（去皮闭②瓮菜卤煮）　　熟莲藕（加糖）　　熟栗子（加
糖或油炒）　　熟白菜（炒）　　炒瓜子仁干果杏仁　　核桃仁榛仁③　　风
栗　　风菱　　瓜子仁　　花生仁　　橄仁　　核桃仁（去皮配花生米入油
炒或单炒）　　桂花糖饼　　玫瑰酱　　梅干糖　　糖姜　　炖梅　　姜丝
饼乌梅　　杨梅干冷盘　　火腿　　卞蛋　　醉蟹　　板鸭　　酥鱼　　鸡
爪　　炝虾　　蜇皮　　鸡球　　烧腰　　鸭舌　　野鸭　　鸡杂　　糟野
鸭　　糟卞蛋　　糟鸭舌　　糟肉片糟嫩鸡（去骨）

［热炒］

炒野鸡片　　鸭掌　　羊腰　　羊肝　　蹄筋　　脍鱼卷　　鸽蛋
饺　　油鸡饼　　蚌螯饼　　蟹饼　　烧鸡杂块　　五香野鸭　　烧白果
（或烧栗）　　虾米炒荸荠片　　烧海参丝　　炝笋　　油炸酥鱼　　烧腰
子　　烧鸭掌　　炒冬笋（切菱角块）　　炸麻雀　　羊肉圆

［点心］

荷花馒首④　　千层糕⑤　　鸡蛋春饼　　梨糕　　菊花团　　苏盒⑥
金丝包　　藕粉饺　　春饼　　米盒⑦

---

① 糖球：一种食品，在山楂果外面均匀裹上熬制后的饴糖和白糖，扬州人称为糖球，北京
　　人称为冰糖葫芦。
② 闭：即滗，倒出卤汁，留下食物。
③ 榛仁：榛，音zhēn真，一种桦木科落叶灌木，榛仁是它的果实，可供食用或榨油。
④ 荷花馒首：一种象形点心，状如荷花。做法是，面团发酵后兑碱加糖揉和，蒸成馒头后
　　乘热剥去外皮，由下而上，由外及内剪出荷瓣即成。
⑤ 千层糕：一种酵面制品，因用油较多，且经多次擀叠，层次多而清晰，故名千层糕。后
　　逐步发展，制作更为精细。现在扬州的千层油糕有数十层，色泽淡黄而油亮，香甜软
　　韧，被誉为维扬细点中的"双绝"之一。
⑥ 苏盒：苏指酥，一种油酥面团制作的点心，上下两块圆皮，中间加上较干的馅心，将边
　　缘用花边形捏合使之成为整体，用烤炉烘或入油炸熟，状似扁圆盒，故名。
⑦ 米盒：用米粉制作的"盒子"，操作过程大抵和酥盒相同，但多上笼蒸制。

［菜类择用］

清汤燕窝（衬鸡脯、火腿片、鸽蛋、野鸡片、核桃仁、火腿肥膘、去骨面条鱼、鸭舌、鸭肾、连鱼拖肚）

素燕窝把（衬）

脍鱼翅（鱼翅拖蛋黄。衬蟹腿、鸭掌、核桃仁、冠油花、蛼螯、肉丝、鹿筋）

烧鱼翅（衬蟹肉、肥肉条、蟹肉红烧各半配装。蟹烧羊爪）

烧荔枝鸡　　蛋白炒荔枝腰　　鸭舌煨白果（配口蘑火腿丝）

鸽蛋脍青菜心　　鸭舌、天花煨青菜头　　火腿、冬笋煨青菜心

鸽蛋脍珍珠菜　　鸽蛋饺　　虾米烧青菜心　　油炸鸽蛋烧白苋菜（配火腿丝）

小杂菜（衬）

脍蟹肉羹　　炒蟹

鸡汁煨白鱼片　　烧鱼　　烧胖鱼脑（即鱼头核桃脑，衬鸡皮石耳或取腮肉用）

脍胖头鱼皮（假甲鱼）　　松蛋（二分）白鱼块（七分）鸡汁煨。

火腿炖烩鱼　　烧连鱼头　　脍春班

烧东坡肉　　煨红蹄（配虾米）　　松菌烧冠油　　葵花肉圆

煨肚　　大肚　　瓢虾圆　　蟹羹　　蟹饼　　蟹肉炒素面可加线粉

豆饼烧豆腐饺　　高丽羊肉（羊尾拖米粉油炸）

挂炉羊肉　　烧去骨羊蹄　　烧羊头　　烧羊舌　　烧羊脯

文师豆腐（配火腿米天花）　　芙蓉豆腐　　鸡冠海蜇烧冠油

［热炒］

炒野鸡片　　鸭掌　　羊腰　　羊肝（俱用小磨麻油烧）

居家饮食，每日计日计口备之①。现钱交易，不可因其价贱而多买，更不可因其可赊而预买。多买费，预买难查。今日买青菜则不必买他色菜。如

———————————————————

① 计日计口备之：按天数，人数进行准备。

买菇不买茄之类。何也？盖物出一锅，下人、上人多等均可苦食，并油酱紫（疑为柴字）草不知省减多少也。

酱油、盐、醋、酒、腌菜必须自制。早饭素，午饭荤，晚饭素（亦有早饭晚饭用粥者，似觉省菜）。

酒则宜晚饭饮，酒须限以壶。客用酒，令其自饮，不必苦劝。

每日饭食，三日中不妨略为变换，或面或粥，相间而进可也。

宴客宜中饭，晚饭未免多费。所为臣卜其画昼，不卜其夜。陈敬仲之言诚当奉为令典也①。

家常四盘两碗（三荤三素）客来四热炒、八小碟，五簋一汤。

素菜单（凡用蘑菇不宜入醋，素宜用小碟加点心）

煨口蘑：（配冬笋、天目笋②。木耳炸豆腐、料酒、洋糖、白萝卜块，俱少加豆粉）

煨炸面筋：（配豌豆头。又，烧面筋配核桃仁。又，烧面筋入逢子汤和菜、料酒、洋糖、姜汁）

（做素菜必要好酱油。用时，有与菜同入锅者，有菜半熟入锅者，有菜临起入锅者，须随宜用之）

（做素菜油要多用。素菜要起热供。素菜要鲜汁煮透再烧再脍）

（五簋四盘四色，每二色又四盘四碗）

青菜烧米果：（小米果不可多用。黄芽菜配小菜［疑米之误］果、栗肉、冬笋片、料酒、洋糖、陀粉③）

天花煨粉浆：（粉浆者用生豆腐浆同白乾浆熬，或白粉切条块脍。又，天花、冬笋、木耳、萝卜丝、料酒、洋糖脍）

芹菜烧冬笋（栗肉烧冬笋）

---

① 臣卜其画昼，不卜其夜。陈敬仲之言诚当奉为令典也："臣卜其画昼"疑为"诚卜画其昼"。这句话的意思是，人们多是预计筹画午饭的菜肴，对晚上的不去多考虑。典，法则，制度。令典，使之成为制度。

② 天目笋：指浙江西北部天目山地区所出产的笋子。

③ 陀粉：扬州方言，指勾芡用的淀粉。

蘑菇煨杂菜（炸人参豆腐、冬笋、天目笋、青菜头、细粉、料酒、洋糖烧蘑菇同）

松仁烧豆腐（豆腐捻碎，加木耳、笋丁）

松菌：煨小块萝卜。

香芃饺：（用刀去净里衣，糯米粽同花椒盐包好，其形如蛋饺式上笼。又，烧香芃、炸豆腐、天目笋冬笋）

［果、点十二品］：苹果　　瓜仁　　福橘①　　花生仁　　风菱肉　　风栗肉　　炝冬笋香芃炒杂菜　　豌豆头炒嫩腐皮

醋搂黄芽菜　　四点心　　鸳鸯小菜四碟　　炸棋子豆饼　　炸馒头首酥（品物类）

素燕窝（衬蘑菇丝、天目笋丝。豆腐做鸽蛋五六个、第一配招宝山紫菜。）

［菜、果二百一十三款］：煨木耳（蘑茹蓬、兰豆腐）　　烧果羹　　压夹乾面筋（豌豆头）　　燕笋烧菜台　　诸葛菜脍笋

小山药（台干菜、榆耳②、米粉、荠菜、陀粉）又山药

香袋豆腐（蘑菇蓬、笋、鸡汤）　　烧蘑菇衬宽粉③

首乌④　　大杏　　金橘⑤　　桃仁　　花生仁　　卷尖

麦穗豆腐烧荔枝面筋　　口蘑煨面筋泡　　煨三笋　　松菌煨小块萝卜

烧蘑菇（作肚肺衬宽粉，或油炸面筋，炸香芃亦可）

文师十锦豆腐　　莴苣烧燕笋　　苋菜脍嫩豆腐

苋菜拌宽粉加红姜丝，醋、芥末。蓬蒿烧菌子。米果烧菜台。烧麒麟菜⑥（作鱼翅）

---

① 福橘：福建省出产的橘子，一般以汕头及其附近所出为好，称为"汕头蜜橘"。

② 榆耳：榆树干上生长的木耳。

③ 宽粉：宽粉丝。

④ 首乌：多年缠绕生草本植物的块根，可食用或制粉，亦可入药，有润燥通便之功效。

⑤ 金橘：亦称为金柑，常绿灌木或小乔木，果实小，呈圆形或椭圆形，皮厚而光滑，味甜有芳香味，瓤瓣味酸。果皮可生食，果实可制蜜饯。且可入药，有止渴下气之功效。

⑥ 麒麟菜：一种生长在海洋内珊瑚礁岩石上的海菜，富含胶质，可提炼脂胶。

蒲荠①　　桃仁　　甘蔗　　大杏　　花生　　炸秋叶豆腐②　　豌豆头
马兰头③　　炒干面筋丝

素燕窝（衬白菌丝、笋丝、做蛋黄）　　蘑菇煨杂菜　　煨木耳、面筋
泡（蘑蓬汤）

莴苣烧酥笋　　香芃烧丝瓜　　鲜羊肚煨笋干

白苋菜烧嫩腐皮　　茭儿菜④　　烧腐皮丝　　榆耳、茭菜烧荸荠饼

蘑菇、玉兰豆腐汤

烧山药（作黄鱼，或切片作鱼片）　　樱桃　　桃仁　　荸荠　　瓜仁

炒菌子　　炒蚕豆米　　炝茭菜　　豌豆头拖面炸兰花

拌粉皮　　炒笋　　口蘑煨面筋泡（或衬腐皮）　　煨三笋（用蘑菇汁，
一切俱用蘑菇汁做）

荷花豆腐汤（衬白菌茭菜）　　枇杷煨石耳（笋干、蘑蓬）　　烧茄子
（紫果叶⑤茭果）　　紫果叶烧茄块夹干面筋（茭瓜、桃仁去皮、用天目笋捆）

蘑菇烧白苋菜　　荸荠瓤大饼（菜苔）

杂果烧冬笋　　冬瓜块衬香芃、冬笋干尖，鲜汁煨透作汤。

小油馓烧丝瓜，加香芃条。

枇杷　　李子　　花红　　杏仁　　桃仁　　瓜仁　　炸三色卷煎

炝边笋

果菜（莲子扁豆）煨烂加洋糖　　笋汁煨天花（衬青菜头。口蘑、清
汤脍）

素燕窝（衬青菜头、紫菜天花、清汤脍）

口蘑煨豆腐（豆腐改小块，白水煮作冻豆腐式，入笋汁、蘑菇汁清脍）

---

① 蒲荠：即荸荠。

② 秋叶豆腐：指加工成扁平而形似树叶的豆腐块。

③ 马兰头：亦称鸡儿肠，马兰、马菜，菊科类多年生草本植物。生长于路边荒野，嫩苗可
　供食用，全草可入药，有清热解毒之功效。

④ 茭儿菜：即蒿菜。

⑤ 紫果叶：一种草本攀缘性植物，其叶嫩时可入菜。

冬笋烧腐皮（作黄色，冬笋切菱角块）

烧黄芽菜、笋尖鲜汤。冬菇（衬菠菜。冬菇要小而厚，用一样大者，入笋汤煨透，整个红烧）

冬笋烧青菜心鲜汤。面筋撕碎入黄酒浸一时，芫荽衬浇。木耳烧闽笋[①]（大小木耳煨透、并笋尖同入白水煮烂，再入香芃，蘑菇汤红烧）

口蘑煨冬瓜　　蘑菇烧萝卜　　荬菜烧炸茄子　　扁豆烧面筋泡[②]

冬笋干煨石耳（蘑菇汤）　　栗肉烧青菜　　素海带（宽粉、莲子、冬笋、口蘑）

烧香芃（香芃作海参丝）　　煨粉干条（作燕窝）

白果　　菱　　新桃仁（去皮）　　莲子　　花生　　杏仁　　榛仁

瓜子　　毛豆米　　炝松菌　　二一色卷煎

炸秋叶豆饼　　香芃烧杂菜　　香芃烧丝瓜

蘑菇烧杂菜（榆耳、天目笋、笋尖、人参豆腐、水粉）瓤大藕饼（荬菜榆耳）

煨三笋　　香袋豆腐（蘑菇笋衣）　　夹乾面筋（台菜干）

毛豆米、荬菜烧茄子

大盘冰果　　炸面筋（亦可作鲍鱼作肉，萝卜亦可）　　炸面筋（作鱼肚）

白果　　菱　　瓜仁　　桃仁（去皮）　　大杏　　莲子

毛豆米炝菌子　　炝荬瓜

虾圆豆腐（天花汤）　　青菜烧米果　　青菜烧木耳

木耳煨面筋泡（木耳煮大，用没面筋泡切丝作衬菜）　　莴苣烧冬笋　　果羹　　烧松菌

腐皮包冬笋条作鲜蛏式。香芃条烩腐皮丝用蘑菇汁素火腿（蘑菇蓬、料酒，洋糖）

---

① 闽笋：福建省出产的笋子。

② 面筋泡：系用生面筋挤压成小块经油炸而成的内空松外光泽的油面筋。

烧南瓜瓤（作鸡蛋）　　石榴　　糖球　　风菱　　栗肉

风菜　　豌豆头炒嫩腐皮　　炝冬笋　　香芃炒鸡菜　　炸木耳荸荠饼　　香芋烧面筋

珍珠菜煮面筋（木耳同煮苏新栗炒豆腐）　　菜花头煮豆腐　　瓢儿菜煮冬笋（素菜内俱须加白酒）

腐皮烧苋菜　　口蘑面筋泡（生面筋炸）　　十锦豆腐　　烧黄芽菜　　青菜烧蘑菇

瓢大山药饼（台干菜用橘饼、桃仁包）　　素海参（石耳、米粉）　　素肉圆

石榴　　橘子　　首乌　　风菱　　油炒白果肉　　醋搂芽菜　　炸棋子豆饼　　藕果　　烧香蕈

素燕窝（衬紫菜茭儿菜）　　嫩笋煨口蘑　　腐皮炒笋

烧菌子（白花酒、姜米、秋油①）　　冬笋干烧豆腐干

烧冬菇（香芃之好嫩菇是也）　　蘑菇煨腐皮棍（大抵是腐竹②）

豌豆头烧冬笋　　风菜烧荔枝面筋　　黄芽菜炒口蘑　　炸秋叶豆饼（卷煎）

烧天花　　硬面筋切片夹油炸黄干片，再烧

糖球　　石榴　　青果　　金桔　　炸苹果酥　　炸面筋丝　　油炸核桃仁　　烧笋丝　　烧蔓菜③（蘑菇蓬）　　蒲饼（茭儿菜、蒿［疑为蒌之误］苣干）　　桃仁（香干丝）　　金钱饼

香蕈（挂粉④蒿菜）　　笋（诸葛菜）

蘑菇煨木耳　　烧春笋　　文师豆腐　　煎荸荠饼

口蘑烧面筋泡　　冬笋干煨面筋　　烧杂果

---

① 秋油：扬州等地称酱油为秋油。

② 腐竹：豆浆经煮沸、微火熬制、挑皮、卷筒揉直、烘干后制成的一种豆制品，形似一根根略扁的小棍子，故亦名腐皮棍。

③ 蔓菜：扬州人称春夏时的小青菜为蔓菜。

④ 挂粉：即粉丝。

素三鲜（素鸽蛋用豆渣饼削蛋式，滚以米粉油炸。素肉圆、素鱼片、素鸡片、素海参、素火腿等）

春笋烧面筋　　春笋菜台　　冬笋煨口蘑

杂素丝（洋菜①、蘑尖香芃丝、笋丝）　　烧松菌　　天花煨春笋　　烧苹果饼

以上俱备作料

玉兰豆腐：（石膏豆腐用小铜瓢舀成玉兰片式，即用蘑菇蓬或用鲜天花、冬笋片衬，后将腐铺上，即名玉兰豆腐）

荷叶豆腐：（盐卤豆腐披成圆片，入油微炸，再加蘑菇、鲜笋、料酒、糖烧，即名荷叶豆腐。又名醉豆腐）

虾圆豆腐：（盐卤豆腐去净皮，切汤圆式，滚水煮透，用篾筛跌圆②再下滚水煮，漂起后用鲜汤衬菜脍）

假鸽蛋：（石膏豆腐切成鸽蛋式，或先用鲜汤作料脍。素燕窝，另将鸽蛋下滚水一焯摆碗面）

香糟豆腐

如意卷：（半干腐皮，或包米粽，或裹豆沙，或包素菜，各卷成粗笔管大，三卷合成，再用大腐皮一张将三卷叠成品字，入油炸，捞起切段）

夹干面筋：（面筋切两片炸透，作料烧酥捞起，将四面硬边去净，披成长方块。茶干③亦去皮披成片，同面筋夹嵌，粗碟摆好上笼蒸透，临用夹好作配色菜。再用好作料打成粉糊，面上一浇，即名夹干面筋。又，夹干肉作衬菜用）

木耳炒豆芽：（豆芽须去头尾）

炸骨牌（取藕切成条，入米粉和匀加盐，用筷拊向锅炸）

---

① 洋菜：亦名琼脂、琼胶、冻粉，是从石花菜、麒麟菜等海菜中提炼的。其凝冻能力强，百分之一浓度即可生成稳定胶冻。可食用，亦用作培养基。

② 跌圆：一种加工中药丸的方法。此处指用竹筛有节奏簸动以使豆腐成为圆球形状。

③ 茶干：用茶叶、五香、糖、盐等调料入味加工而成的扁平小豆腐干，其质韧而味香。

茶干圆（去硬皮、入松仁、豆粉刮碎作圆、可煎可脍）

瓤荸荠饼（荸荠去皮，用石臼捣烂，米粉和匀少入盐，取桔饼，核桃仁切碎，包成饼煎黄，再用作料脍。又名大虾脯）

兰花豌豆（取豌豆嫩头入米粉调匀和，少加盐，用筷拑下二枝向麻油锅炸，切碎包成饼煎黄，再同料脍。又名大虾脯）

酥笋（笋切菱角块，鲜汤、酱油、麻油煨酥）

食菜说（傅大士传）黄芽菜心略腌，拌芥末、酱油、醋。

素菜：无味，须借他味以成味。

豌豆头　　莴苣嫩头　　菜苔头　　芹菜头　　菠菜头

［ 汉席（原在茶酒部——校注者）］

金银燕窝：工（疑为上字）半段拖鸡黄蛋，衬鸡皮、火腿、笋、鸽蛋鳖。

野鸡烧鱼翅：笋、鸡、肝片。

野鸭鱼翅：衬肉片。

糊刷鱼翅：用丝火腿、鸡汤煨。燕窝把：衬鸡粥。菜苔煨鱼翅：衬鸭舌、火腿、鸡。

燕窝球：衬荷包鲫鱼。蟹饼鱼翅：肉丝、火腿、笋。

十锦燕窝：衬鸡丝、火腿丝。肉丝煨鱼翅：火腿、笋、鸡皮。

螺丝燕窝：野鸭片或野鸡片、火腿、鸡皮、白鱼圆、家鸭片。

八宝海参：杂果。鳖鱼皮烧海：肉、火腿。

瓤海参夹沙鸭：果

海参丝：火腿丝、鸡丝、油干丝。八宝鸭：火腿、米仁、莲肉、杂果。

海参野鸭羹：火腿丁。家鸭瓤野鸭：俱去骨，套家鸭煨。

海参球：山药、肉丁、鸡、笋丁。板鸭煨家鸡：俱切块，加摆。

撕煨鸡：米仁、火腿丁、肉丝。鸭舌煨菜苔：火腿条、笋。

瓤鸡圆：裹松仁。关东鸡：冬笋、火腿。

番瓜圆炖羊肉大炸鸭：大蒜烧或炖。

锅烧羊肉　　红炖鸡　　燕翅鸡　　爬爪子：酱烧。白苏鸡　　火腿肘煨蹄肘　　松仁鸡

金银肘：火肘半边，肘子半边。荔枝鸡

还块火腿：者淡（疑为淡者）加盐，每斤三钱。

鸡切块煨：八分熟去骨，加笋煨。火腿、蹲鱼片：笋片　　荷包鲫鱼。

刀鱼饼：用稀口布，将鱼对破，去头入布，包好，竹筷轻打，其骨自出。煨假熊掌：火腿皮。

鳇鱼：白炖或炒片，或去皮烧火腿。川（疑为氽字）片鸡汤。

煨假甲鱼：沙鱼皮。　　面条鱼：火腿、笋。

烧鹿筋：虾米、冬笋。　　白鱼饺：火腿煨鱼肘。

白鱼圆：油炸鱼肚。肉片、笋片炒鲍鱼。

锅烧螃蟹　　蟹肉炒菜苔

文武肉：火腿半边。大炒肉：衬粉条。

群折肉：肉片、腐干片、油炸肉片，三夹蒸。

建莲煨肺：又火腿煨。又火腿尖筋、皮煨。

猪肚片：火腿、鸡片煨。　　煨鲜蛏：火腿、肉片、笋、鸡汤煨。

煨蛏干：肉片、萝卜片、又肉圆鸡汤。

烧蛏：肉片。　　炒蛏干：肉片、鸡丝、笋。

豆腐饺

豆腐圆：松仁、火腿丁。松仁豆腐：松仁、火腿、肉煨。

杏仁豆腐：大杏仁去皮，火腿、鸡煨。

口磨豆腐：火腿片、笋片、鸡皮片煨。

冻豆腐煨燕窝

六月冻豆腐：豆腐煨透，如冻式。

豆腐打小薄方块，去黄汁，多细肉丁、虾米丁焖。

豆腐、干丝拌大椒酱或椒油。茭瓜丝同。

［满席］

全猪：或红、白全猪上盘，头、蹄全。

全羊　　烧小猪：活重八斤。挂炉鸭：一对。

白蒸小猪：油包。白蒸鸭：一对。

爬（疑为灬字）小猪　　香鸭：酱油、花椒、小茴、丁香，香肠同。

糟蒸小猪：油包。白哈尔巴：重六斤或干蒸。

挂炉鸡：或蝴蝶鸡。烧哈尔巴：重六斤。

白蒸鸡　　白煮乌叉：或半边或整个。

松仁煨鸡。红白胸叉：重五斤。烧肋条：重六斤一方。

白煮肋条：六斤。搜娄：红、白四斤。

红白杂碎：肝、大肠。猪骨随（疑为髓字）名龙条。

羊照式　　羊脑：肉圆、火腿、海参。烧猪脑同。

羊肚：蒜丝、笋、肉丝炒。糟羊尾

［汉席］　炒大菜　炒海参　炒鱼翅　炒脊筋　炒鸡卷　炒野鸡丝　炒杂碎　炒鲟鱼丝　炒蟹肉　爆肚　面食四点　八宝汤　豆腐汤血　燕窝汤　酸菜汤　小刀面　苹果　蒲桃　福桔　青菜（疑为果字）　蒲荠　甘蔗　红果　雨梅　杏仁　瓜子　榛仁　桃仁　榄仁　花生　桔饼　樱桃　桃脯　蒲荠脯　榄橄脯　雪胆　查印　首乌　白术　蜜枣　火腿　变蛋　醉蟹　蛏鼻　皮炸　虾米　冬笋　芷（疑为紫字）菜　炸骨　炸鱼　炝虾　蜇皮　香鸭　香肠　鸡炸　鸡杂　炒鲜蛏　炒蛤蜊　炒笋　炒捶虾　烧腰片　炒排骨　炒肚丝　炒蹄筋

大包子：肉暎（疑为馅字）。曲酱做酵水。

一品点心　　苹果馒首：油糖。

炸春饼　　龙条　　炸盒子：肉丝、韭菜。

油酥饼　　蒸玉面饺：肉。

蟹饼　　蒸半枝梅：油粕。

八宝馒头：豆沙。豆腐作浇头：豆腐切骰子块，和肉丁同烧。

鲥鱼羹　　烧鲜鱼：用炭火将炉烧红，将炭取出。略剩些须，鱼肚灌酱油、酒、姜、葱，网油包裹三层，铁丝托鱼入炉，将炉门封固。

蒸糟鲥鱼　　白蒸鲥鱼

带鱼：脂油、须醋、笋、冬瓜片烧。又带鱼入泔水浸一宿，抽去盐味用。

乌贼鱼：蒜丝、冬笋烧。　　鲳鳊鱼　　烧鳓鱼：用脂油蒸。

鸡块煨海蜇头　　猪蹄煨海蜇头　　虾米炒海蜇皮　　鸡汁煨栗菌

蚌螯煨假鲜蛏　　蚌螯土肚　　蚌螯饼　　蚌螯煨蹄子

肉片炒蚌螯　　火腿笋煨蚌螯　　蚌螯羹　　烧鲜鱼

白蒸鲜鱼　　鲚鱼片　　千层鲚鱼

鳇鱼去皮，鲜汁煮熟，抖下肉，拌姜、醋或烧或焖或作羹。

炒班鱼片　　烧整班鱼　　烧乌鱼片　　火腿余乌鱼片

余乌鱼丝　　松鼠鱼　　冬瓜煨鳗鱼　　假炖鳗鱼

炸面条鱼　　余面条鱼：寸段，去头尾，去骨。　　烧肉脯

东坡肉　　樱桃肉　　酱烧排骨　　烧猪头肉

爬鳖盖：用臀肉一方或肋条一块，靠沙锅边，半边火，加作料煨烂。沙锅用亶[①]衬里。

猪肠：用香油半茶杯，打净煨。

肉皮：风干皮浸洗，武火煨烂，衬肉圆、蹄子冻。

熊掌　　叉烧野鸡　　野鸡卷　　片鹅　　烧鹅

鸽蛋　　朴蛋：将蛋入酱油、葱或加火腿、笋、香芃各丁匀，锅烧极热，多用脂油，将蛋倾入，滚透即起。　　紫苋菜烧鸽

炒鱼松法：青鱼或鲜鱼治净晾干三斤，切块用香油六两、麻油二两炸，随手将鱼刮下，拣去大刺，文火炒干，以松为度。将起，加甜酱瓜丁、生姜米、葱花，入松仁，更可略炒。再竹筷拣去细刺。

---

① 亶：（音 dàn 但），一种草。

［ 菜式 ］

凡配菜或取其味，或取其色。

凡又配菜之道，须所配各物，融冷（疑为洽字）调和。如夫妻，如兄弟，斯可配合。

鳝鱼海参　　蟹肉鱼翅　　松菌煨鸡

大块盐酒肉　　鲥鱼块　　煨三笋　　豆腐羹

假鳗鱼海参：油炸鱼片、火腿片、鸡蛋清、香芃，网油包海参切段。

沙鱼皮：假甲鱼、小栗肉、香芃、肉片。

扣肉　　糟白鱼：火腿笋片。

荸荠圆　　烧笋：火腿、虾米。

油炸鸡脯片　　炒鲜鱼片　　蟹肉烧菜苔　　笋煨大块鸡：火腿。

刀鱼圆　　酥鸡　　出骨鲢鱼　　整鸭

八宝燕窝把　　炒海参　　炒鸭舌　　炒鱼翅　　红煨蹄　　豆腐饺

茼蒿鸽蛋　　炒鸡卷　　叉烧腰子　　炒鸭片　　笋煨火腿

火腿煨蹄筋　　扁豆煨肺　　叉烧核桃肠　　燕窝球　　苋菜鸽蛋

蛋包肉卷　　烧棋盆（疑为盘字）肉　　清汤鱼翅　　海参木耳

煮白鱼：蘸姜、醋，另盛一汤浇饭。

火腿煨鱼肚　　杂素　　煨大块鸡：去骨。

甘蔗　　蒲荠　　大杏　　榛仁　　花生米　　瓜子仁　　变蛋

盐蛋　　鸽蛋饺　　鲟鱼冲丝　　熏腰子　　熏笋　　醉虾　　炒虾仁

炸小虾饼　　风野鸡　　炸刀鱼饼　　烧野鸡脯　　炸苹果　　泥螺

拌洋菜　　皮炸拌芷（疑为紫字）菜　　烧火腿筋　　炸麻雀　　萝卜烧腰片

火腿　　炸鱼　　烧腐干　　烧三笋　　白鱼块烧海参　　鲜蛏煨鱼翅

焖蟹　　烧鲜蛏丝

炸卷：腰子、胰子、血皮、虾脯。

荷包鲫鱼　　煨豆腐　　烧猪耳　　假虾圆　　海蜇煨鸡块。

煨鱼翅：鲜蛏尾丝、鸡皮、火腿。

烧海参：猪脑拖蛋黄，切块。

火腿蹄筋猪蹄羹：火腿并蹄筋俱切豆大，加核桃仁、豆粉作羹。

烧鲜蛏头：火腿、肥肉、嫩笋尖、香芃片。　　鲜笋尖煨大块鸡

春班鱼：去皮骨，以汤配火（**疑缺腿字**）苔菜。

炖整鲈鱼：蘸酱油、醋、生姜米。

炒洋菜：火腿、香芃丝。　　炸鸡脯片　　荸荠圆　　豆腐饺　　干虾子熬汤　　小桔饼　　小山查（**疑为楂字**）饼　　大杏仁（炒）　　桃仁（炒）　　葡桃　　荸荠　　甘蔗　　瓜仁　　榛仁　　青果

清汤鱼翅：出骨野鸡或野鸭、火腿、笋尖、香芃。

烧海参：腰片、木耳、笋片。　　煨出骨鸡（嫩笋尖）　　栗菌

蹄筋羹：腰丁、香芃、笋丁。鸭舌　　炒鲜蛏、肥肉条班鱼肝

氽班鱼：火腿、笋、苔菜、香芃。　　油炸高丽肉

海参整个对开：荤汁煨烂，不加衬菜。　　煨蛏干　　拌鸡

炖鲫鱼：蘸酱油、醋、姜米。

绍兴汤：笋、腌菜、醋。　　木耳煨海参　　蟹肉烧鱼翅

热切火腿块　　鲞鱼煨出骨鸡块　　挂炉鸭块　　拌鳇鱼

文师豆腐：火腿膘、松仁、瓜仁。

烧腰：网油包，切段。　　海蜇煨冠油　　烧笋

拌肉丝：香椿丁、茭儿菜、香芃丝。　　烧荸荠

笋煨家乡肉　　炒蹄筋　　梨片、火腿汁煨去衣肺块。

蟹肉烧蔓菜

煨鱼翅脊：肉丝火腿、鸡块。

拌海参：芥末、火腿、天目笋丝、腰丝、蹄筋。

金银蹄　　炒鲈鱼　　炒鱼片　　烧胰　　哈尔巴　　炝虾　　盐蛋

荸荠圆　　火腿　　荸荠糕　　火腿　　泥螺

拌燕窝：油炸鸽蛋、鸡皮丝。　　杂菜海参：腰片、蹄筋、脊管。

土翅煨沙鱼皮　　煨鸭舌：火腿、鸡皮　　虾米绒烧笋　　片烧炸油

炖松菌　　炖鲥鱼　　火腿　　烧麻雀　　熏腰　　蒜瓣鸡。田鸡豆

鸡杂　　熏鱼　　樱桃　　蒲荠　　榧片　　青桃　　枇杷　　大杏

瓜仁　　桔饼　　菊干　　渣糕　　海参、松菌　　苏鸡

蟹肉、鱼翅

棋盆肉　　蒸鲥鱼　　鸽蛋配石耳　　燕窝把　　蛋饺　　鸡杂

火腿　　炒鸡丝　　浇灌汤

鸡汤焖鸽蛋：鸽蛋用脂油煎黄，捺扁。火腿宽丝、小芋、笋片。

大烧豆腐：板火块用脂油煎淡黄色，火腿碎丁、笋丁、香芃丁、鸡汤烧成，不分块，其腐先用滚水，将浆味挞去[①]。

烧海参：衬鸡皮、天目笋片、芽笋、腰片、脊筋、木耳、火腿、虾仁，用鸡汤烧。

焖腰子：切滚片。火腿片、天目笋段、鸡汤焖烂。

焖清汤翅：去须切成块，衬鸡丝、火腿丝、芽笋丝、鸡汤焖。

烧大块棋盆肉：每块取四方、皮上划花痕，烧真金色，极烂。半边芽笋，长块。

红炖大桶鸡：去骨，烧极烂。

和菜：蛋皮、绿豆芽、韭菜心、粉皮、芽笋丝、火腿丝、芥末拌（以上大碗）

瓜子仁　　火腿　　炒虾仁　　甘蔗　　熏鱼　　炒鸡丝　　荸荠

炸骨：糖、酱炸酥。烧蹄筋　　榛仁　　咸蛋　　炝芽笋

点心四色　　用胜春园

菜花头烧大肉块：取下菜花头，入腌菜卤。一把晒干，切碎听用。又将菜花头晾干，饭锅蒸熟，浇麻油、酱油用。

芥末拌鸭舌丝，加斜切猪管、火腿、青笋丝。

鸡蛋清打稠，炖熟，用铜勺作荷瓣、嫩腐式，配火腿小片、蒸就嫩鸡血块、木耳、鸡汁作汤。

---

① 挞去：扬州方言，即焯水。

烧风肉配青笋尖，木耳丝作浇头。

鲥鱼切块，配青笋尖、木耳、脊筋：鸡汁焖。

假鳝鱼：海参最长大者，透发切丝，要细而长，作鳝鱼丝式。或油炸亦可。配木耳、青笋、火腿丝、猪髓管、斜切猪管焖，汤不必太稠。

真松鲞块煨去骨鸡块。

文师豆腐切猪脑块，火腿丁、鸡汁干焖，又将鲜鲫鱼白同豆腐捺碎，蒸熟再焖。葛仙米，鸡汁煨。洋米，鸡汁煨。对拼装碗，绿白分明。

鳇鱼切大块，先将水烧滚入鱼，加熟脂油、酱、酒煮透，蘸生姜。整烧或去皮烧亦可。炒石耳丝　青鱼片油炸，起锅加豆粉。

榆耳照鱼翅法，或烧或焖。　枇杷去皮、核，糁洋糖。

清汤燕窝：鸡皮、火腿。　火腿配如意蛋卷。火腿皮油炸。

红烧海参：配白烧甲鱼边或炒鱼皮。

变蛋配火腿脆皮：火腿皮油炸。　白汤鱼翅：配蚌螯、火腿、青菜。

鲙鱼丝配天目笋。虾去须壳，留尾，拖蛋黄炸。

烧白鱼饼：配香芃饺。晾干肉配海蜇皮　氽糟鱼：配荄儿菜头。

炸脊筋配松茵　火腿夹鸭了　炸金果配荄儿菜

蚌螯圆、芫荽须　烧水鸡配毛豆米　螃蟹炒微子

瓜仁配桃仁　火腿煨边笋尖　杏仁配榛仁

烧芡实配火腿、松菌　香橙脯配红瓜　制麻雀

蒲荠脯配茄脯　炸苹果：火腿绒调粉炸。

苹果配红菱　烧鸭舌：火腿，菌子。　白果配莲肉

炒金钱肉：精肉、小片荄儿菜、香芃、香椿梗。

葡萄配花粉　荸荠配梨　扁豆圆：脂油洋糖包。

鸡蛋春饼：海参肉、香芃包。　芝麻酥（麻油）　藕粉饺：脂油、洋糖包。

煨口蘑　烧海参　五香鸡　炸蟹饼　清汤鱼翅　哈儿巴
焖鸡杂

糟鲫鱼煨冻豆腐：鲫鱼撕碎，去骨。石膏豆腐板作胡桃块，用滚水泡

三、四回，去净黄泔，加鸡汁煨，不可太老。

蟹黄烧番瓜：番瓜取小而名癞虾蟆者，味甜，去皮切方块烧。

鸭掌煨天花：鸭掌去骨，天花去须，鸡汁煨。

烧冬笋块：笋不宜切块，磕碎烧，加香芃、虾米。

清汤燕窝：衬鸡油、碎鸡皮、鲫鱼肚六个。鲫鱼去鳞，去划水，去头尾，去肠，去脊肉，去刺，不破肚，鸡汁。

甲鱼烧大条海参　　煨蛏干

火腿片夹糟鸭块：鸭去骨，火腿铺面蒸。撕鸡汤：衬火腿、冬笋。

火腿煨面条鱼，去头。　　烧羊肉　　蚌螯边煨鱼翅

煨蹄桶：鸡块同煨，出骨，分装两碗。

火腿　　螃蟹　　麻雀　　煨鸽蛋　　板鸭　　烧里肉　　鸡卷

煨鸡块　　腰胰　　腰子　　榛仁　　蟹烧鱼翅　　花生　　瓜仁

桃仁　　烧鲶鱼　　石榴　　风菱　　青桔　　烧海参　　栗子

烧野鸭（去骨）　　旗下白片肉，用后臀入滚水锅一炸变色，上架蒸熟。薄片。不走油，得味。　　火腿煨鸭舌

烧冬笋　　黄芽菜烧鸭舌　　哈尔巴　　猪脑烧海参丁（对拼）炒蚌螯

冬笋烧家乡肉（切方块）　　走油鸡　　煨沙鱼皮　　馓子炒蟹肉

豆豉烧鸡豆（火腿、鸡丁）　　煨乌鱼蛋　　绍兴汤　　花生仁　　瓜仁

桃仁　　猪脊筋煨鱼翅　　熟风菱（加糖）　　油炒栗子

乳鲜加松仁

榛仁　　火腿片　　变蛋　　炒鲜蛏丝　　肉脯　　熏鱼　　板鸭片

火腿煨鸽蛋　　冬笋　　四小烧炸　　酥鸡圆　　野鸭红汤海参

糟水脂油炖鳊鱼

清汤鱼翅片：衬青菜头（对开）火腿、冬笋、鸡白，汤要宽。

蹄皮烧海参（海参要少）　　熟醉蟹　　去皮萝卜，红汤煨羊肉（加青蒜叶）

面条鱼段：面条鱼鲜汁煨透，去骨。

天花豆腐（火腿、笋尖）　　烧鹿筋丁　　假油炖鸡蛋　　炒蛏干丝

冬笋、肉丝烧鲢鱼　　炒片鸡　　野鸭羹（切骰子块）　　炒蛋白丁

糟鲥鱼煨石糕豆腐　　油烧栗肉　　海参假鳗鱼　　熟风菱肉

洋米、葛米羹　　酱烧排骨（冬笋穿）　　油炸鸡圆（可脍）

油包腰胰

东坡肉（大块）　　炖鲦鱼蘸生姜、醋　　鸭舌煨冬笋酥块（鸡汤）
花生仁

青菜头煨极烂鱼翅（宽汤、大碗）　　榛仁

扳碎冻豆腐鸡汁煨透，烧海参　　葡萄

煨鲨鱼皮（火腿、芷［疑为紫字］菜宽汤）　　金桔

肥火腿夹炸肉片，二分厚。　　醉蟹

冻鲢鱼糕（切如腐乳式块）　　火腿

泥螺　　糟鸡（切长条）　　黄雀脯：麻雀捶扁，蘸油炸　　糟鸭
冻羊肉

糟鲥鱼煨石糕豆腐加鸡皮　　豆腐饺

海参片烧鲢鱼肚（去骨）　　烧荸荠

火腿方块（去皮）　　煨黄芽菜心（寸段）　　野鸭片　　鲜煨蹄、肘

烧黄雀如麻雀式　　烧蛏干丝　　炸牌骨　　油炸虾圆

干醉虾　　鱼脑羹　　蹄筋烧香袋豆腐（松仁火腿）　　燕窝把

蟹肉烧菜苔　　蟹腿烧鱼翅　　口蘑、鸡皮煨燕笋　　火腿、苔菜烧
海参

姜、醋鲜花鱼　　炒鲜蛏　　扒火腿拼烧扒肉　　梅花肠

烧野鸭配金钱香饼　　卷苏肝　　卷里肉　　卷梅花腰

燕窝：衬白鱼块、火腿、鸡皮，宽汤　　刀鱼　　花生仁

海参配豆腐（松仁、火腿丁）　　荸荠圆　　瓜子仁

鲨鱼皮（夹荷叶）　　苹果酥　　盐水桃　　扣肉（小栗）

烧黄雀　　海参馅　　杏仁，去皮。

煨糟鸡（冬笋）　　油炸鸡片　　青果

葛仙米，洋米（松仁、瓜仁）　　豆腐饺　　红果

板鸭去骨切块煨（蘑菇、冬笋）　　片酱鸭　　桔子

饭汤　　红脆　　葡萄　　糟鸡　　火腿丁

烧蛏干丝配鲜蛏丝　　乌鱼蛋　　烧龙坪山药细圆

烧杂果　　杏仁　　苹果　　燕窝豆腐　　榛仁　　蒲桃　　烧鹿筋

瓜子仁　　金桔　　烧鸭舌　　花生仁　　福桔　　苔菜煨洋菜

松仁　　青果　　煨野鸡片　　苡仁　　糖球

煨海参羹　　煨淡菜丝　　野鸭煨菜苔　　火腿、糖蹄　　栗子

烧蚌螯饼（馅用火腿、冬笋绒）　　鱼松　　莲子

熟切火腿　　烧腰　　徽药　　烧荔枝鸡　　烧管　　北枣

火腿肘煨蹄肘（红汤）　　鸡片　　火腿炖春班（清汤）　　杨梅球

家鸭煨板鸭　　麻雀　　焖蟹，尖、圆各半（黄汤）　　烧野鸭

燕窝（清汤）　　红米盒　　蟹肉煨鱼翅（黄汤）　　白米盒

煨鲜蛏（白汤）　　蟹肉盒　　刀鱼圆　　火腿、鸡绒、冬笋盒

夹沙肉　　鸡蛋糕　　酥鸡　　馒头酥

烧蚌螯羹　　一口香　　烧海参　　满洲汤

玉兰豆腐　　天花煨鸭舌　　蚌螯炒索面　　煨鸽饺

滚豆腐干　　蘑菇煨燕笋　　烧鱼　　荠菜圆

烧海参配炸鱼肚　　或配豆腐饺　　刀鱼

鸭羹、山药细圆（野鸭羹亦可）　　炸鸡脯

炸虾圆　　烧猪脑　　扣肉（荷叶饼）　　炒鸡杂

蒸鲙鱼（姜醋）　　葛仙米、配洋米、松仁、冬笋、火腿丁

汤　　蟹肉炒索面　　烧黄雀　　海参丁配猪脑　　刀鱼

鸡羹　　鸡脯丝　　乌鱼蛋　　梅肉脯

扣肉　　煨炸鱼肚（火腿、冬笋）

银鱼汤　　鸭舌煨菜苔　　冬笋、火腿　　刀鱼

海参配石膏豆腐　　炸鸡脯　　果鸭　　苡米、莲子

蹄筋

炸虾圆　　鸡杂　　炒肉丝　　面饼

汤　　鸭舌烧菜苔、冬笋、火腿　　蹄筋丁

烧海参（蹄、火腿、笋、香芃）　　炒鱼片　　金银蹄　　酥鸡

炖鲜鱼（姜、醋）　　汤　　燕窝　　烧鲨鱼皮

煨鱼翅　　刀鱼　　海参（鲟鱼肉衬）　　青鱼片

煨三笋　　炸梨块　　煨鲜鲟鱼片　　瓜仁　　花生仁

烧蹄肘　　桃仁　　杏仁

鱼卷汤　　炸海蜇皮（切小方块，滚水泡透）

火腿　　盐蛋　　蛏鼻　　蒲桃

荸荠　　糖球　　黑梅

清汤鱼翅　　火腿、鸭舌　　芥末拌海参　　荸荠饼（面洒火腿末）

莴苣配盐水鸡　　鸡　　烧炸肉　　冠油烧鸡肝

火腿煨鲷鱼　　炸里肉　　口蘑煨鸡卵　　炸卷胰

珍珠菜煨鸽蛋　　炸腰子　　火腿水煨鸡豆　　爆管子

香椿烧芽笋

第三卷 （北砚食单卷三）特牲杂牲部

［ 特牲^①部 ］

猪肉最多，可称广大教主宜，古人有特豚馈食之礼^②作特牲部。北砚氏漫识^③。

［ 猪 ］

猪每只重六、七十斤者佳，金华产者为最婺^④，人以五谷饲豚，不近馊秽之物^⑤，故其肉肥嫩而甘。肉取短肋五花肉，宜煮食，不宜片用，亦不宜炒用。煮肉加秋石或硝少许或枇杷核，每内（疑为肉字）一斤用五、六枚或山楂^⑥数枚均易烂。又，煮老猪将熟取出，水浸冷再煮即烂。又，鲜肉未煮时用飞盐腌半刻，或先入水焯，去尽腥水再煮，似有一种腊味。肉有臭气，厚涂黄泥悬风处，其臭可除（用胡椒煮亦可）春夏一切荤肴，以酒浸之其味不变。再，暑月诸鱼肉易坏，须去尽汁，浸以麻油，不走味，入地窖中更好。

---

① 特牲：突出的牲畜，古代指祭祀的牺牲，此处指猪。

② 特豚馈食之礼：古代诸侯祭祀祖先之礼，赠食物给尊者叫馈。

③ 北砚氏漫识：本集编撰者字北砚，漫识，随便记下来。这是古人视为清雅的说法。

④ 金华产者为最婺：金华为浙江省一个市，全国第一批历史文化名城之一，特产有"金华火腿""佛手菜"。婺，音wù务。旧时用作对妇人是赞颂之词，此处引申为好的意思，最婺，即最好。

⑤ 馊秽之物：腐败变质肮脏的食物。

⑥ 山楂：亦名"红果"，一种落叶乔木的果实，红色球形，味酸稍甜，可食用，亦可入药，有消积化滞之功效。

厚味腻口用白碱细条入汤一揽即取出，食者汤消。又，夏日制食物不臭，用大瓮一口，择其宽大者，中间以块灰铺底，盛物放灰上，瓮口用布棉被盖之，压以重物，勿令透风，虽盛暑不坏。次日将用时，先将锅烧热，即行取入，少停变味。又，将肴馔悬井中，或放腊月熬熟猪油，经宿亦不变味。

红煨肉：或用甜酱可，酱油亦可，或竟不用酱油甜酱，每肉一斤用盐三钱，纯酒煨之，亦有用酒煨者，但须熬干水气。三种治法皆须红如琥珀[1]，不可加糖炒色也。早起锅则黄，当可则红，过迟则红色变紫色，而精肉转硬。多起盖则油走，而味都在油中矣，大抵割肉须方，以烂到不见锋棱，入口而化为妙，全以火候为主，谚云："紧火粥，慢火肉"，至哉！

夹沙肉：肉切条如指大，中括一缝，夹火腿一条蒸。又，冬笋或茭白片夹入白肉片内蒸，亦名夹沙。

芭蕉蒸肉：肉切块用芭蕉叶衬笼底蒸，将熟时浇叭哒杏仁汁（味香美）蘸椒盐。

干菜蒸肉：白菜、芥菜、萝卜菜、菜花头等干切段，先蒸熟，取肥肉切厚大片，拌熟肉易烂，味亦美，盛暑不坏，携之出路更可。

粉蒸肉：炒上白籼米磨粉筛出（锅巴粉更美）重用脂油、椒、盐同炒。又，将肉切大片，烧好入粉拌匀上笼，底垫腐皮或荷叶（防走油）蒸。又，将方块肉先用椒盐略揉，再入米粉周遭粘滚[2]上笼，拌绿豆芽（去头尾）蒸（垫笼底同上）又，用精肥参半之肉，炒米粉黄色，炒面酱蒸之，下用白菜作垫，熟时不但肉美，菜亦美，以不见水故味独全，此江西人菜也。

锅焖肉：整块肉（分两[3]视盆碗大小）用蜜少许同椒盐、酒擦透，锅内入水一碗、酒一碗，上用竹棒纵横作架，置肉于上（先仰面）盖锅湿纸护缝（干则以水润之）烧大草把一个（勿挑动）住火少时，候锅盖冷开看，翻肉

---

① 琥珀：松脂的化石，色红润，是一种名贵的装饰品。亦可入药。
② 周遭粘滚：周遭，扬州方言，指全身或全部的意思。周遭粘滚这里指将肉块全部粘满炒米粉。
③ 分两：扬州方言，指重量多少。

（覆肉）再盖，仍用湿纸护缝，再烧大草把一个，候冷即熟。

干锅蒸肉：用小磁钵，将肉切方块，加甜酒、酱油装入钵内，封口放锅内，下用文火干蒸之，两支香为度，不用水也。酱油与酒之多寡，相肉而行，以盖肉面为度方好。

干焖肉：每肋肉一斤（去皮）切块，宽二寸厚二分，炒深黄色，入黄酒一杯、酱油一杯、葱、蒜、姜焖。

盖碗装肉：放手炉[①]上，法与前干蒸肉同。

黄焖肉：切小方块，入酱油、酒、甜酱、蒜头（或蒜苗干）焖。又，切丁加酱瓜丁、松仁、盐、酒焖。

酱切肉：切块，椒盐、甜酱、黄酒、短水焖。

磁坛装肉：放砻糠中慢煨，其法与前干蒸肉同，总须封口。又，每肉一斤，酱一两、盐二钱、大小茴香各一钱、葱花三分拌匀，将肉擦遍，锅内用铁条架起，先入香油八分，盖好不令泄气，用文火煮，内有响声即用砻糠撒上，微火煨，细柴亦可，大约自始至终俱要用文火，半熟取起再敷香料，转面仍封好，一切鸡、鸭俱可烧。又，前酱内加醋少许，色更红。凡肉面上放整葱十根，鸡、鸭放在腹内，葱熟其肉亦熟。又，用酒一斤、醋四两敷用亦可。

棋盘肉：切大方块，皮上划路如棋盘式，微擦洋糖、甜酱，加盐水，酱油烧，临起加熟芝麻糁[②]面。

东坡肉：同前法，唯皮上不划路耳。

烧酒焖肉：熟肉用烧酒焖，倾刻可用，与糟肉同味。

白鲞[③]樱桃肉：五花肉切丁，配鲞鱼去鳞切小块，多加盐、酒，焖收汤。

菜花头煨肉：用台心菜嫩蕊微腌晒干，用之配煨肉。荸荠去皮、鲜菌

---

① 手炉：旧时用来烘手取暖的小铜炉，圆形或扁圆形，盖上满是蜂眼洞，内放燃烧后余热未尽的草木灰或木炭。

② 糁：音 sǎn，原指饭粒，引申为散粒，此处指用熟芝麻屑掺入肉面缝隙。

③ 白鲞：鲞，音 xiǎng 想，未经腌制，剖开晒干的鱼。

油、笋油、虾鳌、酱腐乳、蘑菇、虾米、豆豉、萝卜去皮略磕碎萝卜干、冬瓜切块、乌贼鱼块、松仁、栗肉、麻雀脯、鸭掌、笋块、梨块、山药、芋艿、蒜头、蒜苗、茄、笋干、咸肉块、醉鱼、风鱼。

蟹煨肉：凡腌、醉、糟蟹切块，不必加盐同同（疑为肉字）（或肘）煨，味极其鲜美。

鲞煨肉：松鲞（去鳞）切块，俟肉烂时放入，加酱油、酒。湖广风鱼煨肉同。均须撇去浮油，汁黑而亮。

黑汁肉：香墨磨汁加酱油，酒煨肉，另有一种滋味。

茶叶肉：不拘多少茶叶装袋同肉煨，蘸酱油。

熏煨肉：先用酱油将肉煨好，用荔壳①熏之，又用作料烹之，干湿参半，香嫩异常。

盆煨肉：整块肉放盆内，入葱头、酱油（不用永［疑为水字］）干锅焖紧，用柴三把擎②烧锅脐即烂。煨羊肉同。

老汁肉：久炖鸡、鸭、猪肉之汁为老汁。长年煨肉加甜酱、酱油、黄酒、茴香（吴中③酱汁肉即不但煨肉，一切家味野味俱可煨唯鸡、鸭各蛋及鱼腥、羊肉不可入老汁。）

豆豉煨肉：鲜肉煨熟切骰子块，加豆豉四分拌匀，再加笋丁、胡桃仁、香芃隔汤煨用。面条鱼煨肉。

家常煨肉：刮净切块，俟铫水开逐块放下，如未放完而水停，仍俟滚起再下，或用（大虾米、千张、豆腐切条）同煨。临起加好虾油半酒杯，一滚即起。煨蹄同。

西瓜肉：夏日热酷，用西瓜瓤同煨。

五香肉：甜酱、黄酒、桔皮、花椒、茴香擦透，盐腌三日煨。

---

① 荔壳：荔，音lì力，荔枝的果实。荔壳，干荔实的外壳。

② 擎：音qíng情，举起、抬起。

③ 吴中：吴，古国名，在江苏省东南部及上海一带。吴中，又是苏州的别称，此处指苏州。

海蜇肉：海蜇撕大块，不必加盐，入黄酒同肉煨。

鱼肚肉：鱼肚油炸，配煨。

脊里肉：精肉刮碎拖鸡蛋，配石耳煨。

荔枝肉：用脊肉①油膜寸块，皮面划十字纹（如荔枝式）葱、椒盐、酒腌半响入沸汤，略拨动随即连（疑为速字）置别器浸养。将用，加糟姜片、山药块、笋块再略煨。又，将煮熟肉切块，划十字纹如前，油炸，配绿豆芽、木耳、笋原汁煨。又，用肉切大骨牌片，白水煮二、三十滚捞起，熬菜油半斤，将肉放入泡透撩起，放冷水一激，肉绉撩起入锅内，用酒半斤、清酱一小酒杯、水半斤煮烂用。

琥珀肉：肉以二斤半为率②，切方块，用酒、水各碗半，盐三钱，酱油一酒杯煨红。若用白酒不必加水。

盐酒肉：每肉一斤，用木瓜酒③一斤、盐五钱、硝一钱、加糖色煨。又，肉一斤、盐三钱，加黄酒慢煨，冷用无酒味。又，不拘冬夏，不论多少，炒去水，每肉一斤，盐三钱、黄酒十二两、丁香二粒、桂皮五分用绢一扎入锅，锅内用竹箅垫底，文火煨熟，汤干用。

千里脯：肉切圆眼大块，每肉一斤，酱油、醋各半斤、麻油二两慢火煨。夏日携带出门可耐旬日。又，每肉五斤入芫荽子一合、酒、醋各一斤、盐三两、葱、椒末慢火煨熟，置透风处亦经久。不用完之肉，投老汁即不坏。

盐水肉：盐水清煨，蘸蒜泥或椒末。又，百滚盐水加花椒煮大块猪肉一复时④，凉干可存半年，夏日不坏。

酱肉：干肉一层，甜酱一层，三日后取出晾干，洗去酱蒸用。又，肉用白水煮熟，肥肉并油丝，务净，尽取纯精肉切寸方块，腌入甜豆酱晒之。

---

① 脊肉：脊，脊骨。脊肉，脊骨肉，指扁担肉或外里脊肉。
② 为率：率，音lǜ律，标准，规格。为率，为标准。
③ 木瓜酒：木瓜酿制的酒。木瓜，一种小乔木，叶和果均为长椭圆形。果实黄色，香气浓烈，可为收敛剂。
④ 复时：扬州方言，一天一夜谓之一复时，又作伏时。

又，肉每斤切四块，盐擦过少时取（疑为将字）盐拭干，入甜酱。春秋二、三日，冬间六、七日取出酱，入锡镟，加花椒、姜、酒（不用水）封盖，隔汤慢火蒸。又，逢小雪时，取干肉入酱缸，七日取出，连酱阴干，临用洗去酱煮用（如不煮，可留至次年三、四月）。

酱烧肉：肉切大方块，煮八分熟，再加酱烧（梅肉用瓜子仁烧）。

酱风肉：腊月取肉洗净、晒干，炒盐微擦，外涂甜酱半指厚，以桑皮纸[1]封固，悬当风处，至次年三月洗去纸酱，加酒蒸（煮亦可）味美色佳。酱肘同。又，先微腌用面酱酱之，或单用酱油拌郁、风干。

酱晒肉：夏日取精肉切大片，椒末和甜酱涂上晒干，复切小块，脂油炙熟用。

挂肉：冬月取蹄膀、肋条听用，不加盐水（或用炒盐擦）挂厨近烟处，久之煮用，颇有金华风味。

肉脯：精肉切片，酱油、酒煮熟烤干或油炸，千里不坏，行厨用滚水作汤。

雪水肉：冬雪每十斤拌盐二两，装坛封固，次年暑月用此水煮，蝇不敢近。

雪腌肉：冬雪用盐少许拌匀，一层肉一层雪叠实坛内，春，夏可用。

风肉：杀猪一口，斩成八块，每块用炒盐四（疑缺两字）细细擦揉，使之无微不到，然后高挂有风无日处，偶有虫蚀，以香油涂之。夏日取用，先放水中泡一宵再煮，水不可过多、过少，以盖肉面为度。片肉时用快刀横截，不可顺肉丝而切也。此物惟尹府至精[2]常以进贡，今徐州风肉亦不及，不知何故。又，自喂肥猪一口，宰时不可吹气，焯毛[3]破割亦不许经水，将肉用炒盐、花椒末擦过挂透风处，准以冬至后十日办之，经次年夏月不坏。风鸡之法，肋下割一刀孔，去肠杂不必去毛，腹内入盐同。又，冬初短肋每

---

① 桑皮纸：桑皮制的纸张，色淡黄，有较强的韧性。
② 尹府至精：尹府可能指一尹姓官绅。至精，制作特别精细。
③ 焯毛：焯，音xún寻，用开水烫。焯毛，即用开水烫后去尽毛。

块约四、五斤，椒盐擦透悬当风处，明春三月置柴灰缸内（防其走油无味）夏月取用，香甜精美，茶腿不及也。风猪头同。

松熏肉：每肉一斤用盐五钱、硝一钱煮熟。挂肉离地三尺，下用枯松针（或柏枝）蔗皮（锉碎）燃烟，圈席围之，熏半日取下，入盐卤内浸五日再熏一次，悬当风处随时取用。甘蔗渣晒干取作熏料。

家香肉：出杭州。切方块同冬笋煨，或同黄芽白菜煮，加大虾米。家香肉须用盐卤长浸得味。又，家香肉好腌（疑为丑字）不同，有上、中、下三等，大概而能鲜肉可横咬者为上品，陈久即是好火腿。

辣椒肉：每肉一斤，醋一杯、盐四钱蒸，临起加辣椒油少许。

腌肉：冬月用炒盐擦透肉皮，石压七日晒。夏日用炒盐擦肉皮令软，铺缸底石压一夜挂起（如见水痕再压，以不见水痕为度）悬当风处。又，每猪肉十斤配盐一斤，肉先切条、片，用手掌打四五次后，将炒盐擦上，石块压紧。次日水出，下硝少许。一日翻腌，六、七日取起。夏月晾风，冬月晒日，均俟微干收用。又，将猪肉切成条、片，用冷水浸泡半日或一日捞起，每肉一层，稀薄食盐一层装盒，用重物压之盖密，永不搬动，要用时照层取起，仍留盐水。若熏用，照前法盐浸三日，捞起晒微干，用甘蔗渣同米铺放锅底，将肉排笼内盖密，安置锅上，用砻慷火慢焙之。以蔗米烟熏肉，肉油滴下闻气香，即取出挂有风处，要用时白水微煮，甚佳。又，将肉切皮（疑为成字）二斤或斤半块，块子去骨，将盐研末，以手搵①末擦肉皮一遍，将所去之骨铺于缸底，先下整花椒拌盐一层，下肉一层，其皮向下，以一层肉一层椒盐下完，面上多盖椒盐，用纸封固，过十余日可用。如用时取出仍用纸封固，勿令出气，其肉缸放不冷不暖之处。腌猪头同，其骨亦须去净。

便腌肉：肉切薄片，椒盐揉透，三日内可用，加葱、酒蒸。

灰腌肉：肉略腌，用粗纸二、三层包好，放热灰内，三日即成火肉。

黄泥封肉：冬日取整方肉，厚涂黄泥悬当风处，夏日用（内［疑为肉字］有臭味此法可治）又，去腊内（疑为肉字）耗气，将肉洗净下锅，入新

---

① 搵：音 wēn 温，原意擦拭，此处指用手沾上的意思。

瓦或新锅砖同煮八、九熟，将汁倾去换水，再入新砖煮之。

醋烹肉：每肉二斤、醋半斤、盐一两同煮可留十日。又，肉二斤、酒一小碗、水一小碗、酱油一小碗、加大茴数枚同煨，或加醋半碗。

夏晒肉：夏日用炒盐擦用（疑为肉字），将绳密密紧扎，不留余肉在外，挂竹竿上晒干，加葱、酒蒸（煮亦可。晒肉用香油涂辟绳①）。

蒸腊肉：腊月肉洗净煮过，换水再煮一、二次味即淡，入深锡镟加酒、酱油、花椒、茴香、长葱蒸，别有鲜味（蒸后恐易还姓［疑为性字］再蒸一次，则味定矣。煮陈腊肉有油臭气②者，将熟以烧红炭数块淬之③，或寸切稻草或周涂黄泥一、二日即去）。

腌腊肉：每肉一斤，盐八钱，擦透入缸，每三日转叠一次，二旬后用醋同腌菜卤煮，挂起晒干随用。

甘露脯：精肉取净脂膜，米泔水浸洗晾干，每斤用黄酒两杯，醋少酒十分之三，酱油一酒杯，茴香、花椒各一钱拌复时，文武火④煮干取起，炭火炙或晒。如味淡，再涂甜酱油炙，不必用麻油。羊、鹿脯同。

酱肉鲊：腊月制，每精肉四斤不见水，去筋膜削细，酱油一斤半、盐四两、葱白四两切碎、花椒、茴香、陈皮各五钱为末、黄酒调和如调粥，装坛封固。烈日中晒十余日开看，干加酒，淡加盐，再晒一、二日即可用。

笋煨咸肉：咸肉切块配笋块煨。风肉同。

糟肉：先将肉微腌，再用陈糟坛（疑缺装字），临用蒸。糟鸡、鸭同。又，冬月不拘何等项肉、肴，皆可入糟，临用再蒸（冷可亦可）。

冷糟肉：先将糟用酒和稀贮坛，再将现煮熟肉切大方块，乘热布包入糟坛一复时，取出切片冷用。

---

① 辟绳：辟，打开。辟绳，拉开之绳，可以挂晾东西。此处可能包括缠肉之绳在内。
② 油臭气：即油耗气。
③ 淬：音cuì翠，以烧红铁器入冷水，使之急速冷却硬化。此处指以烧红木炭吸附去肉的耗味。
④ 文武火：文火指微火，武火指烈火，文武火指时大时小之火，一般多指先猛烈后微弱的火。

酒浸肉：每老酒一斤，加盐三两，下锅滚透取出冷定贮坛，将肉块浸入，经久不坏，鸡、鸭、鹅同。

（香、麻、茶等油浸生肉片用。熟肉及鸡鸭同。）

糟蒸肉：陈年香糟滤去渣。同肉蒸、煮亦可。

糟烧肉：肉切小方块煮熟，配糟加酱油烧。

糟拌肉：糟加甜酱现拌白肉片。

拌肉丝：熟肉切细丝，配笋，香蕈、蛋皮各丝，加酱油、盐水、葱、姜、醋拌。

拌肉鲊：熟肉切丁配笋、香芃、酱瓜各丁，加松仁、椒、盐、酱、酒、醋拌。

茭丝拌肉：熟肉切丝配熟茭白丝，加酱油、醋、椒、盐拌。

芥末拌肉：熟肉切薄片，芥末、酱油、醋拌，加宽粉亦可。

拌肉片：精肉切薄片，酱（疑为将字）油洗净，入锅炒去血水，微白即取出切丝，配酱瓜、糟萝卜、大蒜、桔皮各丝，椒末、麻油拌，临用加醋。

拌肉脯：腿精肉去骨切大薄片，烧酒一斤、酱油半斤，少和豆粉一拌，再用麻油二斤烧滚，逐片放入俟熟取起，加茴香、椒末拌（皮骨另煮，再用麻油衬底）。

醋烹脆骨：生脆骨入脂油煨，加醋、酱油、酒烹。

拌捶肉：猪蹄切薄片，用刀背匀捶二、三次，切丁入滚汤滤出，布包扭干，加糟油拌。羊腿同。

大炒京片：蛋清裹肉片，配笋片、木耳、香蕈丝、笋片（疑笋片二字重复）、甜酱、酱油炒。又，将肉精、肥各半，切成薄片，清酱拌之，入锅油炒，闻响声即将（疑为入字）酱、水、葱、瓜、冬笋、韭菜起锅，火要猛烈。

肉豆：肉削碎入油烹炒，撒盐后再加水、下黄豆。每肉（三斤配豆二升）入茴香、花椒、桂皮煮干。

少炒肉：肋条去上一层横肉，用第二层半精肥者，去皮切细丝，用甜酱、酱油、椒末、酒捻透，下红锅三、五拨即起，少加豆粉（忌用五花肉）又，配生梨丝钞（疑为炒字）肉。又，炒肉丝，切细丝，去筋襻、皮骨，用清酱油、酒郁^①片时，用菜油熬起，白烟变青烟之时即下肉炒匀，不停手，加豆粉，醋一滴，糖一撮，葱白、韭、蒜之类，锅内炒肉止了（疑为只用）半斤，用大火不用水。又，炮后用酱水加酒略煨起锅，肉色甚红，加韭菜尤香。又，精肉批大薄片，水洗挤干，每肉一斤，椒末五分，细葱花二分，盐二钱，酱一两，将肉拌匀，锅内多放油，烧极热，将肉连炒数转，色黄、肉熟再烹以醋，将熟之肉，倾加冬笋丝、腌冬芥菜丝更佳。

肉酱：切大肉丁，配面筋、腐干、酱瓜各丁，脂油炒，加盐、酱少许，夏日最宜。

大头菜炒肉：切片同炒，不加作料。

脆片：半熟精肉片火炙脆，蘸甜酱。

金钱肉：切薄片如茶杯大，铺铁网架上，加酱油、醋（两面火烤）。

糖拆肉：熟肉切长条油炸，蘸洋糖。

糖烧肉：冰糖用水化开烧肉，用时略蘸椒盐。

油炸肉：切小方块油炸，盐水煨，可留半年。又，取硬短肋切方块，去筋襻，酒酱郁，锅入滚油中炮炙之，肥者不腻，精者肉松，将起锅时，略入葱、蒜微加醋烹之。

隔层肉：整块肉留皮、膘二层，余肉加酱油、椒末削碎，摊皮膘上，红烧切块。

樱桃肉：切小方块如樱桃大，用黄酒、盐水、丁香、茴香、洋糖同烧。又，油炸蘸盐。又，外裹虾脯蒸。

臊子肉：肉切条，油炸，配木耳、香芃、笋，亦切为条同烧，豆粉收汤，和瓜仁、松仁、酱油、酒。并可作羹。

喇嘛肉：膘切片（或细条）细拖蛋清（一法拖椒面）拖用油炸黄，蘸酱油。

响皮肉：肉切方块，炭火炙，皮上频抹麻油，再炙酥，名响皮肉。如将响皮肉再煨用（隔宿则皮韧不脆，煨用甚宜。）配笋片、木耳、青菜头、各

---

① 郁：扬州方言，指原料在某些调味料中浸渍入味或入油中使其受热均匀。

色蔬菜，酱油、酒皆可。又，凡炙肉，用芝麻末糁上，油不溢入火中。

芝麻肉：肉切片油炸，蘸甜酱、芝麻末。

面拖肉：面拖精、肥薄片肉，加茴香、椒末油炸。

挂炉肉：短肋二斤，酱一碗、大茴末二钱，醋少许和入酱油，锅上加上铁条四根，取前酱、醋涂肉，搁铁条上，加葱白四、五根，用盆盖好，不可泄气。俟油烟透出，转面再涂酱、醋及葱料，如此数回，以黄脆为度，各物先以细盐擦过后敷作料，其味更佳。凡鸡、鹅、鸭之类先煮熟，以蜜或糖稀抹于上，用脂油、香油入锅，炸黄取起即可也。充挂炉肉各物，须淡盐腌一时，手擦令匀，煮熟少（**疑为稍字**）冷，再敷糖、蜜入滚油炸，炸时火要小，炸透取起，俟冷即脆。又，整块肉铁叉逼炭火上，两面悬烧（或入锅膛烧）频扫麻油、酱油。

晒肉：精肉切片，摊筛上晒干，入老汗（**疑为汁字**），配笋片、菜头煮。又，薄片精肉晒烈日中，以干为度，用陈大头菜夹片干炒。

晒晾肉：精肉切片贴板上干透，油炸蘸酱油。欲脍加闽笋片或笋干，香蕈、木耳，或加脂油、酱油、葱花烹之。

灯灯肉：肉五斤切方块入锅，加黄酒、酱油、葱、蒜、花椒，放河水浮面一寸[①]纸封锅口，锅底先用瓦片铺平，烧滚即撤去火：随用油灯一盏熏著锅脐，点一宿次日极烂。烧猪头同。

湖绉烧肉：肋肉五斤不可过肥，切长条块，麻油二斤熬滚下肉，俟皮色黄而有绉纹即取起。少顷，又入锅加烧酒一茶杯、黄酒半斤、酱油半斤和水与肉平煮，临起少加洋糖。

红烧肉：切长方块油炸，加黄酒、酱油、葱姜汁烧半柱香。又，煮熟去皮，放麻油炸过，切片蘸青酱用。鸭亦然。又，配芋子红烧。又，甜酱、豆豉烧方块肉。

（软皮烧肉、酱烧排骨。）

红烧苏肉：酱油、酒烧好，加鲜胡桃仁、熟山药，少糁洋糖。烧肉忌桑

---

① 浮面一寸：所加之水淹没原料一寸。

柴火。

苏烧肉：取精肥得中[①]肉十斤，温水洗净切方块（如豆腐干式）煮五分熟，下葱、小茴、酒一斤、糖色大半杯，盐水量下，仍将浮油撇起，入洋糖少许。

骨头肉：带肉脆骨油炸，加酱油、酒。又，肋骨一排上铁叉。炭上烤，加酱油、酒抹。又，排骨带肥肉少许，切方块油炸，酱、葱、姜丝烧。

出油烧肉：切块入滚水略掉（疑为焯字）油锅爆黄色，每肉一斤，盐三钱、酒四两、加水与肉平，加桂皮、茴香，候热撇去浮油，再加糖色。

复汤肉：肋肉五斤切成两三块，煮五分熟取起冷定，汤贮别器（撇去浮油）再将肉切方块，加酱油半斤、烧酒一斤、糖色一茶杯并煮熟，原汤均与肉平，数沸即烂，临起少加洋糖。

出油复汤白肉：肋肉五斤，泡洗挤去血水，切成两三块，慢火煮熟五分取起，冷水内浸透，仍入原汤（撇去浮油）再煮二、三沸，极烂去骨，大小任切块，蘸虾油或酱油。

白片肉：须自养之猪，宰后入锅煮到八分熟，泡在汤中一个时晨[②]取起，将猪身上行动之处薄片上桌。此是北人擅长之物菜，南人效之终不能佳。且零星市脯亦难用也。寒士请客，宁用燕窝不用白片肉，以非多不可也。割法须用小刀片之，以横斜碎杂为佳，与圣人"割不正不食"一语截然相反。又，凡煮肉先将皮上用利刀横、立割，洗三、四次，然后下锅煮之，不时翻转，不可盖锅。当先备冷水一盆置锅边，煮拔[③]三次，闻得肉香即抽去火，盖锅焖一刻，捞起分用，分外鲜美。又，忌五花肉，取后臀诸处，宜用快小刀披片（不宜切）蘸虾油、甜酱、酱油、辣椒酱。又，白片肉配香椿芽米，酱油拌。

文武肉：肉切方块，火腿亦切方块，火煨。

---

① 得中：指有肥有瘦，各其居半。

② 时晨：同时辰。旧时将一昼夜分成十二个时辰，一个时辰即两小时。

③ 煮拔：将原料用清水煮沸以除去血水和腥气等不良气味。

烧肉：衬鸡肫片作料烧。又冬笋、腌芥菜烧。

（煨腌肉用青菜、茄子、瓠子、茭白、萝卜、冬瓜得味。）

家常烧肉：肋条五斤，刮净切块，入锅煮滚，取出再洗，另入锅少加水煮二、三沸，用酱油半斤慢火熥（疑为烀字）烂，加糖色半酒杯或洋糖少许。

杨梅肉圆：肉极细和酱油、豆粉，作圆如杨梅大，油炸，配酱烧荸荠片。

脍肉圆：荸荠去皮敲碎，和肉削圆脍。

八宝肉圆：用精肉、肥肉各半切成细酱，用松仁、香蕈、笋尖、荸荠、瓜、姜之类切成细酱，加芡粉和捏成团，放入盆中，加甜酒、酱油蒸之，入口松脆。

煎肉圆：连膘切丁头块，入松仁、藕粉，削圆如胡桃大，油炸黄色蘸油（或加酱油、葱、椒烹亦可）。

如意圆：肉切方块挖空，内填松仁、瓜子仁、椒盐等馅蒸。又，取精肉、肥肉略剁，加豆粉和圆如茶杯大，油炸，名大剁肉圆。

空心肉圆：将肉捶碎郁过，用冻脂油一小团作馅子，放在圆内蒸之，则油流去而圆子空心矣。此法镇江[①]人最善。

水龙子：精肉二分、熟（疑缺肉字）一分刮绒，入葱椒、杏仁、酱再加干蒸面粉和匀，以醋蘸，手制为肉圆，豆粉作衣如圆眼大，沸汤下，才浮即起，用五辣醋供。

猪肉圆：将猪板（疑缺油字）切极细，加鸡蛋黄、豆粉少许，和酱油、酒调匀，用勺取入掌搓圆，下滚水中，随下随捞，香菇、冬笋俱切小条，加葱白同清肉汁和水煮滚，再下油圆取起用之。

徽州肉圆：精、肥各半切细丁，加笋丁、香芃丁、花椒、姜米，用藕粉和圆蒸（名石榴子肉圆）或切方块挖空（与如意圆同法）裹以上各种为馅蒸。

---

① 镇江：江苏省南京市东六十公里的一个市，与扬州隔江相望。盛产鲥鱼，土特产有香醋等。

米粉圆：上白籼米炒熟、磨粉、细筛，削肉加酱油、酒、豆粉作圆，用芋头切片（或苋菜）铺笼底，先摊米粉一层，置肉圆于上，又加米粉一层盖面蒸，或不作肉圆即将刮肉置粉内，蒸干熟切片，或将米拌于肉内同刮成圆切（**疑为即字**）可。

徽州芝麻圆：肉切碎，略刮，加酱油、酒、豆粉作圆，外滚黑芝麻、椒盐，笼底铺腐皮蒸。

糯米肉圆：肉切碎略攒（**疑为刮字**）（上同）外滚淘净糯米，笼底铺腐皮蒸，以米熟为度。

香袋肉：脊肉、精肉刮茸，网油作卷，外用鸡、鸭肠缚如竹节，风干油炸，切段如香袋式，红汤煨。

葱嵌肉：精肉切大骰子块，中嵌葱梗一条脍。

南瓜瓤肉：拣圆小瓜（去皮）挖空，入碎肉、蘑菇、冬笋、酱油蒸。东（**疑为冬字**）瓜同。

小茄瓤肉：茄挖空瓤各种馅蒸。

笋瓤肉：鲜大笋取中段通节，大薄片肉、鲜汤灌满，加酱油、酒、香芃，仍用笋签口，煨一柱香，干装。

蛋皮包肉：蛋皮裹肉圆蒸透作衬菜。

蛋卷肉：蛋皮摊碎肉卷好，仍用蛋清糊口，脂油、洋糖、甜酱和烧。

缠花肉：前法切段，油炸干装。

肉松：精肉、酱油、酒煮熟，烘干手撕极细，配松仁米。

腐皮披卷：刮肉入果仁等物，用腐皮长卷油炸，切长段，脍亦可。

盐腌肉：鸡、鸭等肉，上下用盘热盐（**疑为热盐盘**）腌一复时用，夏月更宜。

酒炖肉：新鲜肉一斤刮洗干净，入水煮滚一、二次取出，改成大方块。先以酒同水炖有七、八分熟，酱油一杯、花椒、葱、姜、桂皮一小片，不可盖锅，俟将熟始加盖焖之，以熟为止。又，或先用油、姜煮滚下肉，令皮略赤后用酒炖，加酱油、葱、椒、姜、香芃之类。又，或将肉切块，先用甜酱擦过才下油烹之。

腌熟肉：凡熟鸡、猪等肉，欲久留以待客，鸡当作破两半，猪肉切作条子中间破开数刀，用盐及内、外割缝擦作极匀，但不可太咸，入盆用蒜头捣烂和好米醋泡之石压，日翻一遍，二、三日捞起略晾干。将锅抬起，用竹片搭十字架于灶内，或铁丝成更妙，将肉排上仍以锅覆之，塞密。烟灶内用粗糠或湿甘蔗粕[1]火熏之，灶门用砖堵塞，不时翻弄，以香为度。取起收新坛内，口盖紧，日久不坏而且香。

肉松：用猪肉后腿整个，武火煮透，切大方斜块，加香芫，用原汤煮极烂。将精肉撕碎，加甜酱、酒、大茴末、洋糖少许，同肉下锅，慢火拌炒至干收贮。

清蒸肉：肉切薄片蒸熟，蘸椒盐。

肉脯：精嫩肉十斤切大块，加酱油一小碗、盐五两、香油四两、酒二斤，醋一斤，泡一复时入锅，将原汁添水少许，子母汤[2]煮七分熟，加葱五根、姜丝、大茴、花椒各五钱、醋一斤半，盖好煮十分熟取起晒干，暑月不坏。牛、羊、鹿脯同。又，每肉二斤切大块，去皮入盒（疑为盆字），以微盐、姜丝先腌一时，捏干加酱油、醋各半碗、盐二钱、大茴、花椒末各一钱、酒、水各一斤，慢火煮极烂烘干，磁瓶收贮。要色红，每肉二斤，入酱半斤，不用酱油及盐，则红而有味。加醋一碗亦可。

扣肉：肉切大方块加甜酱煮八分熟取起，麻油炸，切大片，入花椒、整葱、黄酒、酱油，用小磁钵装定，上笼蒸烂，用时覆入碗，皮面上。

蛋肉：肉内酌入去壳熟鸡蛋同煨，或倾入打稠散蛋煨，均得味。

哈拉巴：取猪尾豚或酱或风，蒸用。

[猪头]

煨猪头：治净五斤重者，用甜酒三斤，七、八斤重者，用甜酒五斤。先

---

[1] 甘蔗粕：粕，音 pò 破，糟粕，原指酒渣，引申为粗劣无用之物。甘蔗粕即甘蔗渣。
[2] 子母汤：指当年仔鸡和老母鸡合炖的汤，取仔鸡的鲜美和老鸡的醇厚。

将猪头下锅同酒煮，下葱三十根、八角三钱，煮二百余滚，下酱、酒一大杯、糖一两，候熟后试尝咸淡，再将酱油加减，添开水要浮过猪头一寸，上压重物，大火烧一柱香，退出大火，用文火细煨收干，以腻为度，即开锅盖，迟则走油。又，打木桶一个，中用铜帘隔，将猪头洗净，加作料焖入桶中，用文武火隔汤蒸之，猪头熟烂，而其腻垢悉从桶外流出，亦妙。

蒸猪头：猪头治净后，再用滚水泡洗，外用盐擦遍，暂置盆中二、三时。锅内放冷水先滚，极熟（疑为热字）后下猪头，所擦之盐不可洗去，煮三、五滚捞起，以净布揩干内外水气。用大蒜捣极细（如有鲜柑花①更妙）擦上，内外务必周遍，置蒸笼内蒸烂，将骨拔去，切片，拌芥末、花椒、蒜、醋用。又，猪头悉如前法制好，里面用连根生葱塞满，外面用好甜酱抹匀一指厚，用木棒架于锅中，底下放水离猪头一、二寸，不可淹着，以大磁盆周围用布塞紧，勿令稍有出气，慢火蒸至极烂，取出葱切片用之。

锅烧猪头：猪头一个，治净入滚水一焯取起。甜酱一斤、大茴、花椒各一钱、姜末、细葱各三钱，共入盆内拌匀，将猪内外擦遍，铁锅底先放铁条数根挑匀，猪头架于铁条上，盆中拌好之酱用水二钟，洗下水俱倾入锅内，以大盆盖上，盆口用腐渣封固。微火煨半日即烂，甜酱内加盐二两。又，烧猪头大块。

醉猪头：猪头两个治净，拆肉、去骨、切大块，每肉一斤，花椒、茴香末各五分、细葱白二钱、盐四钱、酱少许拌肉入锅，文武火煮。俟熟以粗白布作袋，将肉装入扎好。上下以净板夹着，用石压二、三日，拆开布袋再切寸厚大牙牌块，与酒浆间铺，旬日即美绝伦。用陈糟更好。

烂猪头：猪头未劈之前，用草火熏去涎，刮洗净，入白汤煮五、六次，不加盐，取起切柳叶片，长段葱丝、韭芽、笋或茭白丝、杏仁、芝麻，以椒盐拌酒，洒匀上锡镟蒸。可卷薄饼。

炖猪头：猪头治净，煮熟去骨切条，加砂糖、花椒、桔皮、甜酱拌匀重

① 鲜柑花：柑，一种常绿灌木或小乔木，果实扁圆，呈红色或橙黄色，可食用。春末或夏秋时开白色花。

汤炖。又，切大块，水酒各半，加花椒、盐、葱少许，入磁盆重汤炖一宿。临起加糖、姜片、橙桔丝。

猪头糜：配生山药或将糯米擂碎同炖，即成糜。

蒸猪头：猪头去眼、鼻、耳、舌、喉五臊，治净剔骨，每斤用酒五两、酱油一两五钱、盐二钱、葱、姜、桂皮量加，锅底先将瓦片磨光，轩紧如冰纹，又置竹架，肉放竹架上，不使近铁，盖锅用纸封口，一根柴缓烧，瓦片须用肉汁煮过，愈久愈妙。

陈猪头：烧烂去骨，松鲞冻。

猪头膏：煨烂取起去骨，配栗丁、香子仁、香蕈丝、木耳丝、笋丁摊匀，用布包压石，成膏切片。

派猪头：煮极烂入凉水浸。又，煮不加作料，披片，蘸椒盐。

红烧猪头：切块，将猪首治净，用布拭干，不经水，不用盐，悬当风处。春日煮用。

（松仁烧猪头）

糟猪头：配蹄爪煮烂，去骨糟。糟猪脑亦同。

煮猪头：治净猪首切大块，每肉一斤，椒末二分、盐、酱各二钱、将肉拌匀。每肉二斤用酒一斤，磁盆盖密煮之（眉公制法[①]）又，向熏腊店（**疑缺买字**）熟猪头（红白皆有，整个、半边听用）复入锅加酱油、黄酒熟透为度。如买蹄肘、鸡、鸭等用同。

［ 猪蹄 ］

煨猪蹄：猪蹄一只不用爪，白水煮烂去汤，用酒一斤、清酱一酒杯半、陈皮一钱、红枣四、五个煨烂。起锅时，用葱、椒、酒泼之，去陈皮、红

①眉公制法：眉公指明陈继儒（一五五八年至一六三九年）字仲醇，号眉公，松江人。工诗善文，书画皆精，著作宏富，名重一时，且精于烹饪。眉公制法指烹调菜肴的方法，至今松江一带还有"眉公豆腐"流传。

枣。又，先用虾米熬汤代水，加酒、酱油煨之。又，蹄膀一只先煮熟，用素油炸绉其皮，再加作料红煨。有先掇其皮，号称"揭单被"。又，蹄膀一只，两钵合之，加酒、酱油隔水蒸之，以二枝香为度，号"神仙肉"。

糖蹄：盐腌晾干，加洋糖、酒、茴香、花椒、葱红煨。

酱蹄：仲冬[1]时，取三斤重猪蹄，腌三、四日，甜酱涂满，石压，翻转又压，约二十日取出，拭净悬当风处，两日后蒸熟整用。

熟酱肘：切方块配春笋。又，风干酱肘泡软煨用。

百果蹄：大蹄煮半熟挖去筋骨，填胡桃仁、松仁、火腿丁及零星皮筋，绳扎煮烂，入陈糟坛一宿切用。

醉蹄尖：去骨，入白酒娘醉。

金银蹄：醉蹄尖配火腿蹄煨。

酒醋蹄：酒一斤，酱油、醋各半斤煨。

鱼膘蹄：鱼膘切条段同煨极烂，入酱油、姜汁。

笋煨蹄：治净，配青笋或笋片、海蜇、蛼螯、虾米同煨。

煨笋蹄花：南猪蹄切去上段肥肉，煮半熟去骨，用麻绳扎紧，加盐、酒煮烂，候冷去绳切片，再用带湿黄泥厚裹鲜笋，入草灰火煨熟，去泥扑碎，配用蹄筒，去骨加腐皮煨。单煨蹄皮亦可。

烧蹄尖：爪尖油炸入酱油、葱姜汁、洋糖烧，或涂甜酱烧。又，油烧猪尾，猪耳亦可。

煨二蹄尖：鲜猪爪尖、火腿爪尖同煨，极烂取出去骨，仍入原汤再煨，或加大虾米、青菜头、蛼螯。

醉蟹煨（**疑缺肘字**）：整肘不剁碎，醉蟹切开同煨。

鲞煨肘：整肘不剁碎，鲞鱼同煨。

蹄筒片：蹄肘煮烂，入酱油、黄酒、姜葱、花椒，冷定切自然圆片。

熏蹄：清水煮蹄去油，熏切片。

---

① 仲冬：旧时兄弟以"伯、仲、叔、季"为序排行，仲为第二，仲冬即"中冬"指农历十一月。

对蹄：腌蹄、鲜蹄各半，煮熟去骨，合卷一处用绳扎紧，煮烂冷切。

冷切蹄花：蹄肘去骨擦盐，绳扎紧，煮烂切片（腌肉肘同）。

熏腊蹄：腊蹄熏熟仰放锡镟，加虾脯、青笋尖、火腿片、香蕈、酒娘隔水蒸，如味淡加酱油。

冻蹄：猪蹄治净，煮熟去骨切块，入石膏少许并鹿角、石花①同煮，或放煮就石花一、二杯成冻。夏日则悬井中，切片蘸糟油。又，猪蹄熬浓汁去蹄，加金钩②再蒸熬之，又去金钩渣，再入刺参③熬烂结冻用。又，鲜猪蹄对开，配腊猪蹄煨熟，俱去骨冻。

嵌蹄：蹄破开嵌入精肉扎紧，入老汁煮。

蹄肘：配小虾圆或蟹饼装盘。又，红煨蹄肘去骨衬鱼翅。

煨蹄爪：专取猪爪剔去大骨，用鸡肉汤清煨，筋味与爪相同，可以搭配，有好火腿爪以可（以可疑为可以之误）搀入。

［ 猪肚 ］

可糟可酱，先宜除其脏气，委地面片时，再用砂糖擦洗方可用。又，生肚拐头如脐处，中有秽物须挤净，盐水、白酒煮熟。预铺稻草灰于地厚一、二寸，取肚乘热置灰上，用盆盖紧，逾时取出，入鲜汤再煨。煨时不可先放花椒，将熟时一入即起。又，猪肚煮滚乘热捞起放地上，衬干荷叶，复以磁盆即缩厚寸许，要厚再煮再复。又，熟肚恐有脏气，以纸铺地，将熟肚放上喷醋，用盆盖密，候一、二时取用，既无气息且肉厚而松，肚、肺一经油爆再不松脆，惟宜白水、盐、酒煮，加矾少许紧厚而软。

---

① 鹿角、石花：均指海洋中红藻门植物。麒麟菜蹉蚜交错，状如鹿角。故饮食业称为鹿角。富含胶质。

② 金钩：一种较大的虾米。

③ 刺参：亦称沙噀（音 xùn 迅），体圆柱形，长二十至四十厘米，前端口周围生有二十个触手，背部有四至六行肉刺，体色黄褐、黑褐、绿褐、纯白或灰白，喜栖水流缓稳、海藻丰富的细沙海底或岩礁底，我国北部出产较多，亦可人工养殖，是一种较名贵的海味。

炒猪肚：将猪肚洗净取极厚（疑缺处字），去上下皮，单用中心切骰子块，滚油炮炒，加作料起锅，以极脆为佳，此北人法也。南人白水加酒煨，以极烂为度。蘸酱油用之亦可。

夹瓤肚：肥肚治净，填碎肉、盐、葱拌蜜，蛋清粘口煮熟，夹板紧压，冷定切片，蘸酱油或糟油。

灌肚：用糯米、火腿切丁灌满，煨熟切块。又，用百合、建莲、苡仁、火腿灌满同煨。又，肚、小肠治净拌香芃粉，切段入生肚肉（疑为内字）缝，肉汁煨，切块。

灌油肚：治净滚水一焯即取出，用蜜蜂捶数次，其肚自厚，将生脂油块去皮填入蒸熟，蘸芥末、酱油、醋。

油肚：将肚皮转贴上脂油，仍反进，煨熟用冷水略激，煨切块。

五香肚：甜酱、黄酒、桔皮丝，花椒、茴香末烧。

熏肚：煮熟，用晒干紫蔗皮熏。

松菌拌肚：熟肚切丝配醉松菌、芥末，酱油，醋拌。

鱼翅拌肚：熟肚切丝，配煮鱼翅拌。

脍肚丝：生肚切丝，加酒，酱油，笋丝，香芃炒，少放胡椒末，豆粉、鸡汤脍。又，肚肺俱切骰子块，清脍。

煨肚：先入滚水煨，取起浸冷水中，如此四、五次其肚自厚，切小方块，配火腿、小红萝卜（去皮）俱切小方块，同入原汁再煨，加酒、葱。又，肚切块配火腿、笋片，香蕈，木耳、酱油、酒同煨。又，火腿、鸡片煨。

腰肚双脆：腰肚治净划碎路如荔枝式，葱，椒、盐、酒腌少时，投沸汤略拨动，连汤置器中浸养，加糖、姜片或山药块、笋块。肚肺配蚌螯加作料烧。

烧肠肚：制净煮熟取起，以肉片、蒜片、盐少许灌入肠肚内。锅底放水一碗，竹棒作架，置肠肚于上，盖锅慢火烧，肠段切，肚整用。

脍炸肚：切片油炸，加作料脍。

爆肚：切块滚水焯过挤干，再入油炸，加酒，酱油、葱、姜爆炒。猪肚切块炒，少加豆粉。

爆肚片：生肚切片入热锅爆炒，加酒、豆粉、酱油、青蒜、醋烹。

五香肚丝：熟肚切丝，加五香作料焖。

炒肚皮：熟肚取皮切块，鸡油、姜汁、酱油，酒焖。

脍肚：猪肚外层划细深纹，切小方块爆炒，配群菜脍。

肚杂：羊肉嫩者细切，拌作料入猪肚中，缝口，煮熟切用。

酱肚　　糟肚

［　猪肺　］

凡灌肺喉管不可割碎，清水频灌，俟色淡白，略煮去外膜，用竹刀破开。忌铁器。又，用萝卜汁灌洗之不老。

煨肺：灌水令白，去外膜及肺管细筋切方块，配火腿丁作料煨。

肺羹：先用水和盐、酒、葱、椒煮，将熟取出切骰子块，配松仁、鲜笋、香芃丝入汁，再煮作羹。

琉璃肺：白肺去膜切块，加酱油、酒，其色光亮故名。

建莲肚肺羹：肚肺切丁配建莲（去皮、心，先煮五分熟）火腿丁，鸡皮，笋皮，加作料，鲜汤。

糯米肺：上白糯米灌入管扎紧煨。苡米肺同。

蒸肺：切块用豆粉、芝麻、松仁、胡桃仁、酱油、茴香末干蒸。

石榴肺：熟肺去外皮，酱油，酒焖。

芙蓉肺：洗肺最难，取整者以水入管灌之，一肺用水二小桶（旧法以藕汁同肺煮则白）。沥尽血水，剔去包衣为第一着，敲之，扑之、挂之、倒之，工夫最细。用酒、水滚一日一夜，肺缩小如一片白芙蓉，再加作料，上口如泥。汤西涯少宰[1]宴客，每碗四块，已用四肺矣。近人无此工夫，只得将肺

---

[1] 汤西涯少宰：指汤右曾，其字为西涯，清康熙年间进士，官至礼部侍郎。少宰即侍郎之别称。

拆碎，入汤煨烂，亦佳。得野鸡汤更妙，以清配清故也。入火腿煨亦可。熊掌煨肥（**疑为肺字**）加火腿筋皮。

［ 猪肝 ］

炒肝油：拣黄色猪肝（紫红者粗老不堪）切片，酒浸片时，入滚水一焯即捞起。肥网油切大片，入滚水潦，烧红锅，用脂油、酱料炒，加韭菜少许，略收油则不腻口。

炙肝油：生肝切条拌葱汁、盐、酒，网油卷，炭火炙熟，切段或片蘸椒盐。炙猪腰同。

肝卷：肝切片用腐皮卷，油炸。

烧肝：配花生仁作料同烧。

油炸肝：生肝油炸透，加酱油、笋片煨。

拌酥肝：熟肝撕碎，加酱油、芥末，醋拌。

煨肝：配鸡冠油煨，以半日为度，少加酱。

红汤三肝：猪肝，鸡肝、甲鱼肝，配青菜头，入肉汤、脂油、酱油，酒煨。

油炸肝：猪肝一具切长条块，用网细油裹作筒，生大火盆，以铁签穿作一牌炙之，俟两面黄色，用葱、椒汤加盐少许，时刻抹上[1]反复数回，肝熟味佳，切片或切段用。

熏肝

猪筋拖蛋黄

［ 猪肠 ］

肉汁煨肠：小肠肥者，用两条贯一条，切寸段，加鲜笋、香芃、肉汁

---

① 抹上：扬州方言，涂上去的意思。

煨。又，捆肝片煨。

肉灌肠：取大肠打磨洁净，小肠亦可。分作三截，先扎一头。以竹管吹，气鼓急扎，风干一日。先取精、嫩肥肉剁小块，风干四、五日或七、八日，以椒末，微盐揉过，色红为度。将干肉筑实①肠内扎紧，盘旋入锅以老汁煮之，不加盐酱，待熟取起晾冷，随时切片。冬月为佳，否则不耐久矣。

风小肠：取猪小肠放磁盆内，滴菜油少许搅匀，候一时下水洗净，切长段一尺许，用半精肉切极细碎，下菜油、酒、花椒、葱末等料和匀候半日，制肠八分满，两头扎紧铺笼蒸熟，风干，要用再蒸，切薄片甚佳。

糟大肠　　套大肠　　瓢肠　　重烧现成熟肠

［ 腰胰（胰条拖蛋粉烧）］

猪腰对开去尽细筋，下水焯过方不腥气。

煨腰：煮半熟略加盐再煨，冷定手撕（刀切便腥）蘸椒盐。

炒猪腰：腰片炒枯则木，炒嫩则令人生疑，不如煨烂蘸椒盐用之为佳，但须一日工夫才得如泥耳，此物只宜独用，断不可搀入别菜中，最能夺味。又，蛋白切条配腰丝炒。切片背划花纹，酒浸一刻取起，滚水炒（疑为焯字）沥干，熟油炮炒，加葱花、椒末、姜米、酱油、酒、微醋烹。韭芽、芹菜、笋丝、荸荠片俱可配炒。又，配白菜梗丁，配腰丁炒。

烧腰：煮熟切片，用里肉、脂油裹，咸菜丝扎，作料烧。又，煮熟切丁，配大头菜叶、韭菜，加作料烧。又，配胡桃仁去皮加作料烧。又，裹网油炭火上烤，蘸酱、麻油、椒盐。又，熏腰片。

腰羹：刮绒配火腿、香芃、笋各丁，豆粉、鸡汤作羹。

腰汤：去筋切片，油锅微炒，加作料作汤。

焖荔枝腰：腰子划花，脂油、酱油、酒焖。

烹腰胰：腰胰切片入热锅炮炒，加酱油、笋片、葱花、酒烹。苡米或糯

---

① 筑实：扬州方言，即叠挤实在。

米灌猪肠，名烧假藕。

　　烧腰胰：配炸绿豆渣饼，加作料烧。

　　炸腰胰：腰子裹网油，油炸，加椒盐叠，切块。

　　煨里肉①：猪里肉精而且嫩，人多不食。常在扬州谢太守②席上食而甘之，云：以里肉切片，用芡粉团成小把入虾汤中，加香芃，紫菜清煨。

［ 猪舌 ］

猪舌可糟可酱。

　　烧猪舌：猪舌去皮切丁，配鸡冠油丁、酱油、酒、大料烧。

　　盐水猪舌：熟猪舌切条拌盐水，蒜花。

　　五香舌丝：猪舌切丝，五香作料烹。

　　走油舌：配肉块作料煨。

　　腊猪舌：切片同肥肉片煨。又，略腌风干，用之味同火腿。

［ 猪心 ］

烧猪心：切丁，加蒜丁、酱油、酒烧。

　　糟猪心：煮熟，布包，入陈糟坛。

［ 猪脑 ］

猪脑糕：熟猪脑配藕粉、盐水、蒜和杵③隔水蒸切块。

　　（焖猪脑、肉圆、鸡汤、海参、笋焖。松仁烧猪脑煨。）

---

① 里肉：即里脊肉，猪体内最嫩的部分。

② 谢太守：谢启昆，字蕴山，清乾隆年间人，以进士入翰林，曾任过扬州太守。

③ 和杵：杵，音chǔ楚，泛指捣物的棒槌。和杵即捣烂成泥后调和均匀。

猪脑腐：生猪脑去膜打成腐，加花椒、酱油、酒蒸，或作衬菜。

烧猪脑：配火腿丁、笋粉、香芃丝、酱油、酒红烧。

猪唇：煮熟切片蘸椒盐。猪舌根烧海参。

假文师豆腐：入猪脑煮熟，切丁如豆腐式，鸡油、火腿丁、酱油、松仁烧。

［ **猪耳**（附尾血脾）］

烧猪耳丝：生猪耳切丝，红汤烧。

拌猪耳丝：熟猪耳切细丝，和椒末、盐、酒、麻油拌。

糟猪耳：煮熟布包，入陈糟坛。

三丝：猪耳、猪舌、腿俱切丝，鸡汤脍，加衬菜、作料。

烧干椿：取猪尾寸段，加甜酱、酒、椒、盐烧。

灸血脾：生血脾扫上酱油、麻油，炭上灸酥。

［ **肉皮**（先宜刮净）］

炸肉皮：干肉皮麻油炸酥，拌盐。

皮汁：肉皮熬汁，（**疑缺入字**）各种馅。

烹肉皮：干肉皮麻油炸酥，椒末、酱油、酒烹。

灸肉皮：干肉皮，扫上酱油、麻油、椒末，炭火灸。

皮鲊：煮熟披薄片，拌青蒜丝、芝麻、麻油、盐、醋，作鲊。又，皮鲊丝拌头发菜。

烹酥皮鲊：烧皮肉（**疑为肉皮**）切条，配笋片、香蕈、酱油、脂油烹。

烤酥皮肉（**疑为肉皮**）：切块入酱油、酒、椒盐煮透，干锅烤黄色，收贮作路菜①。临用或开水或酒一泡即酥。

---

① 路菜：出远门在途中食用的菜。

烧肉皮：鲜肉皮切大方块，配笋片红烧收汤。

［ 脊髓 ］

炒脊髓：拖豆粉配笋、香芃、脂油炒，将起时加火腿丝。

炸脊髓：拖鸡蛋清入油炸，盐叠。又，炸拌椒盐。又，炸脊髓筋配珍珠菜烧。

烧脊髓：先用肉汤煮透，配虾圆、笋片、鲜菌、酱油、酒烧。

天孙脍：脊筋配火腿、蹄筋、肥肉片、笋、香芃，作料脍。又，火腿二斤、夹脊髓，随用芫荽缚腰脍，亦可烧。又，火腿寸段配鸡腰作料脍。

醉脊髓：生脊髓滚水炸过，入白酒娘、盐醉。

［ 猪管 ］

脍猪管：猪管寸段以箸穿入；面上横勒三、五刀，又直分两开如蜈蚣式，加群菜脍。油炸亦可。

煨猪管：去肉瓤配白肺煨。又瓤油肝煨。

五香管丝：猪管切细丝，五香作料焖。

炒猪管：寸段，配火腿丝作料炒。

［ 脂油（鸡冠网油）］

炒冠油：切小块，加甜酱炒。

蒸冠油：切块加作料、米粉裹蒸。

煨冠油：煨熟蘸甜酱或椒盐。

网油果：包入火腿，笋、香芃各丁，加酱油作果式，油炸。

网油卷：里肉切薄片或猪腰片，网油裹，加甜酱、脂油烧，切段。又，网油包馅，拖面油炸。

烧油丁：脂油、冠油配冬笋、茭白、腐干，俱切骰子块，酱烧。

鸡冠油炸腰肝：鸡冠油、猪腰、肝、血脾、鸡肝同肝油俱切小方块，入肉汁、大蒜烧。

鸡冠油：配鸡、鸭杂作料烧。又，切块，大蒜瓣、作料同烧。

鸡冠油群：配蚌螯油。

火卷丝：网油卷火腿丝油炸，切五段，少蘸醋。

神仙汤：脂油、姜、葱、酱油、醋、酒先调，入滚水一碗，冲和成汤，取其速，故名。

［ 火腿 ］

金华为上，兰溪、东阳、义乌、辛丰①次之。出金华者细茎而白蹢②，冬腿起花绿色，春腿起花白色。脚要直，不直是老母猪。须看皮薄、肉细、脚直、爪明，红活味淡，用竹签透入有香气者佳。腌腿有熏、晒二法，一鲜腿每重一斤，炒盐一两或八钱，草鞋捶软，套手细擦腌之，热手着肉即返，擦至三、四次腿软如绵，看里面精肉有盐水透出如珠，即用花椒末揉一次入缸，加竹栅压以重石。旬日后次第③翻三、五次取出。又，用稻草灰层层叠放，收干后悬灶前近烟处，或松叶烟熏之更佳。又，不须石压，用腌莴苣卤浸之，凡莴苣一斤，盐十二两腌成卤。莴苣若干，用盐若干，收坛泥封。腌腿时以此卤入缸浸之，浸透取出晒。

又，金华人做火腿，每斤猪腿腌炒盐三两，用手取盐擦习，石压三日又出，又用手极力揉之，翻转再压，再揉至肉软如绵，挂当风处，约小雪起至立春后方可。挂起不冻。

又，每十斤猪腿，腌盐十二两，极多至十四两，将盐炒过加皮硝少许，

---

① 兰溪、东阳、义乌、辛丰：均为浙江省金华市附近的县治。

② 白蹢：蹢，音dí敌，兽蹄，这里指白色的猪蹄。

③ 次第：顺次、依次。

乘熟（疑为热字）擦之令匀，置大桶石压，五日一翻。候一月将腿取起，晒有风处，四、五个月可用。

火腿宜顺挂（蹄尖垂下）倒挂多油夈气。或藏于内，或谷糖①涂之，亦可免油。火腿有臭味，可切大块，黄泥涂满，贴墙上晒之即除。凡煮陈腿、腊肉，入洋糖少许无油夈气，用黄泥厚涂日久不坏。又，用猪胰同煮亦去夈气。火腿汁去尽浮油，加白盐、陈酒、丁香即成老汁。一切鸡、鸭、野味俱可入烧，量加酒料。唯羊肉、鱼腥不可入，先烧鸡一支得鲜味，此汁煮过，虽酷暑亦不变味。

炖火腿：蒸熟去皮、骨切骰子块，配鲜笋或笋干、胡桃仁、茭白、酒、酱共贮碗内，隔汤炖一时，如淡加酱油。

东坡腿：陈淡腿约五、六斤者切去爪，分作两块洗净，煮去油腻，复入清水煮烂。临用加笋段作衬。又，切片去皮骨煮，加冬笋、韭菜芽、青菜梗或茭白、蘑菇，入蛤蜊汁更佳。临起略加酒，装酱油。

煨火腿：火腿切片，莴苣、笋、作料煨。又，配家鸭作料煨。又，配胡桃仁作料煨。又，配去皮荸荠煨。又，萝卜削荸荠式煨。又，切片配连鱼块煨。又，配季鱼片煨。又，配春斑鱼片煨。又，配鸡腰煨。

笋煨火腿：冬笋切方块，火腿切方块同煨。火腿撇去盐水两遍，再入冰糖煨烂。凡火腿煮好后，若留作次日用者须留原汤，待次日将火腿投入汤滚熟方好。若干放，离汤则风燥而肉干矣。又，火腿片、冬笋片对拼装盘。

热切火腿：煨烂乘熟（疑为热字）切片（或小方块）。

煨火肘：火腿膝湾（疑为弯字）配鲜膝湾（疑为弯字）各三付同煨。烧亦可。

煨火腿皮：浸软刮净切条，配鹿筋煨。

炸火腿皮：浸软、刮净，切骨牌片，炸酥，可携千里（又可作浇面头小菜。凡行选，须带生腿，切方块，和饭锅底煮。若带熟腿，不能久用）。

火腿皮汁：烧扁豆、茄子，加研碎杏仁。

---

① 谷糖：指麦芽或米制成的糖浆。

烧火腿丁：配萝卜丁，瓜、酒、脂油烧。

火腿油烧笋衣：肥火腿臕熬出油配笋衣[①]、白酒、蒜青烧。

淡火腿：煮熟切薄片，蘸洋糖。

粉蒸腿：火腿切片米粉拌蒸。又，火腿切片须蒸三次始酥。上用盘盖，不走香气。

火腿羹：切薄片配蘑菇或菌或香芃作羹。

脍火腿丝：配笋丝、鸡皮丝、酱油、酒，鸡汤脍。

火腿圆：配鲜肉臕、豆粉刮圆，酱油、酒脍。又，淡火腿、豆粉刮圆，鸡汤下，衬青菜头。

杂拌火腿丝：配鸡脯、鲜笋、榆耳、蛋皮各丝，加酱油、醋、芥末、麻油拌。又切丝切丝（**疑多切丝两字**），配笋丝、栗菌、麻油、酱油拌。

拌火腿丝：切丝配海蜇丝作料拌。又，切丁，配生豆腐、盐、麻油拌。又，火腿丝拌海蜇皮丝，或萝卜丝或炸豆芽。

炒火腿：切丝配银鱼干作料炒。又，切片配天花炒，少加豆粉。又，切片配青菜、粉元宝、作料炒。又，切丝配春斑鱼、作料炒。又，火腿配松菌炒。

烧火腿蹄筋：火腿蹄筋配鲜蹄筋，甜酱、豆粉炒。

烧二尖：火腿爪、鲜猪爪煮熟去骨，配笋片、红汤、酱油、脂油、酒烧。

煨三尖：火腿爪、猪肉爪、羊肉爪煮熟去骨，入鸡汤、酱油、酒红煨。

火腿膏：火腿切细丁，加蘑菇、碎苡仁，煨烂作膏。

糟火腿：熟火腿去皮骨切长方块，布包入陈糟坛，或白酒娘糟二、三日切用。酱火腿同。

［火腿拼盘］：火腿配鸡块装盘，配猪肚块装盘，配酱菜梗装盘。

假火腿：箬包食盐煨透碎研，装磁钵筑实，中作一窝，放入麻油、椒末，将鲜肉晾干，用此盐重擦，大石压片时煮用，与火腿无二。

火腿酱：用南腿煮熟去皮切碎丁（如火腿过咸，用水泡淡然后煮之）单

---

① 笋衣：加工玉兰片时剩下的嫩笋皮经干制而成，需温水泡发后入菜。

取精肉，将锅烧熟（疑为热字），先下香油滚香，次下洋糖、甜酱、甜酒同滚，炼好后下火腿丁及松子、胡桃、花生、瓜子等仁速妙（疑为炒字）取起，磁罐收贮。其法：每腿一只用好面酱一斤、香油一斤、洋糖一斤、胡桃仁四两去皮打碎、花生仁四两炒去膜打碎，松子四两，瓜子仁二两、桂皮五分、砂仁五分。

假火腿：鲜肉用盐擦透，用纸二、三层包好入冷灰内。过一、二日取出，煮熟与火腿无二。

九丝汤：火腿丝、笋丝、银鱼丝、木耳、口蘑、千张、腐干、紫菜、蛋皮、青笋或加海参、鱼翅、蛏干、燕窝俱可。

攒汤：火腿、蛋皮、笋丝、酱油、鸡汁或肉汤脍。又羊尾，笋尾尖段，先一日入米泔浸淡，鸡汁、火腿煨烂。

［ 杂牲部 ］

牛、羊、鹿三牲非南人家常时有之物，然制法不可不知，作杂牲部。北砚氏识。

［ 熊掌 ］

鲜者为上，义者[1]次子（疑为之字）。雍州[2]山谷多熊，形类大豕，性轻捷，好攀援上高树，至冬则蛰[3]。故土人每于十一月取之。足即蹯，列八珍之一。蛰时饥则自舔其掌，故其在掌。制生熊掌务须去毛，掘地作坑，用整块石灰（即矿灰）垫底，置熊掌于中，再用石灰盖上，温水洒上即发滚，发后冷定，毛根尽去。将掌切条、洗净存用。

---

① 义者：旧时拜认的亲戚关系，引申为后起的。此处指放置一段时间后的干制品。
② 雍州：古州名，相当于今陕西、青海、甘肃等地。
③ 蛰：动物入冬藏起来不食、不动，即冬眠。

煨熊掌：治净，去毛、切条，再入米泔水浸二日，又用生脂油包裹，入铫煨一日取起，去油配猪肉煨。熊掌难得熟透，不透食之发胀。又用椒盐和面裹，放饭锅上蒸十余次即可用。掌条煨肉，肉味鲜腻异常，如不供客，取起掌条晾干收贮，俟后煨肉时再用，可供十余次，后食之不为饕[1]矣。又，将泔水浸过熊掌，用温水再泡，放磁盘内和酒，醋蒸熟，去骨切片，再放磁盆内，下好肉汤及清酱、酒、醋、姜、蒜蒸至极烂用。

代熊掌：将蒸熟雄蟹剔出白油，配肥肉片、脂油丁、松菌、蘑菇、酱油、姜汁、鸡汤脍，味媲熊掌。

［ 鹿（冬季有）］

鹿肉不可轻得，得而制之，其鲜嫩在獐肉[2]之上，烧用可，煨用亦可。

煨鹿肉：切块先炸去腥味。入油锅炸深黄色，加肥肉、酱油、酒、大茴、花椒、葱煨烂收汤。獐肉同。又，取后腿切棋子块，淡白酒揉洗净，加酱油、酒、慢火煨，将熟入葱、椒、莳萝再煨极烂，入醋少许。又，裹面慢火煨熟，蘸盐、酒，面焦即换。

肉煨鹿肉：鹿肉切大块（约半斤许）水浸，每日换水，浸四、五日取起改小块，配肥肉块、木瓜酒煨，加花（疑缺椒字）、大茴、酱油。

炒鹿肉：取鹿肚肉，切小薄片，酱油、盐、酒炒。

炙鹿肉：整块肥鹿肉，叉架炭上炙，频扫盐水，俟两面俱熟切片。

蒸鹿肉：此物当乘新鲜，不可久放致油干肉硬，味色不全。法：先凉水洗净，新布包蜜（疑为密字）用线扎紧，下滚汤煮一时取起退毛，冷净放磁盆内，和酱及清酱、醋、酒、姜、蒜蒸烂切片用之。又，先用腐皮或盐酸菜包裹，外用小绳扎得极紧，煮一、二滚取起去毛，安放磁盘，蒸熟切片。

---

① 饕：音 tāo 滔，原指贪食，此处引申为发胀的意思。

② 獐：一种野生鹿科动物，雄、雌皆无角，但雄獐犬齿发达，外露形成獠牙，故又名"牙獐"，其肉可食。

又，取尾，火箸烧红，烙净毛花根，水洗，入大镟，四周用豆腐包镶蒸熟去豆腐切片蘸盐。盛京①食血茸制法同，味更美。

煨鹿尾：取棉（疑为绵字）羊尾加作料配煨。

风鹿条：肥鹿肉切条风干（京城随围出口②者多带回）盐水煮软，听用。

鹿脯：肉切方块，先入大料、花椒煮，用水浸洗净，饭锅上蒸二、三次，配肥肉块、脂油、酱油，酒煨干。

制獐肉：与制牛、鹿同。可以作脯。

［ 鹿筋（十一月有）］

以辽③者为上，河南次之。先用铁器捶打，洗净煮软，剥尽黄色皮膜，切段。筋有老嫩不一，嫩者易烂，先取起，老者再煮。

鹿筋：难烂，须三日前捶煮，纹④出臊水数遍，加肉汁汤煨。再用鸡汁汤煨，加酱油、酒，微芡收汤，不掺他⑤便成白色，用盆盛之。如兼火腿、冬笋、香芃同煨便成红色，不收汤，以碗盛之。白色者，加花椒细末。

烧鹿筋丁：治净切丁，配风鸡丁、红萝卜丁、笋丁、脂油、酱油、酒、肥肉丁烧。

煨三筋：鹿筋（浇肉汤煨）蹄筋（蹄汤煨）脊筋（脂油煨）配火腿、鸡汤、酱油、酒再合煨。

煨鹿筋：切骰子块加作料煨。松菌炒鹿筋。海蜇烧鹿筋。鹿筋、火腿、笋俱切丁煨。鹿筋配鱼翅或海参煨，加鲜汁不入衬菜。

---

① 盛京：即今沈阳。

② 随围出口：围，围猎。口，泛指长城以北广大地区。此处是随着打猎的队伍到口外围猎。

③ 辽：泛指山海关以北大片地区。

④ 纹：即用水焯。

⑤ 不掺他：不加入其他原汁。

［狸（十一月有）］

一名猫，有白面者名玉面猫，喜食百果，又名果狸。一名柿狐，冬月极肥，为山珍之首。

蒸狸：果子狸用米泔水泡一日，去尽秽腥，加甜酒娘蒸熟，快刀片上。

［兔］

麻辣兔丝：切丝鸡汤煨，加黄酒、酱油、葱姜汁、花椒末，豆粉收汤。

兔脯：去骨切小块，米泔浸掐洗净，再用酒浸沥干。火（疑为伙字）小茴、胡椒、葱花、酱油、酒、加醋少许，入锅烧滚下肉。鹿脯同。

白糟炖兔：生兔肉盐炒过擦透，酒浸洗入白酒娘糟，隔水炖熟切片。

炒兔丝：切细丝，加笋、酱油、醋炮炒。

［牛］

煨牛肉：买牛法，先下各铺定钱，凑取，腿筋夹肉处不精不肥，剔去衣膜，用三分酒、二分水清煨极烂，再加酱油收汤，此太牢[①]独味，不可加别物配搭。

法制牛肉：精嫩牛肉四斤，切十六块，洗净挤干，用好酱半斤、细盐一两二钱拌匀揉擦，入香油四两，黄酒二斤泡淹过宿，次日连汁一同入锅，再下水二斤，微火煮熟后，加香料、大茴末、花椒末各八分，大葱头八个、醋半斤，色、味俱加（疑为佳字）。

牛肉脯：取肉切大块约厚一寸，将盐摊放平处，取牛肉片，顺手平平丢下，随手取起翻过再丢，两面均令粘盐，丢下时不可用手按压，拿起轻轻抖去浮盐，亦不可用手抹擦。逐层安放盆内，石压隔宿。将卤洗肉，取出排稻

---

① 太牢：古代祭祀用猪、牛、羊三牲谓之太牢。亦将牛单独称为太牢。

草晒之，不时翻转，至晚将收放平板，用木棍赶滚，使肉坚实光亮，逐层堆板上重石压盖。次早取起再晒，至晚再滚再压。第三日取出，晾三日装坛，如装久潮湿，取出再晾，此做牛肉脯之法也，要用时取肉脯切二寸方块，用鸡汤或肉汤淹二寸许，如（疑为加字）大蒜瓣十数枚，不打破[1]同煮，汤干取起，每块切作两块，须横切，再拆作粗条约指头大，再用甜酱、酒和好菜油，以牛脯多寡配七八分再煮至干，用之极美。鹿脯同。

煨牛舌：牛舌最佳。去皮撕膜切片，入肉中同煨。亦有冬腌风干者，隔年用之，极似好火腿。

［ 酪 ］

从乳出酪，从酪出酥，从生酥出熟酥，从熟酥出醍醐[2]。牛乳炖热，入砂（疑为炒字）谷米、藕粉、松子仁。又点酒即成腐。

乳酥膏：酥和豆粉切厚片煎，味同肥肉。

造酥油：牛乳下锅滚一、二沸，倾盆内候冷，面上结成酪皮，将酪皮煎油即是酥油。凡用酥油须要新鲜，陈者不堪用。

乳酪：牛乳或羊乳一碗和水半杯，入白面一大匙，滤过慢火熬滚，加洋糖、薄荷末少许，即用紧火，水杓打熟再滤入碗。

黄牛乳：性平，补血脉、益心气、长肌肉。乳饼、乳酥最宜老人，牛乳滚粥，炖热浇饭更益人。

黄牛乳：取法，冬、夏可用其取初产者，质厚而有力。不放水，真乳一碗熬八分，约五、六两，加冰糖，清晨饮之，不啜茶、不食它物即不作泻。其法：取带子黄母牛如法加料喂，不饮水，单用饭汤饮之以助乳势。每日可挤两次，早晚临取时，用热水将肚下及乳房先烫洗一遍，去其臭味，再用热水烫洗其乳令热，欲挤之手亦要烫热，挤之即下，此一定之法，若非烫热，

---

① 不打破：这里指将大蒜头剥去外皮整个入菜，不拍碎。

② 醍醐：音 tí 提 hú 胡，酥酪上凝聚的油。

半点不下。

黄牛骨髓：取以熬油，拌炒熟面，入百果印糕，仲冬及正月之。

乳皮：将乳装入钵，放滚水中烫滚，用扇扇之，令面上结皮取起，再扇再取，取尽弃清乳不用，将皮再下滚水煎化，约每斤配水一碗、好茶卤一大杯，加芝麻、胡桃仁各研极细，筛过调匀用。若用咸加盐汁。若将乳皮单用，补益之功更大。

乳饼：初次用乳一盏，配米醋半盏和匀，放滚水烫熟，用手捻成饼，二次将成饼原水只下乳一盏，不加醋。三次、四次加米醋少许，原水不可弃，后仿此乳饼。若要用咸，仍留原汁加盐，或将乳醋各盛一碗，置滚水中预先烫热，然后量乳一杯和醋少许捻成饼。二次、三次时，乳中之汁若剩得太多，即当倾去只留少许。熔乳饼时，将洋糖一并和入，甜而得味。

［ 羊 ］

折耗最重[1]，大率[2]活羊百斤，宰后约五十斤，烹熟约二十五斤，但生时易消，及熟则又易长，每食羊肉，初时不觉，食后渐觉饱胀，此即易生之验。凡行半日之程，及事忙恐不暇食者，啖之最宜。亦不可过饱。若初食不节，以致伤脾坏腹，非卫生之道也。毛长黑腹者，曰骨羝。有角者，曰羖羊，味不佳。不宜过大，以五十斤及尾大者为佳。又，山羊肉细而香，绵羊肉膦而粗。煮羊肉用胡桃三、五枚，钻眼或磕碎投锅中，煮四、五滚取出，再照式再放或入普耳[3]浓茶一碗，或生羊用水多浸，均可去膻气。老羊入灶屋瓦片及二桑叶同煮易烂。

风整羊：腊月取肥羊，去毛脏风干，冷水泡软，风炖皆可。

白煮羊肉：白水沸过再煮，候冷剥片，蘸椒盐或甜酱油。煮有二法：热

---

① 折耗最重：折耗、折率，今作净料率。最重、最大。

② 大率：通常。

③ 普耳：疑为洱（音 ěr 耳）之误。云南省南部澜沧江与把边江之间的一个县，以产茶驰名中外。

汤一气煮熟者肉烂而香，冷汤则时烧时息，恐肉生而斤两重也。又，整方羊肉煮熟切块，汤清而油不走。若入碱少许，更不腻口。

老汁煮羊肉：切块油炸，入老汁煮，香而有味。

炖羊肉：大尾羊肉入汤一滚即将肉切大块，不用原汤，更入河水煮烂，加花椒盐白炖。又，加酱油红煨。又，配黄芽菜炖。又，配红萝卜块炖。又，配冬笋炖。

红煨羊肉：与红煨猪肉同。又，取熟羊肉切小块如骰子大，鸡汤煨，加笋丁、蕈丁、山药丁同煨。又，切大块，水、酒各半共入坛，先用砻糠火煨熟，再加作料，绝无膻气。又，羊肉与鲤鱼块同煨。又，火腿片煨羊肉块加冬笋。又，红汤羊肉片衬去皮萝卜条同煨。

栗丁煨羊肉羹：羊肉切丁，配魁栗丁，加盐、酒、姜汁、豆粉、羊汤煨作羹。

炸羊肉圆：加作料，刓圆油炸。

京球：荸荠片炒羊肉圆。

黄芪①煨羊肉：每斤用黄芪一钱（布包入罐）煨最益人。以黄芪补气，羊肉补形故也。

小炒羊肉：取精肉去净筋膜，切细条，一锅只炒一斤，肥猪膘亦照羊肉切细丝。临炒，酒、酱、盐、蒜丝俱齐备，烧红锅先用脂油熬滚，放羊略炒即入猪膘，下作料，名十八铲，多炒即老韧无味。又，精羊肉切细丝，每斤用酱五钱、椒末一钱将肉拌匀。锅内先下香油滚开，慢火炒熟。又下笋、韭、蒜、姜丝之类。临好加酒、醋少许。炒猪肉同。

金丝：羊肉切膘，配梨片炒。

炒羊肉丝：与炒猪肉同。可以用芡，愈细愈佳。北人炒法，南人不能如其脆。

冻羊肉：熟羊肉精脆者皆撕碎，入鱼肚、胡桃仁、酱油熬冻，成（**疑为**

---

① 黄芪：芪，音 qí 其。一种多年生草木植物，夏季开黄花，以根入药，有补气固表、利水化疮之功效。

盛字）方盒压实切片，煮时撇去浮油。

炙羊肉片：生羊肉切片，炭火上用铁网炙，不时蘸盐水酱油，俟反正俱熟，乘热用。

火烧羊肉：带骨一块，又向炭火上烧炙焦，用盐水、酱油，反正炙熟，油而不腻，且脆。

烧剥皮羊肉：西北诸路之剥皮羊肉，切块油炸，加酱油、甜酱烧。

红烧羊肉：肥羊肉切大块，配栗肉或芋子红烧。羊肘同。

叉烧金钱肉：肉切如金钱大叉烧之。又，切大块重二、三斤者，叉火上烧之。

叉烧罗叠肉：取精（疑缺肥字）相间肉叉烧。又，切大块，锅烧羊肉。又，鸡冠油裹羊肉烧。叉烧葱椒肉。又，烧哈儿巴。又，烧椒盐肉。又，烧熏扎肉。

油炸羊肉：肋肉五斤入汤一滚取起，切长方块油炸焦，加黄酒一碗、酱油一杯、葱姜汁，煮半炷香，熟用。

坛羊肉：羊肉煮熟细切，茴香作料，一层肉一层料装坛捺实，箬叶扎口，临用入滚水再煮。

蒸羊：肥羊切大块，椒盐遍擦抖净，用桑叶包裹，再用捶软稻草扎紧蒸。

羊脯：取精多肥少者，加酱油、酒娘，拌糖、茴香，慢火烧收汤。

糟羊肉：煮熟切块，布包入糟坛，数日香味皆到。

羊肉膏：方锡镟深二寸许，将煮烂羊肉、松仁、栗肉，锡镟按实，一、二日后成膏，切片用。

风羊：切条风干，盐水煮软，然后下酒。整羊同。

膘腱肉：羊肉三斤，猪肉一斤同煮令熟，切丝细，加姜五片、橘皮二片、鸡蛋十枚打碎、酱油五合、生羊肉一斤刮碎，合熟肉和香料、酱油，蒸熟切片。

酒煮羊肉：肥嫩羊肉三斤切大块，将水烧滚，一焯洗净。另用水一斤、盐八钱、清酱一盅、花椒三分、葱头七个、酒二斤慢火煮熟（凡杂色羊肉入松子仁则无毒）。

[羊头]

煮羊头，羊头毛要去净，如去不净用火烧之。洗净切开，煮烂去骨，口内有毛俱要去净，眼睛切成三块，去黑皮眼珠，不用切成碎丁，取老肥母鸡汤煮之，内加香芃、甜酒娘四两、酱油一杯，如用辣，入小胡椒十二颗、葱花十二段；如用酸，加好米醋一杯。

烧羊头：切片，加栗肉、冬笋、甜酱、酒红烧。

[羊脑]

窝羊：蒜丝炒羊脑。

煨羊脑：取羊脑煮熟，加火腿、笋片、酱油、豆煨烂。又，取羊脑作衬菜。又，肉圆、火腿、海参焖煨。

[羊眼]

明珠：黄芽菜心炒羊眼，去明珠不用。

[羊舌]

盐水羊舌：熟羊肉切条，拌盐水、蒜花。窝舌：葱炒羊舌。

[羊舌（疑舌为衍字）唇]

口唇：黄芽、葱炒。

[羊耳]

京扇：烹炒羊耳边。

京耳：蒜丝炒耳根。

耳脆：醋烹耳后脆膏（疑为骨字）。

［ 羊喉 ］

喉罗脆：配梨片炒。

［ 羊肚 ］

拌羊肚：熟肚切细丝，配熟笋丝或韭菜、芥末、胡椒拌，辣多为妙，少加葱蒜汁。又，熟肚丝拌蒜花、甜酱油。

爆羊肚：生肚切骨牌块，滚水略炸，入熟油锅连翻数次，澄去油加豆粉、葱段、蒜片、酱油。

炒羊肚：羊肚切小片，入鸡油、酱油、酒、姜、葱花炒。又，切条入滚水上一炸即起，用布挤干，用熟油炒微黄，加酒、酱油、蒜、葱炒。

脍银丝：熟羊肚切丝，即用羊汤血脍，加笋衣、碎腐皮、酱油、醋。

洋粉白汤羊肚丝：熟羊肚切丝，洋粉（即素燕窝）发出切段，入羊汤、姜汁、盐、酒、笋丝、火腿丝作汤。

散袋：肚内装入各样杂①煮熟，切片，加葱片炒。

京肚：蒜花烹羊肉肚，少入醋、葱、椒。

熟切羊肚：羊肚治净，酒、盐煮熟，热切。

羊肚汤：切细长丝加胡椒末、酱油、青蒜丝、脂油、豆粉作汤。

煨羊肚：生肚洗净沙入开水，同笋、盐水、白酒、姜汁煨，加麻油。

烧肚丝：生肚去沙、切丝，麻油炒，加笋衣丝、茭儿菜丝、酱油、酒、姜汁、糖、豆粉烧。

羊肚包：熟杂碎与肉俱切丝，用五香拌匀，装肚扎口，悬当风处，作远行路菜。

---

① 各样杂：指羊的各种脏器。

羊肚羹：将羊肚洗净煮烂，用本汤①煨之，加胡椒、醋俱可。

〔 羊肝 〕

焖羊肝丝：羊肝切丝，脂油炒，入葱丝、笋丝、酱油焖。

拌羊肝：生羊肝切片，拌芥辣酱油。

网油羊肝：切片用网油卷作条，蒸热（疑为熟字）切块。

炒肝花：配蒜丝炒。

鸡冠肝：冠油配烧羊肝。

〔 羊腰 〕

羊腰，整个煮熟对开用。

叉烧菊花腰。

〔 羊肺 〕

宝盖：栗片炒肺盖。

炒心肺：肺心俱切丝，蒜炒。

煨青肺：羊肺切块，清煨。

〔 羊肠 〕

炒白肠：肠内灌鸡蛋清切片，配海蜇头片炒。

血肠：灌血煮熟切片，配荸荠片炒。

小肠：配菜心炒。

---

① 本汤：煮羊肚的汤。

花肠：火腿刀花^①，配去皮胡桃仁炒。

走油青菜（疑为肠字）：蛋清内入生青菜汁（则色青）灌肠内煮熟，切段炒。

走油黄肠：灌入蛋黄炒。

油肠：灌入羊油煨。

［ 羊蹄 ］

煨羊蹄：熟羊蹄去骨，入鸡汤、笋片、白酒、盐、葱煨。又，照煨猪蹄法，分红、白二色，大抵用清酱者红，用盐者白，山药配之宜。

红羊枝杈：蹄上截一半，得四块，去骨切片煨，亦可糟。

风羊腿：羊腿于冬至后，炒盐淡腌，悬风炉或灶前近烟处，岁尽时煮，绝无膻味。

京羊筒：配木耳丝炒。

煨羊蹄：加鹿筋、作料煨

［ 羊尾 ］

羊尾：蒸烂透冷切片，蘸洋糖。又，拖面油炸蘸盐。

夹肝尾：尾与肝同煮酥，切片蘸椒盐，味同鹿尾。

金钱尾：切段配胡萝卜，切片如金钱式加作料煨。

达虎刺：羊尾去皮切块，加作料煨。

［ 羊筋 ］

京羊脊筋：胡萝卜切如钱式，配炒。

烧羊筋：配石耳，作料烧。

---

① 火腿刀花：用大块火腿制作菜肴时，多用刀在肉皮上划成方格或菱形纹格，称为火腿刀花。

[羊乳]

羊乳，半瓶掺水半钟，入白面三撮，滤过下锅，微火熬。待滚随下洋糖后，用紧（疑为劲字）将木爬打熟透，再滤过入壶。用牛乳同。

[羊油]

羊油：一呼羊脂，又名羊酥。

烧羊胰：蘸椒盐、椒末。

煨羊胰：花胰切块，配笋丝、腐皮丝、酱油、酒、胡椒末、鲜汁煨。

[羊血]

羊血羹：腐皮、笋衣、胡椒末、豆粉、豆腐丝、血丝、醋、酱油，原汁作羹。

血涂糊：加肥鸡汁，豆粉炖用。

全羊法有七十二种，可用者不过十八、九而已。此屠龙之技[1]家厨难学。

[羊杂]

煨羊杂：大、小肠、心、肝、肺一滚即起，切片（入河水煨，少加盐、姜葱汁）

烧羊杂：羊尾羊酥（即羊肉）肚、肝、肺、唇、腰、舌，用大栗肉、酱油、酒、姜丝烧。炒亦可。

拌酸：羊杂、波（疑为菠字）菜丝、蛋皮，加作料拌。

---

[1] 屠龙之技：后世谓虽技艺高超，然而不切实际或不能解决具体问题，没有实用价值的技术称为屠龙之技。

第四卷 （童氏食规卷五）羽族部

鸡功最巨，诸菜赖之①。如善人积德而人不知，故今领羽族之首，以他禽附之，作羽族部。

［ 鸡 ］

鸡不论雌雄，重一斤余者佳。黄脚乃山鸡，骨硬、肉粗不堪用。凡老瘦鸡，配脂油煮即松润。以熟面或米糠拌芝麻煨，半月则肉肥而香。喂鸭之法，熟糯谷喂半月即肥。凡鸡、鸭、鹅宰后，即破腹去肠杂，然后入汤燖毛则肠秽去，而鸡身洁净，另有一种鲜味。现成宰就之汤鸡，不可用也（煮老鸡入山楂或白梅，或用桑柴火煨，或用冷水频浇易烂。五、六、七三个月鸡、鸭甚瘦。去骨，油、酱炒用或羹或豆或粥亦可）。

芙蓉鸡：嫩鸡去骨刮下肉配松仁、笋、山药、蘑菇或香芃各丁，如遇栗菌时用以作配更好，酒、醋，盐水作羹。

荔枝鸡：取脯肉切象眼块，划碎路如荔枝式，用盐水、葱、椒、酒腌少时投沸汤，急入糟姜片、山药块、笋块随时加入，略拔动即连汤起置别器浸养，临下锅再煮一沸，配边笋、茼蒿。

金丝鸡：鸡切细条，拖面粉油炸，作配菜。

白片鸡：肥鸡白片，自是太羹元酒之味②，尤宜于下乡村、入旅店烹饪不

---

① 鸡功最巨，诸菜赖之：鸡在菜肴制作中用途最大，其他菜都要靠鸡来提鲜。

② 太羹元酒之味：太通大。太羹指未加调味的肉汁。元，为首的。元酒指原泡曲酒，即头曲酒。全句指鸡具有醇厚的鲜味。

及时最为省便。又河水煮熟取出沥干。稍冷用快刀片，取其肉嫩而皮不脱，虾油、糟油、酱油，俱可蘸用。

老汁鸡：脯用切片，筛上晒干，入老汁煮。

酥鸡：切块划开皮肉，油炸，加酱油、葱、姜汁煮亦可。又，酥鸡用腐皮裹，切段衬海参。又，酥鸡配青菜心煨。

瓶儿鸡：腊月肥鸡切片，盐、椒拌匀装瓶，用时取出倾铜镟，加脂油、洋糖，酒娘、酱油、葱炖。

煨鸡：数沸后撇去浮油另置一器，俟熟仍将前油搀入再略煨，临起仍撇去浮油。又，海蜇、糟油、冬笋、青菜头、栗，用松菌、松仁、松鲞、火腿、肝油、香蕈、姜、酒、酱油肥煨。

冷锅鸡：煮半熟，冷定去骨、切块，加酱、火腿，各鲜汁，再煨收汤。

干煨鸡：宰鸡晾干，入砂锅不用水，黄酒、酱油慢火煨。

面筋煨鸡：软面筋撕胡桃块，麻油炸透，仍用清水煮去油味，俟鸡八分熟，入面筋、青笋、香蕈再煨。

煨三鸡：鲜鸡、野鸡、风鸡同煨。

煨三鲜：鸡块先与肉块煨，又加鲞鱼块煨，均得鲜味。

煨五鲜：鸡、火腿、猪蹄、松鲞、鸭同煨。

红白煨鸡：烧鸡块配白鸡块煨。

肚子鸡：肥鸡同猪肚俱切骰子块同煨。

鸡羹：煮烂切丁配香蕈、山药、火腿、海参、冬笋丁、酱油、酒、葱姜汁、胡桃仁、豆粉作羹。

鸡脯羹：生脯刮绒，配蘑菇、松仁、瓜子仁、豆粉羹。又，嫩鸡脯肉切薄片配韭菜作羹，味羹（疑为美字）如野鸡。

蒸鸡：将雏鸡剖开置锡镟中，用槌烂脂油四两、酒三碗、酱油一碗、熟菜少许、茴香、葱、椒为汁料浸鸡，约浮半寸，隔汤蒸，勤翻看火候。又，嫩鸡剖开，用葱、酱、椒、盐、茴香末擦匀腌半日，入锡镟蒸一炷香，取出撕碎去骨，另加作料，再加一炷香，鹅、鸭、猪、羊同。又，用小嫩雏鸡整放盆中，止加酱油、香蕈、笋尖、饭上蒸之。

王瓜焖鸡：将鸡熟取出（疑缺切字）块，王瓜切缠刀块[1]，作料加闷（疑为焖字）。

焖鸡：先将肥鸡如法宰完，切四大块，用脂油下锅炼滚，下鸡烹之，少停取起去油，用好甜酱、椒料逐块抹上，下锅加甜酒闷（疑为焖字）烂，再入葱花、香蕈，取起用之。

捶鸡：鸡脯去皮、筋横切，每斤（疑为片字）用刀背捶软，拌椒盐、酒、酱，食倾[2]入滚水炸，取起加姜汁烹。又，嫩鸡一只去皮骨，切薄片，豆粉擦匀，木槌轻打务取其薄，逐片摊开同皮、骨入清水煮熟，拣去皮骨，和料随用，又，将整鸡捶碎，酱油、酒煮之，南京高南昌太守家制之最精。

鸡圆：肥鸡煮七分熟，起去骨，脯与余分用。鸡脯横切，刮成绒，加松仁，豆粉作圆。又，生鸡肉配猪膘刮，取其松作圆，内裹各种丁、火腿丁或各馅，鲜汤下。煎鸡圆同。又，刮鸡肉为圆，如酒杯大，鲜嫩如虾圆，扬州臧氏家制之最精。法用脂油，萝卜揉成。

糯米鸡圆：取鸡肉、熟栗肉、鸡蛋清、豆粉、酱油、酒，刮绒作圆，外滚糯米蒸。

鸡脯萝卜圆：取鸡脯横切，配火腿刮绒，鸡蛋清、豆粉、酱油、酒作圆。另用萝卜刮绒作圆，蒸透俱入鸡汤煨。

瓤鸡：用整块面筋油炸，填入生鸡肚煨。又，斤许嫩鸡剖开治净，内填碎猪肉、作料缝好，外用酒娘、酱油烧。海参、虾肉俱可瓤鸡。

糖烧鸡：剖腹治净，填洋糖四两，油炸酥，蘸麻油、酱、醋。

鸡粉团：鸡肉配火腿、笋衣、酱油刮绒，包粉团蒸。

层鸡：治净去骨摊开，上铺刮猪肉，同蒸至熟，切块。

松仁鸡：生鸡留整皮，将摊肉[3]与松仁刮绒成腐，摊皮上，仍将鸡皮裹好，整个油炸，装碗蒸。

---

① 王瓜切缠刀块：王瓜即黄瓜。缠刀块亦叫滚刀块，即切一刀将长圈形原料滚动一下。

② 食倾：倾通顷，一会儿。食顷，吃一顿饭的时间，形容时间不长。《史记·孟尝君列传》：孟尝君至关……出如食顷，秦追果至关。

③ 摊肉：指去骨去皮后的鸡肉。

炒鸡：配海蜇、瓶儿菜、熟栗，用手撕鸡脯，宜炒用，煮则老。荸荠片、大蒜片、冬笋片配炒。又，炒家鸡、鸭如炒野鸡、鸭式，或片或丁皆可。

炒鸡片：用鸡脯去皮，披成薄片，用豆粉、麻油、酱油拌之，临用时下锅，用酱瓜、姜米、笋片、香芃片、葱花，炒时用脂油，下芡粉再用鸡蛋清抓之。

鸡松：脯肉切丝，加盐水炒松，拌松仁。

炒鸡爪（疑为瓜字）：去骨切丁，配爪（疑为瓜字）丁、姜丝、松仁、香芃丁、甜酱、酱油，用菜油炒好，加酒三盅收汤。又，嫩鸡切碎块油炸，配韭菜炒。

腌菜炒鸡：配嫩子母鸡，治净切成块，先用荤油、椒料炒过后加白水煨，临用下新鲜腌菜、酒少许，不可盖锅，盖则色黄不鲜。

黄芽菜炒鸡：将鸡切块，起油锅生爆透，加酒滚二、三十次，下水滚。用菜切块，俟鸡有七分熟，将菜下锅再滚三分，加糖、葱料起。菜另滚搀用，每一只用油（四两）。

栗子炒鸡：鸡切块，用菜油二两泡，加酒一饭碗、酱油一小杯，水一小碗，煨七分熟。将栗子另煮熟切块，加笋块，再煨三分起锅，下糖一小撮，作料加入。

炒三丝：生鸡丝配鲜蛏丝、笋丝入红锅三、四拨，多炒则老，即入作料烹熟，临起加蒜丝少许。

炸鸡脯：切五分大方块，油炸拌椒盐。又，用网油卷，油炸。

炸鸡卷：鸡切大薄块片，火腿丝、笋丝为馅作卷，拖豆粉入油炸，盐叠。

烧鸡：熟鸡炭火炙，手撕作丝，加酱油、姜、拌醋。又，生鸡出骨切块，加作料红烧，洋糖炒红浇上，色即红润，炒不可焦，焦则苦，面上加鲜胡桃仁。又，取小芋子如汤圆大，配红烧鸡块。又，老菱肉对开，削香芋式配烧亦可。

叉烧鸡：腹内填葱一把、脂油二两缝好。又架炭火上，两面烤炙，干则频扫麻油及盐水，熟透切用。

生炸鸡：雏鸡大块油炸黄色，加酱油、酒、葱、蒜、姜末、醋半盅烹。

又，小雏鸡切小方块，酱油、酒拌过，放滚油内炸之，起锅又炸，连炸三回，盛起用醋，酒、豆粉、葱花烹之。

醋炸鸡：切小块油炸黄色，入陈糟一钟再炒，待干又入醋一钟，配青笋二两或煮烂栗肉，葱姜汁少许。

熏鸡：腌熏之法与前腌熏猪肉同，但肉厚处当剖开，加米醋少许，或起先①竟不用盐腌，宰完割开厚肉处，用菜油、面、酱油、醋、花椒之类和汁刷之，用柏枝熏干，不时取出再刷，煮用。鹅、鸭同。又，煮熟再用柏枝熏。鸡杂从肋下取出，吹胀入桶熏，名桶鸡。

辣煮鸡：熟鸡拆细丝，配海参、海蜇煮，临起以芥末和入作料冲用。麻油冷拌亦可。

酒娘（疑为酿字）拌鸡：入白酒酿拌。

拌鸡皮：配笋片、青笋、香芃、麻油拌。又配荸荠片、芥末或糟油拌。

脍鸡皮：肥鸡取皮，配鹿筋条、笋片，作料脍。

烧鸡片：配鱼翅炒亦可。甜豆豉烧鸡块，鸭同。

鸡鲊：肥鸡生切丝，每五斤入盐三两，酒二斤，腌一宿滤去汁，加姜丝二两、橘丝一两、花椒三钱、莳萝、茴香各少许，红谷末一合，仍用黄酒半斤拌匀装坛，捺实箬封。猪、羊、肉鲊同。

糟鸡：每老酒一斤入盐三两，下锅烧滚取出，冷定贮坛，将鸡切块，浸久不坏。又，肥鸡煮熟，飞盐略擦，布包入糟坛三日可用，煨亦可。

煮鸡：河水煮时常用冷水浇皮上，将熟略加盐冷切，不可手撕。蘸芥末、醋或酱油。

连毛腌鸡：肥鸡去血，腿下开孔去肠，用椒盐装入，临用去毛煮熟切片。

风鸡：于翅下开一洞取出肠杂并血，入炒盐、花椒、葱悬当风处。又，煨风鸡配脂油煨。又，片风鸡。

酱风鸡：肥风鸡洗净、晾干，入甜酱，十日洗去酱。腹内装花椒、葱把蒸。

鸡酱：肥鸡五斤不见水，切骰子块，酱油二斤、酒二斤，少加茴香，桂

---

① 起先：扬州方言，本来和开头的意思。

皮，慢火煨透，可以久贮，或调汤^①，或下面加葱花。

酱鸡：生鸡一只，用清酱浸一日夜，风干之。

鸡膏：小嫩母鸡切丁，配虾、笋、火腿、冬菇各丁，白酱油煮透成膏，再入陈酒、盐水、姜汁熬稠，贮磁器内，用时随取多少，滚水一冲即成羹矣。加葱花、小磨麻油，出门可贮竹筒内。

鸡脯：煮熟块，酱油、黄酒闷（疑为焖字）干。以上三种携远最宜。

鸡豆：肥鸡去骨刮碎，入油烹炒，撒盐后再加汁，下黄豆、茴香、花椒、桂皮煮干。每大鸡一只，配豆二升。

鸡尾：最活且肥，煮熟可糟、可醉、可脍。

鸡粉豆腐：鸡肉晒干磨粉，入豆腐浆内做成豆腐。

神仙炖鸡：治净入钵和酱油、酒隔汤干炖，嫩鸡肚填黄芪数钱，干蒸更益人。

鸡丝汤：蛋皮、鸡丝、笋丝作汤，洒松子仁。

顷刻熟鸡：用顶肥鸡，不下水干拔毛，挖孔取出肠杂，将好干菜装满，用脂油锅炼滚，下鸡熟（疑为速字）烹之，至色红、气香取起，剥去焦皮取肉片用。制鸭同。

关东煮鸡：先用冷水一盘（疑为盆字）放锅边，另用水下锅，不可太多，约腌过鸡身就好。俟水滚透下鸡一滚，不可太久，捞起即入冷水拔之，再滚再拔，如此三、五次，试熟即可取用，久炖走油，大减色味。煮鸭同。又，去骨切小块油炸，亦名关东鸡。

红炖鸡：将鸡宰完洗净，脚湾处割一刀令筋略断，将脚顺转插入肚内，烘热甜酱擦遍，下滚油中翻转烹之。俟皮色红取起，锅内放水，周（疑为用字）慢火煮至汤干，鸡熟乃下甜清酱、椒（疑为八字）角（整颗用之）再炖极烂，加椒末、葱珠，或将鸡切作四块及小块皆可。

假烧鸡：将鸡治净，切四大块擦甜酱，下滚油中烹过取起。砂锅用好

---

① 调汤：又作"吊汤"，一种加工汤的方法，指用动物性鲜活原料，用不同火温或处理方法将鲜味煮吊入汤内。

酒、清酱、花椒、角茴同煮，将熟倾入铁锅，火烧干至焦，当即翻转，勿使粘锅。烧鸭同。

鸡腊：肥鸡一只，用两腿，去筋骨、刮碎，不可伤皮。用蛋清、粉芡、松子仁同刮成块。如不敷用[①]，添脯子于内，切成方块，用香油炸黄，起放钵头内，加甜酒半斤，酱油一大杯，鸡油一铁勺，放上冬笋、香芃、姜、葱等物，将将（疑将字重复）所余鸡骨皮盖面，加水一大碗，下蒸笼蒸透。

鸡粥：肥母鸡一只，用两脯肉，去皮细切或捶碎，用余鸡熬出汁汤下锅中，加细米粉、火腿屑、松子仁共切碎如米入汤中，起锅时放葱、姜，浇鸡油。或去渣或存渣俱可，宜于老人。大概切碎者去渣，捶碎者不去渣。

焦鸡：肥母鸡洗净整下锅煮，用脂油四两、茴香四个煮八分熟，再拿香油煎黄，还下原汤熬浓，加酱油、酒、整葱，临食时片用，并将原卤浇之或拌、蘸亦可，扬州中蒸（疑为丞字）家法[②]也。

鸡丁：取鸡脯切骰子小块，入滚油爆炒之，用酱油收起，加荸荠丁、笋丁拌之，汤要黑色。

蘑菇煨鸡：口蘑四两，开水泡去沙、冷水漂净，用竹筷打、芽（疑为牙字）刷擦，再用清水漂四次。菜油二两爆透，加酒烹。将鸡切块放锅内滚去沫，下酒、清酱煨八分，切程（疑为剩字）下蘑菇再煨二分，加笋、葱、椒起锅，不用水。

假野鸡卷：将脯肉刮碎，用鸡蛋一个调清酱熨。将网油划碎，分包小包，油里爆透，再加清酱、酒、作料，香芃、木耳起锅，加糖一撮。

油炸八块：嫩鸡一只，切八块，滚油炸透去油，加酱一杯、酒半斤，用武火煨熟便起，不用水。

珍珠团：熟鸡一只切脯，切黄豆大块，清酱、酒拌匀，用面滚满入锅炒，用素油。

---

① 如不敷用：假如不够用的话。

② 扬州中蒸家法：蒸疑为丞。中丞，古代官名，清时用来称巡抚。家法，家厨的制作方法。

卤鸡：囫囵[1]鸡一只，腹内塞葱三十条、茴香二钱、酒一斤、酱油一杯半，先滚一枝香，加水一斤、脂油二两同煨。鸡熟取出脂油，水要熟水，收浓卤一饭碗，才取起即拆碎或快刀片之，仍以原卤拌用。又，卤煮熟去骨，切小方块装盘用。

鸡丝：拆鸡为丝，酱油、芥末、醋拌之，此杭州菜也，加笋，加芹俱可。用笋丝、酱油、酒炒之亦可。拌者用熟鸡，炒者用生鸡。

醋搂鸡：鸡薄片配冬笋片、酱油、脂（疑缺油字）、醋搂之。

炉焙鸡：嫩鸡一只，煮八分熟取起，剁作小块，锅内放脂油少许，俟滚入鸡，掩盖周密烧极熟，加酒、醋各拌和盐，四围浇匀烹之，次用文火，以十分酥熟为度。

瓜鸡：肥母鸡一只治净，取脯肉去皮，以小刀披薄，缕切之极细。又，切酱瓜丝少许同入盆内，熬脂油极熟，将热油倾入瓜鸡盆泡透，拌过再倾油入锅一滚，倾瓜鸡盆再拌之，沥出其油，少入姜末，乘热作馔最佳。

[鸡杂]

脍鸡脑：配豆腐脍。

脍鸡舌：生鸡舌配鲫鱼舌脍。

拌鸡肾鸡舌：熟鸡肾、鸡舌配芦笋，糟油拌。

炒鸡血：脂油、葱、姜、酱油、酒、醋同炒，以嫩为妙。又，鸡血加肉打蒸。又，取鸡血为条，加鸡汤、酱、醋、索粉作羹，宜于老人。又，鸡血未炖熟者，和石膏豆腐或鸡蛋清同搂，用铜勺舀焖。

煨鸡翅：去骨配猪胰，加作料煨，鸡肫同。

醉鸡翅：鸡翅第一节煮熟去骨，入白酒娘（疑为酿字）醉。鸡肫同。

糟鸡翅：布包入陈糟坛。鸡肫同。

糟鸡肾：鸡（疑缺肾字）去膜打成腐作脍，名凤髓场。又，鸡肾数十

---

① 囫囵：音 hú 胡 lún 轮，整个儿的意思。

枚，火腿片、笋片脍。又，鸡肾数十枚，煮微熟去膜，用鸡汤，作料煨之，鲜嫩绝伦。又，鸡肾去外膜作羹。鸭肾、羊肾同，并作各种衬菜。又，入陈糟坛一日即香。

煨鸭（疑为鸡字）肾：鸡肾、鸡翅配蘑菇煨。

鸡肫丁：切丁配笋丁、鸡冠油丁、盐、酒烧。

萝卜炒鸡肫：切丁配用萝卜丁、酒、酱油、脂油、蒜花炒。

油炸清肫：鸡肫切片，油炸蘸椒末。又，手撕青肫，油炸蘸芥末、酱油。

炒双翠（疑为脆字）：鸡肫切片配鸭肫片，油、酱炒。

鸡肝丁：切丁加酱油、酒烧。又，用酒、醋烹炒，以嫩为贵。又，先将蒜片加作料烧熟，再入鸡肝子略烧，去生性即起，老则味差。

烹妙鸡肝：生肝切片，用鸡油入红锅爆，加酱油、青蒜丝烹。

鸡肝圆：生鸡肝入蛋清、豆粉、盐、酒刮圆烧。

瓢肫肝：鸡肫肝烧熟，装麻油、腐内，加作料烧。

拌肫肝：煮熟切丝配蒜丝、麻油、盐、醋拌。糟亦可。

咸菜心煨鸡杂：一切鸡杂切碎配火腿片、笋片、腌菜心先用清水煮去咸味，挤干同入鸡汤，酒、花椒、葱、飞盐煨。鸭杂同。腐皮裹鸭肝脍。

鸡掌：双鸡掌腿（疑为褪字）去老皮，煮熟剔骨听用。鸡、鸭肫肝羹炒鸡肫肝片。

［ 鸡蛋（名百日虫，过百日即坏）］

炖鸡蛋：配研碎瓜子仁或松子仁，加酱油或糟油，稠炖。

乳鲜汤：鸡蛋清搅匀加盐、酒、洋糖搅，隔水炖。

杨妃蛋：鸡蛋十个打散加洋糖，滚水冲和，重汤炖。要味厚去糖加各鲜汁。

蛋腐：蛋清用箸打数百回，切勿加水，以酒、酱油及提清老汁调和代水，加香芃丁、虾米、鲜笋粉更炒（疑为妙字）。炖时将碗底架起，止令入水三、四分，上盖小碟，便不起蜂窝。鸭蛋同。

闷葵花蛋：鸡蛋入盐酒打透，鸡油闷（**疑为焖字**）。

云阳汤：蛋清搅配肉丝、紫菜、鸡汤、盐、酒、醋、蒜、葱花。

煨蛋白：鸡蛋白衬火（**疑缺腿字**）、猪腰或鱼肚、鹿筋、冬笋煨。又，用酱油、茴香煨。

文蛋：生蛋入水一、二滚取出击碎壳，用武夷茶[①]少加盐煨一日夜，内白皆变绿色，咀[②]少许口能生津[③]。

肉幢蛋：拣小鸡蛋煮半熟，打一眼将黄取出，填碎肉、作料蒸。

蛋丝：整蛋针一小孔，搅匀倒覆流入滚汤内即成蛋丝，作各菜浇头。又，将搅匀入细眼珠铁勺，漏入滚水内亦可。

烧鸡蛋：熟蛋切两段，加甜酱烧。

烧蛋白丁：鸡蛋白切丁加脂油、酱油、酒、葱花烧。

烹熟蛋片：熟蛋切片，脂油、甜酱、豆粉烹。

炒鸡蛋：配茭白丝或笋丝、荸荠丝炒。

荷包蛋：去壳不打碎，倾熟油锅内煎，加盐、葱花、椒末。又，全蛋倾滚水锅，带汤盛小碗内，少加飞盐、葱花。

变鸡蛋：鸡蛋百枚，盐十两，先以浓茶泼盐成卤，炭灰一半，荞麦灰一半，柏枝灰一半和成泥，糊各蛋上，一月可用，清明前做者佳。若鸭蛋，秋冬时做者佳，夏月蛋不堪用。

酱鸡蛋：鸡蛋带壳洗净，入甜酱，一月可用，不必煮，取黄生用甚美。其清化如水。可揾物当香油用之。鸭蛋同。

蒸鸡蛋：鸡蛋去壳放碗中，将箸打一千回，则蒸之绝嫩。一煮而老，千煮而嫩。加茶叶煮亦好，加酱煨亦可，其他则或煎或炒俱可。

假牛乳：用鸡蛋清拌甜酒娘（**疑为酿字**），连打入化，上锅蒸之，以嫩

---

① 武夷茶：武夷山区产的茶，亦称"武夷山岩茶"。武夷山在江西、福建两省边境，自东北走向西南。风景秀丽，气候宜人。

② 咀：音 jǔ，细细嚼。

③ 生津：产生出唾液来。

腻为主，火候迟便老，蛋清太多亦老。

白煮蛋：将蛋同凉水下锅，煮至锅边水响捞起，凉水泡之，俟蛋极冷，再下锅二、三滚取起，其黄不生不熟，最为有趣。鸭蛋同。

蛋卷：用蛋打匀下铁勺，其勺先用生油擦之，乃下蛋煎，当轮转令其厚薄均匀，俟熟揭起，逐次煎完压平，用肉半精半肥煮（不可太细）刀锉①和豆粉、鸡蛋、菜油、甜酒、花椒、八角末、葱花之类（或加腌花生肉）搅匀，取一小块用煎蛋皮卷之如薄饼式，将两头轻轻折入，逐个包完，上笼蒸用。鸭蛋同。

炖蛋：鸡蛋三个打一碗，陆续添入鸡汁或虾油，加盐打一千下或二千下。烧开水将蛋碗炖上，不可过老，如加火腿米、虾米更美。

［ 野鸡 ］

野鸡（十月有）又名山鸡。

野鸡披脯肉：取胸脯肉披薄，入酱油浸过，以网油包，放铁栅上烧之。作方块可，作卷子亦可。又，披片加作料炒。又，作脯，作丁。又，当家鸡整煨。又，先油炸拆丝，加酒、酱油同芹菜冷炒。又，生片其肉入火锅中，登时可用。

煮野鸡：河水煮熟，片用，蘸虾油。

野鸡汤：披薄片配火腿片、笋片、鲜汁作汤。

滚野鸡：披薄片，用滚热肉汤贮暖锅或洋锅，俟锅大滚，入腌菜或韭菜、冬笋片、蒲笋诸嫩物，将野鸡片投入，立刻色白可用，迟则老矣。

脍野鸡：披片配笋片、鸡汤、酱油、葱花、豆粉脍。

野鸡爪（**疑为瓜字**）：去皮、骨切丁，配酱瓜、冬笋、瓜仁生姜各丁、菜油、甜酱或加大椒炒。

炒野鸡：披片入微热锅，鸡油炒。又，生野鸡片拌作料，入微热锅中缓

---

① 刀锉：锉，来回拉动。刀锉即刀切。

缓炒熟。又，取家鸡，生姜、肝切片，拌作料于极热锅中略炒配入，均宜以嫩为主。

野鸡切方片油煎。又，油炸野鸡，去骨加作料烧。又，野鸡片配荸荠、菜片烧，切丝亦可。

炙野鸡：与烧家鸡法同，惟腹内不用葱卷。

野鸡圆：刮圆，脂油炸酥，加作料烹。又，野鸡圆配腌菜心。

瓢野鸡：灌入鸡冠油，加作料煨。

野鸡卷：切片，网油包裹，扎两头，叉烧或油炸，蘸椒盐。

浇（疑为烧字）野鸡：野鸡去骨，披方寸片，切块红烧，配豌豆叶。

[鸭]

诸禽尚雌，而鸭独尚雄；诸禽尚嫩，而鸭独贵老。雄鸭愈大愈肥，皮肉至老不变。凡鸭拌芝麻或松仁、洋糖喂，半月即肥。

白煨鸭：河水煮烂，配姜汁、盐少许，或加青菜台、香芃、山药皆可。白煮用小刀片用。

煨鸭块：肥鸭去骨切块，配火腿、青菜梗煨。

嫩瓢鸭：鸭肋取孔，将肠杂挖净，刮肉装满。外用椒盐、大料末涂上，笋片包扎入锡镟，上覆以钵，隔水炖。

加香鸭：鸭破肋去脏洗净，灌肥肉片、香芃丝、火腿片、大茴香二、三粒、丁香三、四粒，将葱、姜、酒、酱衬砂锅底，将鸭置上面。锅盖用面糊固，烧两炷香。

煨瓢鸭：去头、翅折（疑为拆字）骨，腹内填莲肉、松仁煨。又，填小杂菜煨。又，填糯米、火腿丁煨。又，填香芃、笋丁、海参块煨。又，莲肉煨去骨鸭块。又，肥鸭折肉去骨只留皮，包各色馅再煨。又，鸭肉去骨，茼蒿根煨。又，配鲜蛰（疑为蜇字）肉煨。

青螺鸭：鸭腹中先放大葱二根，再熟青螺填入，多用酒、酱烧，整只装碗。

蜜鸭：蜜鸭类似瓤鸭，不同，填糯米、火腿、去皮核红枣，周涂以蜜蒸熟。

套鸭：肥家鸭去骨，板鸭亦去骨，填入家鸭肚内，蒸极烂整供。

煨三鸭：将肥桶鸭（江宁[①]者佳）去骨切块，先同蘑菇、冬笋煨至五分熟，再择家鸭、野（疑缺鸭字）之肥者，切块，加酒、盐、椒煨烂。又，家鸭配野鸭、板鸭、酱油、酒娘、葱、姜、青菜头同煨。

鸭糊涂：用肥鸭白煮（疑缺字）分熟，冷定去骨切大块，下原汤内煨。用盐、酒、山缶（疑为药字）半斤，临煨时再加姜末、香芃、葱花。如要浓汤，放豆粉。又，用青菜心红汤煨。又，拆块鸭，上面盖以鱼翅。

炸肉皮煨鸭：肥桶鸭切块，配干肉皮用脂油炸酥，加葱、姜、盐、酒煨，汤稠始美[②]。

八宝鸭：切方块，配木耳、香芃、笋片、火腿片、莲肉，加酒、椒、酱、酱油煨。

竹节鸭：烧鸭块配白鸭块，装盘。

鸭羹：肥鸭煮七分熟切丁，配小鱼圆（如蚕豆大）、笋、芃、山药各丁、松仁、胡桃仁，入原汤，加酒、酱、豆粉作羹。

艾家鸭（传自艾氏）：整肥鸭配松仁、酱油、酒入盆，重汤炖好，另拆肉脎，加盐少许。

红炖鸭：鸭用河水煮烂取起，再用黄酒半碗，酱油一钟，葱花、姜汁各一匀（疑为勺字），加笋片或青菜数梗红炖。又，石耳炖鸭。又，蚕豆米煨鸭。又，整鸭去骨覆面，下衬火腿、冬笋片。

干炖鸭：老鸭治净，略捶碎，入破瓶，加酒、酱油、葱、椒，盖瓶口重汤炖。又，装沙（疑缺锅字），不加水，先入酒，后加酱油干煨。

葱炖鸭：鸭治净去水气，用大葱片去须、尖搓碎，以大半入鸭腹一小半铺底，酱油一大碗、酒一中碗，将（疑为酱字）一小杯，量加水和匀入锅。

---

① 江宁：旧时的府名，治所在今南京市。今亦有江宁县，在长江南岸，南京市东郊。

② 汤稠始美：汤汁浓了味道才美。

其汁灌入鸭腹，外浸与鸭平，上再铺葱一层，整胡桃仁四枚略捶开排列葱上，勿没汁内，棉纸封锅口，文武火煮三次炖烂。葱烧鸭、（疑为鸡）鹅同。鹅须大料装袋入锅。又，五香整炖果鸭。

熏鸭：嫩鸭入老汁煮熟取出，上架燃柏枝熏。老汁煮鸭久留不坏。野鸭同。

酱烧鸭：生鸭切块同黄酒一碗煎干，加甜酒半碗收汤。又，嫩肥整鸭涂甜酱烧，用酒乘热，仍蘸甜（疑缺酱字）烧。

家烧鸭：生鸭切块骨牌样，配冬笋片、油、酱烧。又，填干菜、鸡肫、肝块烧。又，炖鸭红烧配桃仁。又，填白菜干切段烧鸭块。又，烧桶鸭。

炙鸭：用雏鸭，铁叉擎炭火上，频扫麻油、酱油烧。家烧猪肉去皮同。

拌鸭：煮熟，小刀片，配芦笋、木耳、酱油、醋拌，少加麻（疑缺油字）冷拌。鸭候冷切块，配鞭笋、香芃、酒、酱油拌。

冻鸭：配鸭红汤煮，去骨，破片拣冻。

糟鸭：将煮熟鸭切四块，布包入陈糟内捺实。鸭肫同。又，用白酒娘浸熟鸭装瓶。又，生鸭入白酒娘蒸。

酱鸭：生鸭周身涂甜酱蒸。又，生鸭涂甜酱悬当风处一月，临用洗去酱蒸。

茶油鸭：肥鸭不拘多少，洗净盐揉晾干，石压二日铺入缸底，用茶油和花椒浸没，盖缸四月后收起，蒸食香美无比。板鸭同。

酱油鸭：肥鸭治净晾干入酱油、花椒，石压三日煮用。

干蒸鸭：将肥鸭一只切八块，加甜酒、酱油盖腌鸭面，封好置干锅中不加（疑缺水字），用文武火蒸之，以线香二枝为度，极烂如泥为妙。又，生肥鸭去骨，内用糯米一酒杯、火腿丁、大头菜、香芃、笋丁、酱油、酒、小蘑麻油、葱花供灌鸭肚，外用鸡汤放盆中隔水蒸透。又，新嫩鸭将骨敲碎，淡盐擦遍，加花椒、红酱调匀，再擦干，蒸熟时入葱。

热切板鸭：板鸭煮熟，切块热用。热切糟鸭同。又，乘热片用。

糟板鸭：入陈糟坛数日可用。

醉板鸭：用白酒娘醉。

酱桶鸭：大桶鸭入甜酱十日洗净，加葱、姜于腹内蒸。

滚水提桶鸭：江宁桶鸭，入滚水提三、四次即熟，嫩而得法。若经煨煮，则油去而韧。

煨板鸭：或配鲜肉、羊肉、冬笋，或切块同家鸭煨。江宁板鸭最肥，天下闻名。方起锅者味佳，不须改作。如或当日不食或携往他方，每有嫌冷者，或重煮则淡而无味，一蒸更缩小肉韧。不得已与鲜鸭齐煨，较杭州腊鸭差胜。

鸭脯：用肥鸭切大方块，用酒半斤，酱油一杯、笋、香蕈、葱花焖之，收卤起锅。

挂卤鸭：葱塞鸭腹，盖密而烧。水西门①许店最精，别家不能作。又，配瓶儿菜、肫、肝丁装盘。

鸭羹：将鸭煮八分熟，稍冷切小块，即用原汁入锡镟重汤炖，加椒、姜末少许，及瓜仁、胡桃仁之之（疑重复）类，再加豆粉或藕粉调匀、搅匀入碗，不宜太稀。

腊鸭：肥鸭不拘多少，冬月寻毛去肠杂，以水泡一宿，入盐少许，外以盐擦之，大约每只用盐三两，腌三日取起，通体用滚水淋下二次，其皮敲急②略晒一日可也（未淋滚水之前，以竹片拥其胸腹，挣开翅膀，颈间系以细绳便于悬挂，晒干置透风处。）

风板鸭：每鸭一只配盐三两、牙硝研末一钱，先擦腹，压之隔宿。每一日取起挂有风处，一月可用。按鸭有大、小配盐，当以每斤加一左右③，极多加至一五，不加过多。

炒撕碎鸭皮。

［　鸭舌　］

白煮鸭舌：盐水煮熟，蘸芥酱油。

---

① 水西门：南京市城西的一个城门。
② 敲急：指鸭皮收缩、绷紧。
③ 加一左右：指加一成左右。下面"加一五"，即加一成五。

拌鸭舌：熟鸭舌用白酒娘、盐水拌，或加芥末、酱油拌。

炒鸭舌：配青菜、冬笋片炒。单炒亦可。

干鸭舌：鸭舌用线穿悬当风处，干透可以携远。

煨鸭舌：配鸭皮、火腿片、鸡汤或火腿汤、姜、葱、盐、酒娘。又，鸭舌略煮熟，配连鱼舌，鲫鱼舌、入煮鱼汤、盐、酒娘、笋尖、姜汁、葱、椒煨。又，火腿筋、冬笋煨。

鸭舌羹：配冬笋、香芃、胡椒、醋、酱油、葱花作羹。

糟鸭舌：冬笋片穿糟鸭舌。

醉鸭舌：入白酒娘醉，作衬菜。

［ 鸭掌 ］

煨鸭掌：鸭掌入温水浸，去骨同火腿片煨。

软鸭掌：鸭掌盐水煮，去骨蘸芥末、醋。

拌鸭掌：去骨撕碎，配芦笋或笋衣①、木耳、芥末、盐、醋冷拌，加麻油。切丝同。

冻鸭掌：与鳌肉冻同煮，另有种鲜味。

［ 鸭肫 ］

煮鸭肫：煮熟手撕碎，蘸椒盐。油炸亦可，加花椒盐。

炒鸭肫：鸭肫切片，用笋片等作料，多加油、酱炒。

拌鸭肫：肫煮熟切丝，配韭牙（疑为芽字）、笋、香芃、木耳、蛋皮各丝，酱油、麻油、醋拌。

风鸭肫：肫风鸭（疑无鸭字）干配猪肉煨。又可入陈糟坛（片用）。

---

① 笋衣：加工玉兰片时剥下的嫩皮，经熏黄后制成。根据玉兰片细嫩程度不同，分为冬衣、桃衣、春衣。

鸭杂：生鸭杂切小长块，滚水略炸，配笋片、腌菜头、鸡汤煨。

［ 鸭蛋 ］

蚊叮即臭。

焖蛋：蛋清打稠入作料，用大碗覆盖，慢火长[①]，凡烧肉汁。

太极蛋：蛋清半边、黄半边，中隔荷叶炖。又，炖蛋入加刮碎细笋丁、笋汁，酱油炖。又，入紫菜、笋丁或刮肉丁、酱油、脂油炖。

炖假乳鲜：生蛋汁加酒娘、盐花、冰糖和水三分，松仁剁绒搅匀，隔水炖。

熏蛋：鲜鸭蛋去壳入腌肉汁煮，柏枝熏。鸡蛋同。

酱熏蛋：蛋煮五分熟取起，用箸击壳仍入锅，加甜酱，少加桂皮、花椒、茴香、葱白再煮皮（疑为片字）刻，浇烧酒一杯。又，鸡蛋煮熟入酱水煨之，时候久则入味，可以佐粥。又，生蛋洗净，入酱久之如腐乳。又，熟蛋去壳入洋糖煨。又，熟蛋去壳，同火腿煮或同鲜肉煮，对开用之，味甚鲜美。

豆腐脍蛋：蛋白批片，加火腿、冬笋各丁脍豆腐。

假文师豆腐：蛋白切小方丁、火腿、笋丁、鸡油脍。

脍蛋黄：生鸭蛋挖孔，将蛋汁倒出打散，仍装入壳，纸封口蒸熟，去壳切块，作料脍。

鸭蛋糕：蛋汁打匀，用平底镟，切象眼块作衬菜。又，单脍亦可。

混蛋：将鸡蛋壳敲一小孔，清黄倒出，去黄用清，加浓酒煨干者拌入，用箸打良久使之融化，装入蛋壳中，上用纸封，饭上蒸熟，剥去外壳，仍浑然一鸡卵也，极鲜味。

蛋白糕：加火腿丁、杏仁汁、荸荠粉蒸膏。

鸭蛋皮：蛋汁打匀，用油锅摊成薄皮，切条配鸡皮、笋衣、虾米、鸡皮（疑鸡皮二字重复）松仁、苏（疑为麻字）油、醋、酱油拌。

---

① 慢火长：长，音 zhǎng 涨，扬州方言。这里指鸭蛋搅匀后放入锅中用微火煎制，不炒散，盖上锅后使其涨发成多孔的厚块。慢火即微火。

蛋皮卷：摊作卷裹各种馅，大小听用。又将摊以碎肉作料卷好，仍用蛋、脂油、洋糖、甜酱烧，切片用。

蛋花汤：鸡蛋，鸭蛋同搅匀入滚汤，加酒、盐、醋、脂油、葱、姜、鲜汁作汤。又，滚热酒如蛋花加洋糖。

蛋饺：蛋汁入大蛋（疑为碗字）加白面少许打匀，热锅摊小圆饼，裹各种馅。

鸭蛋糕：鸭蛋、虾油、白酒、蒜花炖，切块。

酱蛋：鸭蛋煮熟，连壳入酱，五日可用。又熟蛋去壳入酱，三日可用。

腌咸蛋：蛋须清明前腌，蛋不空头，每百官①秤盐二斤略加水，先用井水浸蛋一宿，盐、草灰内用酒脚或腌肉酒（疑为卤字）更肥，半（疑为拌字）匀石臼捣熟，复用酒及肉汁稀调如糊，每蛋糯粘濡已②到装坛，宜直竖，大头向上，一月可用。天阴则腌蛋易透。一月内如遇三日阴则咸。用草灰蛋壳青白而黄松。用黄泥蛋壳浑浊而黄竖。日中淹（疑为腌字）者，黄正中。上半日者偏上，下半日者偏下。又，鸡蛋每百用盐一斤。鹅蛋每百用盐二斤。鸭蛋每百用盐二斤半。又，腌蛋以高邮为佳。宜切焖带壳，黄白兼用，不可存黄去白，使味不全。又，腌蛋用稻草六成、黄土四成，酒和灰土拌成一块，每灰三升拌盐一升。塑蛋大头上向，察排坛内十余日或半月可用。合泥不可用水，蛋白即竖，实难吃矣。

拌腌蛋：熟咸蛋捣碎拌生豆腐，加飞盐、瓜子、姜米、麻油。又腌蛋捺碎，姜米、麻油、酱油，少加醋。

拌蛋黄：腌蛋取黄拌醋、姜，与蟹同味。

酒煮蛋黄：整个咸蛋黄、木瓜酒煮，少加姜米、炒盐。

变蛋：每鸭（疑缺蛋字）二百，拣去破损洗净，用制过栗柴灰二斗，细石灰五斗，豆秸灰五升，芝麻秸灰五升盐一十四两（视蛋多寡增减）拌匀，再将六安③茶叶煎滚调盐灰，乘热将蛋逐个包好。外用砻糠为衣，阴干一复

---

① 百官：即百只。

② 濡已：濡，沾湿，引申为沾染。濡已，使蛋上沾满酒肉汁糊之后。

③ 六安：原县治。一九七八年析六安城镇为六安市，在安徽省西部，大别山东北麓，淠河中游。盛产茶叶，"六安瓜片"最为著名。

时（疑缺装字）坛。宜清明与重阳日制，其变巧而速，七日即可剥验。制栗柴灰，先以柏叶、松毛、竹叶各一升煎滚，汤调栗柴灰，再加荞麦灰一升共捣，即成制灰。又，变蛋用石灰、本（疑为木字）炭灰、松柏枝灰、砻糠灰四件石灰须少，不可与各灰等加盐拌匀，用老粗茶叶煮滚汁调和不硬，软裹袋装坛泥封，百日可用。其盐每坛只可用二分，多则太咸。又，用芦草、稻草各二分，石灰一分，先用柏叶带子捣极细泥，和入三分灰加砻糠拌匀，和浓茶叶汁塑蛋装坛，半月二十日可用。

脍变蛋：切小蛋块，外拖豆粉油炸，脍。

红煨三蛋：变蛋白（水炸去腥）配熟鸡蛋白、鸽蛋白、笋块、菜头、鸡汤，加葱头、酱油、酒娘。

变蛋充海参：配杂菜脍。变蛋配酱，炸牌骨。

烧变蛋：切长条加酱、豆粉烧。

醋溜变蛋：切块入脂油炒，加豆粉、盐、酒、醋。

炒变蛋：配炒鸡蛋。

炸变蛋：切块油炸。

糟变蛋：入陈糟坛一月可用。

整蛋灌馅：将蛋入滚水略焯，蛋白结干薄皮，蠹孔倒出黄，灌各种馅，蒸老剥去外壳，装小盘，每客供一枚，乘热用。

大蛋：猪脬一个不落水，拌炭脚踹至大，不拘鸡、鹅鸭蛋，一样打破倾碗内，调匀装入脬内扎口，外用油纸包裹，石垂沉井底一夜，次日取起，蒸熟剥开用，黄白照旧，如蛋一般。

糟鸭蛋：取九月间生蟹黄和陈糟，将蛋入糟七日，蛋软如绵，用木匜盛煮即成方蛋，其糟菜味更鲜美。

老汁蛋：将蛋煮熟去壳，配丁香①、桂皮、酱油、老酒煨老，对开或片

---

① 丁香：一种桃金娘科常绿乔木，夏季开淡紫色花，果实为倒卵形或长椭圆形，称为"母丁香"。干燥花蕾称为"公丁香"，可入药，有温胃降逆之功效。亦可作调料。由花蕾研得的丁香油是重要的天然香料。

用。又，去壳，上、下多蠹孔，入火腿、鲜肉、鸡、鸭煨，味更鲜美。

蛋脯：蛋顶挖孔倾出清、黄，搅散拌鸡、鸭作料，仍灌蛋内，纸封竖蒸，和匀蒸用，兼能补益（老人气燥者、有痰者加姜汁一茶匙）。

牛乳蛋：每用牛乳三盏，配鸡蛋、胡桃仁一枝（疑为枚字）（研极细末）冰糖少许（亦研末）去壳切片。

抱鸭蛋：用草笼成（疑为或字）竹笼装砻糠，将蛋埋糠内盖密，放热炕上微微烘之，不可过热，隔五日煎一盆水搅凉，至将蛋取出，泡一杯茶久，捞起擦干仍安排糠内，过五日仿此再烫，二十多日出壳，不用打破。仙鹤之蛋亦用此抱之，但当先用棉花厚包才埋糠，余同。

[野鸭（八月有，次年二月止）]

广东唤水鸭，又叫蚬鸭，大者叫蚬鹅。

有对鸭、三鸭、四鸭、六鸭、八鸭之名[1]。内八鸭肥嫩，四鸭爪红而味腥，煨时入小红枣数枚可去腥气。家鸭取肥，野鸭取其香。

炒野鸭片：生野鸭切片配鲍鱼片炒。又，野鸭切片煨过，用两片雪梨夹炒之，苏州毛观察家制法最精。用蒸家鸭法蒸之亦可。

炒野鸭丝：野鸭同鸭、鸡丝加笋丝、作料炒。

酱炒野鸡：配连壳蛤蜊装盘。

嫩炒野鸭皮：配荸荠片炒，多加脂油。

焖野鸭：野鸭二只，河水三碗、甜酱一碗、葱花五根、姜二斤（疑为块或片字）焖片刻。野鸭丝、盐、酒焖同。

拌野鸭：鸭二只，河水五碗、酒一碗、姜三斤（疑为块或片字）、花椒

---

[1] 对鸭、三鸭、四鸭、六鸭、八鸭之名：出售野鸭多以每只鸭的重量互相配成一定数量。以两只相配叫"对鸭"，每只二至二斤半，谚有"对鸭不过三"之称。以三只相配叫"三鸭"，余类推。三鸭每只重一斤半至二斤，四鸭每只重一至一斤半，六鸭每只重八两至一斤，八鸭每只重六至七两。下面讲"内八鸭肥嫩，可能系作者笔误，应为"内对鸭肥嫩"方妥。

二十粒、酱油一杯。煨烂折碎拌宽粉。

煮野鸭：五香加酒煮，冷用。

瓢野鸭：去脏洗净，填火腿、笋、蘑菇各丁，红汤烧。又，填鸡冠油加作料煨。又，填苡米、建莲煨。又，填杂果煨。

脍野鸭羹：熟野鸭去骨切丁，配熟山药，入原汁、盐、酒、葱、姜脍。

煨野鸭羹：野鸭脯切丁，配天花或松菌、笋尖、火腿各丁、鸡汤脍。

拆骨野鸭：熟野鸭去骨，盖海参红烧。

烧野鸭：切块油炒黄，加酱油、葱姜汁、酒收场。配南枣（去皮核）、作料烧。又，青菜烧野鸭。又，披大薄片，甜酱、脂油烧。

烹野鸭：野鸭脯切块麻油炸，加葱花、作料烹。

野鸭圆：生野鸭刮绒，配火腿丁、鸡蛋清、豆粉、盐、酒作圆油炸。又，入藕粉、蛋清、青蒜、盐、酒刮圆烧。

糟野鸭：煮熟布包入陈糟，五日可用。野鸭（疑为鸡字）、麻雀同。

风野鸭：冬日取肥野鸭略腌，透风处挂起。

煨野鸭：整野鸭煮八分熟去骨，配鸡冠油、花椒、甜酱煨，临起少入醋。

野鸭卷：生野鸭披绝薄片，卷火腿、冬笋烧。

腌野鸭：将野鸭治净，用盐遍擦腌之。

［ 鹅 ］

"白煮（疑为者字）食草，苍者（疑缺食字）虫，夜鸣应更，伏卵则迎月"，谓向月借气助卵也①。

---

① 白煮食草，苍者虫，夜鸣应更，伏卵则迎月，谓向月借气助卵也：句首似有误，应有"白者食草，苍者食虫"，是说白鹅吃草，灰鹅吃虫。"夜鸣应更……"是李时珍《本草纲目》上说的话，意思是说，鹅夜里应着更点鸣叫，生蛋向着月亮借气。《本草纲目》上"迎"作"逆"其义相同。

固始①人畜鹅以饭食词（疑为饲字）之食，故其肉甘肥。凡鹅、鸭、鸡以宰后，即宜破腹去脏，设经②热水烫过，然后破腹，则脏气尽陷肉中，鲜味全去矣。

坛鹅：鹅煮半熟切细，用椒、茴、作料装坛，十层肉一层料捺实，箬叶扎口，入滚水炖烂。猪蹄、鸡、鸭用同。

罐鹅：肥子鹅治净，入大罐内，加黄酒三碗、酱油二杯、葱二根、姜二斤（疑为片字）、脂油丁二两、花椒三十粒、河水四碗，封口隔水煮半日取用，原味俱在，鸡、鸭同。又，鹅治净，内、外抹香油，腹下入茴香、大料、葱，外用长葱缠裹，装罐入锅，罐高入锅，覆以大盆重汤煮，鹅入灌（疑为罐字）不用汁，自得上升之气。供时或蘸糟油或酱油。

烧鹅：生鹅加五香盐擦透，锅烧。

炙子鹅：时扫酱油，用炭火炙熟。

洋炉鹅：腹内入葱卷并大头（疑脱菜字），以铁又叉鹅，入炉炙熟。鸡鸭同。

烧鹅皮：熟鹅烧透取皮肥，芦笋、芥末醋拌。

鹅脯：酱油、酒将鹅煮熟，切块烘干，可以久留。

熏鹅：熟鹅，香油涂抹柏枝熏。鹅肫同。

酱鹅：嫩肥鹅红烧，蘸甜酱。

风鹅：肥鹅治净加五香盐擦透，悬当风处。

糟鹅：肥鹅煮熟，麻布包入陈糟坛，冷用。

鹅酥卷：肥鹅煮熟去骨，精、肥各切细条，配韭菜、生姜、茭白、木耳、笋干各丝，炸过排碗内鹅汁热浇，用厚春饼卷用。

[鹅蛋]

糟鹅蛋：椒盐、桔皮制就白糟，每糟一坛，埋生鹅蛋二枚，多则三枚，

---

① 固始：县名。河南省南部。
② 设经：假如经过。

再多则不熟，味亦不佳。一年黄白浑，二年如粗沙糖，三年则凝结可用。鹅蛋糟一年，以之蘸肉甚美。陈糟内糟物另加新糟揉和，其物不干。

腌鹅蛋：见鸭蛋条。

［ 云林鹅 ］

倪云林集中①载制鹅法。整鸭（疑为鹅字）一只，洗净后用盐三钱擦其腹。内塞葱一帚，顶实其中。外将蜜拌酒通身涂之。锅中一大碗酒、一大碗水蒸之，用竹箸架起，不使身近水。灶内三芽柴二束烧尽为度，俟锅盖冷后，揭开锅盖，将鹅翻身，仍将锅盖封好蒸之。再用芽柴一束烧尽为度。柴使其自尽，不可挑拨。锅盖用棉纸糊封，逼燥裂缝，以水润之。起锅时不但鹅烂如泥，汤亦鲜美。以此治鸭，美味亦同。每芽柴一束，重一斤八两，擦盐时串入花椒末子，以酒和匀，云林集中所载入食如甚多，只此一法试之颇验②。余则附会者多矣。

［ 鸽 ］

鸽脯：生鸽去肠、脏，炒盐擦透，酒洗，入白酒娘，隔水炖熟，切片。

炒鸽丝：生鸽肉切丝，加盐，酒、鸡油炒。

煨鸽：鸽肉加好火腿同煨，甚佳。

［ 鸽蛋 ］

炖鸽蛋：打稠入冰糖水炖，名扎鲜膏。又，去黄和脂油、洋糖炖。

---

① 倪云林集中：指《云林堂饮食制度集》。该书记载了许多菜点制作方法。倪云林（公元一三〇一年至一三七四年），名瓒，字元镇，号云林，无锡人，工诗，善画山水，有洁癖，为元代四大画家之一。

② 只此一法试之颇验：只有这一种方法验过试做是很成功的，这是袁枚在《随园食单》中所阐述的观点。

炒鸽蛋：配精肉丝、酱瓜丝炒。

鸽蛋鳖^①：鸽蛋对入鹅蛋，摊油锅，加葱花、盐、酒，作蛋鳖。

扁鸽蛋：煮熟去壳略磕扁，使箸易夹，用二十蛋配菜装碗。

苔菜心炒扁鸽蛋：裹肉段炒，配扁鸽蛋。

脍鸽蛋：煮熟去壳磕扁，入鸡汤、石耳、葱、姜、盐、酒脍。青菜梗或白苋菜脍扁鸽蛋。又，鸽蛋清作嫩豆腐或配火腿小薄片，鲜汤脍。

鸽蛋膏：鸽蛋打稠和酒娘、花椒、盐重炖（或冰糖炖，面上加瓜仁、海粉）。

荷包蛋：鸽蛋打稠，摊荷包蛋装盘或作衬菜。

脍鸽蛋饺：衬珍珠菜脍。

烧鸽蛋饺：配茼蒿烧，油炸蛋配茼蒿或作衬菜。

鸽蛋汤：上点心时，每客一小碗鲜汤，用鸽蛋二枚（少入芫荽）。

鸽蛋饼：鸽蛋倾出和酱油，入小碟炖，名一颗星。配菜脍。

煨鸽蛋：法如煨鸡肾同，或煎用亦可（甜杏对开去皮核，焖油炸鸽蛋衬鸡皮或鱼肚皮。猪尿胞灌作大蛋，放二、三鸽蛋搂匀，清黄始分）。

［ 鹌鹑 ］

制鹌鹑法：洗净一百只，用椒盐三两、酒三碗、水三碗、葱六根入瓶封口，隔水煮一日，晒干另贮瓶用。竹鸡、鸽子、黄雀、鹌鹑，俱用五香炒。凡炒野鸡、麻雀及一切山禽，皆用茶油为主。如无茶油，则用芝麻油，切不可用脂油。先将油同熟饭数颗慢火略滚，捞去饭粒，下姜丝炙赤，将禽肉配甜酱瓜、姜丝同炒数遍，取起用甜酒、菜油和匀，再炒煮熟。若麻雀，取起时，少停一刻，下去再炒。

---

① 蛋鳖：扬州方言。指将生蛋去壳后整煎或整煮。

［ 黄雀 ］

黄雀又名秋风雀，乃水中鱼变的[1]。扬州多用麻雀。

炒黄雀：生黄雀肉切丝，配笋丝、脂油炒。

烹黄雀：生黄雀刮下肉油炸，加葱花、酱油、酒烹。

炖黄雀：头翅刮碎，和葱、椒填入腹中，用甜酒、盐少许，重汤炖。

黄雀羹：多用胸脯肉和肥肉片作羹。黄雀煨猪肉。

醉黄雀：煮熟入白酒娘醉，以之炖蛋甚鲜（黄雀从下颌去脑，去眼珠可久存）。

蒸醉黄雀：醉黄雀蒸之，拆碎佐酒。

糟黄雀：煮熟装袋入陈糟坛。

黄雀圆：胸脯肉刮碎，加豆粉作圆。

黄雀干：略腌，晒干或糟或醉，久留不坏。

［ 麻雀 ］

煨麻雀：野味须用脂油煨始肥。又，麻雀脯煨猪肉。

烹麻雀：取肉油炸，蒜花、作料烧。

烧麻雀丁：切丁，酱油，须烧酒、脂油。

蚕豆炒麻雀：先将脯肉切片，配新蚕豆瓣、蒜片、酱油、酒、葱花炒。又，将脊筋拖粉入油炸酥，配供麻雀脯。

麻雀饼：生麻雀肉入豆粉、炒盐、蛋清刮作饼煎。

---

[1] 黄雀又名秋风雀，乃水中鱼变的，此说不确。

第五卷 （北砚）江鲜部

郭璞^①《江赋》，鱼族甚繁。今择其有者治之^②，作江鲜部。

[鱼论]

鱼首重在鲜^③次则肥（凤、腌别论），鲜肥相兼，可烹可煮，无不可适口^④。其仅一鲜可取者，宜清煮作汤；一肥可取者，宜厚烹^⑤作脍。烹煮之法，全在火候恰好，早一刻则肉生，生则粘刺、不松；迟一刻肉则死，死则粗硬、味淡。席间他馔可早为之，计以待客^⑥。鱼必须新鲜（若活鱼以水养之）客至先烹。盖鱼之至味在鲜，鲜之至味，在初熟起锅之际^⑦。若先烹以待，是鱼之至发泄于空虚无人之境^⑧，客至再为经火，若冷饭复炊、残酒再热，尽失本来面目，此为大忌。煮鱼用河水，水不可（疑缺多字）（可以浸鱼而止）。水多一口则鱼淡一分，若水增而复增，鲜味必减而又减。为不善烹者计，则

---

① 郭璞：字景纯，河东闻喜人。生于晋武帝咸宁二年（公元二七六年），卒于晋明帝太宁二年（公元三二四年）。其人博学高才，词赋为东晋之冠。他的《江赋》《南郊赋》俱为传世之名篇。

② 今择其有者治之：现在就从这儿常见的鱼，谈谈制作方法。

③ 鱼首重在鲜：鱼第一重要的是新鲜。

④ 适口：适宜而好吃。

⑤ 厚烹：烧烩时少加汤汁，调味稍重。

⑥ 席间他馔可早为之，计以待客：酒席上其他菜可以早一点做好，按照程序招待客人。

⑦ 盖鱼之至味在鲜，鲜之至味，在初熟起锅之际：鱼的美味在于新鲜，而成熟后刚起锅的时候又最为鲜美。

⑧ 发泄于空虚无人之境：因过早烹调，使鱼的鲜味在人们没吃之前散发掉了。

莫妙于蒸。无虑火候有不齐[1]，供客有早、暮。置汤碗内，入陈酒、酱油数盏，覆以瓜、姜、蕈、笋，紧火[2]蒸熟，鲜、肥并出，尽在器中，随时取用不争刻[3]，是为事半功倍。剖鱼复置鱼伏地气，少顷则不腥。当烹时下水香[4]或薄荷少许亦不腥。洗鱼滴香油一、二滴则无涎。外腥多在鳃边、鳍根[5]、尾棱，内腥多在积血，鳃瓢。平时将薄荷、胡椒、紫苏、葱、香橼皮、橘皮、菊花及叶同晒干，捶碎收贮，剖鱼入水，取以洗擦，不但解腥，其味尤美。凡煮河鱼，先下水烧滚，下鱼则骨酥。煮江、海鱼，先下鱼后烧滚，其骨亦酥也。

［ 鲤鱼 ］

黄河者肥，所谓必河之鲤[6]是也。其鳞三十有六，其尾列八珍[7]之一。脊上两筋及黑血宜洗净。

烧鲤鱼块：切块略腌透，晾干，用醋干烧，加姜米、葱花。

烧鲤鱼白：盐酒烧鲤鱼白，作黄金色，半边配紫扁豆。又，配变蛋或莴苣圆、另加作料烩亦可。

醉鲤白：煮熟入白酒酿醉。

炒鲤鱼肠：洗净炒，越大越佳，配笋片、木耳、酱油、醋。炒鲤鱼肝同。烩鱼脬谓之佩羹。

烧风鱼：泡软，酱油、脂油、葱花、姜汁、醋烧。

---

① 无虑火候有不齐：不要担心掌握不好火候。

② 紧火：急火，猛火。

③ 不争刻：指不受时间的限制。

④ 水香：泽兰的别称，亦名都梁香。菊科多年生草本植物。在我国分布很广，其茎叶含有芳香油，可作调香原料。

⑤ 鳍根：鱼胸鳍、背鳍的根部。

⑥ 必河之鲤：一定要黄河的鲤鱼。这句话见于《诗经·衡门之下》。

⑦ 八珍：八种珍贵的食物。各朝所指不尽相同，后世多以龙肝、凤髓、豹胎、鲤尾、鹗炙、猩唇、熊掌、酥酪蝉为八珍。

风鱼煨肉：俱块，文火煨烂，甚得味。糟鱼同。

烹鲤鱼腴：取鲤鱼腹下肥曰（疑为白字）腴，切长方块，油爆，入酱油、酒、姜葱汁烹。亦可脍。

红烧鲤鱼唇尾：江鲤大者，唇、尾煮去骨，入甜酱、酒、姜、葱红烧。

鲤鱼尾羹：鸡汁、笋片、火腿、肥膘入鲤鱼尾作羹。

鲤鱼片：鱼切片略腌，加烧酒、汁肉卤、醋、葱、姜烹。

糟鲤鱼：腊月将鱼治净，切大块拭干，每斤用炒盐四两，擦过腌一宿，洗净晒干。陈糟一斤，炒盐四两拌匀，加烧酒，盖口装坛泥封。又，冬月大盐腌干，次年正月，取陈糟和烧酒，拖鱼入坛糟，复浇烧酒、花椒泥封，四、五月用。又，糟鲤鱼片配家鸭块，红汤脍。

糟鲤鱼：将鱼破开，不下水盐腌。每鱼肉一斤约用盐二、三两腌二日，即于卤中洗，再用清水净，去鱼翅及头尾，晒鱼半干（不可大干），切作四块或八块（肉厚处再剖开）。取做就陈糟，每鱼一层，盖糟一层，上加整粒花椒，安放坛内，如糟汁少微觉，取好甜酒酌量放入，泥封四十日可用。临用取鱼带糟，用脂油钉拌，入碗蒸之。糟鸡等肉同，但鱼用生糟，猪、鸡等肉须煮熟[①]。

简便糟鲞：大鲤鱼鲞及各种鱼鲞，每鲞三十斤，用糯米四斤煮粥冷定，入炒盐二斤四两，红谷末八两拌匀，烧酒五斤，将鲞逐块蘸酒，入粥一拌，间铺坛内，余下烧酒盖面，再用香油一斤浇上，封好放透风处，满月可用。如用白酒浆，上用烧酒蘸之。要色好加红谷，过夏任用，诸米可做。又，冬日用大鲤鱼腌而乾之。入酒糟坛中封口，夏日用之。不可烧酒作泡，用烧酒者不无辣味（一切腌鱼卤有留之二、三年者，凡鱼治净凉干，如时鱼等浸入，一两年不坏，其卤每年下锅一煎）。

顷刻糟鱼：将一切腌鱼，泔水浸淡略干，以洋糖入烧酒泡片刻，即如糟透。鲜鱼亦用此法。

醉鱼：新鲜鲤鱼破开、治净腌二日，翻过再腌二日，即于卤内洗，再用

---

① 但鱼用生糟，猪、鸡等肉须煮熟：糟鱼用生糟，糟猪肉，鸡等必须将原料烧熟冷却后入糟。

清水净①，晒干水气，入烧酒拖过装坛，每层各放花椒，用黄酒灌下，腌鱼寸许，更入烧酒半寸许，上以花椒盖之，泥封。总以鱼装七分，黄酒淹三分，烧酒一分，十分满足为妙。用时先取底下者，放脂油丁，加椒、葱切细如泥同炖，极烂用之。真佳品也。如遇夏日，将鱼晒干如法醉之。醉鱼、蟹卤烧豆腐，鱼肉可拌切面，入虾酱。

风鱼：鲤鱼或青鱼活（疑为治字）净，不去鳞，每斤用盐四、五钱，腌七日取起拖干，加川椒、茴香、炒盐擦透鱼腹内外，用纸裹麻皮编扎，悬当风处，腹内入料须多。鱼悬当风处，尾向上头垂下，久之不油衮。又，冬日风糟鲤鱼，须将头尾取下，入酒酿醉。

醉鲤鱼脑：取鲤鱼脑壳煮熟，入酒酿醉。又，鲤鱼靠鳃硬肉熟取下，可胮可醉。

炙鲤鱼：鳃（疑为鲤字）鱼鳃下挖去肠，填松子仁、作料，火炙。

鲤鱼羹：火腿汁、笋丁、木耳和鱼丁作羹，少入豆粉。

鲤鱼腊：煮熟去骨、火炙，用酱油、麻油不时抹之即酥。

油炸鲤鱼：火鲤一尾治净，以快刀披薄片，不下水用布拭干，每鱼肉一斤，盐三钱，内抽用一钱，略腌取起捏干，再用存下盐并香料杂揉一时，晾干油炸，收透风处或近火处，其肉方脆。

五香鲤鱼：鲤鱼切片，用甜酒、黄酒、橘皮、花椒、茴香擦透，脂油烧。

拌鲤鱼：剔熟肉拌生姜、麻油、酱、腊（疑为醋字）。鳟鱼同。

鱼子糕：各种鱼子糕（去血膜），淡水和酒，漂净沥干，置砂钵内，入鸡清②碎研（须不办［疑为辨字］颗粒）另将干虾米、香蕈、胡椒、花椒捣末、葱、姜浸酒共研，滤去粗渣，将鱼子并入，视多少酌加酱油、盐、酒、酱，盛锡镟蒸熟，切方块涂熟麻油，上铁架燃荔枝壳、松球③重蒸熟。煎用亦可。又，熏鱼子出苏州孙春阳家，愈新愈妙，陈则味变。

---

① 再用清水净：再用清水洗干净。

② 鸡清：鸡蛋清。

③ 松球：松树果实的鳞状外壳。

鱼子酱：各种鱼子（去血膜）勿见水，用酒和酱油捣烂，加麻油、椒末、茴香末和匀作酱。

［ 鲚鱼（二月有，四月止）］

体薄如刀。《尔雅》[①]《玉篇》[②]诸书所谓篾刀鱼也，故又呼刀鱼。细鳞白色，上吻有四硬须，肉内软细刺多，为春馔中高品。鲚鱼用甜酒娘、清酱放盆中蒸之最佳，不必加水。如嫌刺多，则取极快刀刮取鱼片，用钳抽去其刺，入鸡汤、笋汤煨之，鲜妙绝伦。

煎鲚鱼：油、酱油、葱花煎。

印鲚鱼：生鲚鱼切去头、尾（勿损坏），将鱼肉刮下，以马尾筛底砑[③]，或稀麻布包，挤、镊去细刺，用鱼模子[④]印成鱼片，安头、尾，蛋清裹就烧。

鲚鱼圆：刮肉和豆粉作圆，或裹火腿丁、鸡脯丁，配焊烂菜苔寸段，鸡汤脍。

鲚鱼饼：鲜鱼刮肉，如法去细刺，入蛋清豆粉，加作料拌匀做饼，用铜圈印如钱大煎。

鲚鱼配虾圆：前饼[⑤]好，再将虾肉入豆粉加作料刮匀，包火腿丁做长圆，油炸配供。

炸鲚鱼：油炸酥，加酱油、酒、葱姜汁。

（炸刀鱼：刀鱼去头尾去磷，装袋先炖汁。鱼之两面周身细细斜片断，入麻油炸，再入脂油炸，捞出切段加酱油、姜汁、黄酒剪熬之汁同焖不可焦，冷热听用，可过半月。炸油存贮另用。）

鲚鱼油：剖洗、控干，麻油熬熟，去渣收贮、浇各菜，用以做汤亦鲜。

---

① 尔雅：我国最早解释词义的专著，由汉初学者辑周、汉诸书递相增益而成。

② 玉篇：南朝梁、陈之间顾野王撰著的字书。

③ 砑：音yá迓，碾。

④ 模子：用木头雕刻的凹形模具。用来印制花式菜或花式糕点。

⑤ 前饼：指鲚鱼饼。

炙鲚鱼：蘸麻油，炭火炙极干，听用。

鲚鱼汤：刮肉去刺，配笋丝、火腿丝、木耳丝，鸡汁作汤。

鲚鱼豆腐　　熏鱼

［ 鲥鱼（四月有，五月止）］

性爱鳞：一与纲（疑为网字）值，帖然不动①，护其鳞也。起水即死，性最急也。口小、身扁，似鲂而长，色白如银，尾与脊多细刺。以枇杷叶裹蒸，其刺多附叶上。剖去肠、拭血水、勿去鳞，其鲜在鳞，临供剔去可也。

鲥鱼用甜酒蒸用，如治鲚鱼之法便佳，或竟用油煎，加清酱，酒娘亦佳。万不可切或碎块，加鸡汤煮，或去其背，专取肚皮，则真味全失矣。戒之。

煮鲥鱼：洗净，腹内入脂油丁二两、姜数片，河水煮，水不可宽，将熟加滚肉油汤一碗烂少顷，蘸酱油。

蒸鲥鱼：用鲜汤（或鸡汤，虾汤，香蕈、菌子各汤，不用水），配火腿、肥肉、鲜笋各丝，姜汁、盐、酒蒸。又，花椒、洋糖、脂油同研，加葱、酒，锡镟蒸。

红煎鲥鱼：切大块，麻油、酒、酱拌少顷，下脂油煎深黄色，酱油、葱姜汁烹（采石江②亦产时鱼。姑熟③风俗配苋菜焖，亦有别味）。

淡煎鲥鱼：切段，用飞盐少许，脂油煎，将熟入酒娘烧干。又，火腿片、脍鱼肚皮。

鲥鱼圆：脸绿鸡圆（凡攒团宜加肉膘及酒膏④易发而松。）鲥鱼中段去刺，入蛋清、豆粉（加作料）刮圆。又，以鸡脯刮绒，入莴苣叶汁（或绿色）蛋清、豆粉（加作料），圆成配笋片、鸡汤脍。

---

① 一与纲值，帖然不动：纲疑为网，帖通粘。意思说，一旦碰到鱼网即粘附在网上，一动也不动。

② 采石江：采石矶附近的长江。采石矶在安徽省长江南岸的无为县。

③ 姑熟：亦称姑孰，即今安徽省当涂县。因城南临姑孰溪而得名。

④ 酒膏：即酒糟，酿酒后遗下的渣滓。此处似指酒酿。

鲥鱼豆腐：鲜时鱼熬出汁拌豆腐，酱蒸熟为付，加作料胘。又，鲥鱼撕碎，烂豆腐。

醉鲥鱼：剖，用布拭干（勿见水）切块，入白酒糟坛，（白酒糖［疑为糟字］须入腊［疑缺月字］做成，每糟十斤，用盐四十斤［疑为四斤］，拌匀装坛封固，俟有时鱼上市，入坛醉之）酒、盐盖面，泥封，临用时蒸之。

糟鲥鱼：切大块，每鱼一斤，用盐三两，腌过用大石压干，又用白酒洗净，入老酒浸四、五日（始终勿见水）再用陈糟拌匀入坛，面上加麻油二杯、烧酒一杯泥封，阅三月可用[①]。

煨三鱼：糟时鱼肚皮（去刺同下），配白鱼肚皮、鲞鱼肚皮，同下鸡汤，加火腿、冬笋俱切小簿皮煨。

鲥鱼胘索面：鱼略腌，拌白酒糟，煮熟切块，配火腿片、鲜汁、索面、姜汁胘。鳇鱼同。

鲥鱼羹

［鲟鱼（正月有，五月止）］

鳇（疑为鲟字）鱼多产皖江[②]，吴人呼为着甲，脆骨最佳（名曰鲟脆；又统曰鲟。鳇鱼鲊伪比以乌鲈鱼。代之不脆）见日则目眩，状亦似鳇但色青碧，背上无甲，鼻长等身[③]，口在颔下，食而不饮，髻骨不脆，味亚于鳇。

胘鲟鱼：切薄片，鲜汤煮熟，配肥肉片、酱油、酒、姜汁胘。

胘冲：取鲟鱼冲（上唇曰冲）去净花刺（方可用）配莴苣干，加作料胘。又，鸡腰、肝胘鲟鱼冲。鲴鱼冲同。

炖鲟鱼：取二、三斤一大块方（疑为方块）（不必切）加酒娘、酱油、茴香、椒盐、蒜炖烂。

---

① 阅三月可用：阅，经历，经过。经过三个月后可以使用。

② 皖江：皖，安徽省的别称。皖江，安徽省境内的长江，亦泛指境内各支流。

③ 鼻长等身：鱼吻部和身体一样的长。

冲浆羹：冲内有浆，取出作羹，加作料、衬菜。

浇（**疑为烧字**）鲟鱼：先取上唇（即冲，去花刺）切大块，油炸黄色，入酱油、酒、姜、蒜、盐少许，另将鱼身切块，俟冲烂下鱼块，焖收汤。

炒鲟鱼：切片配肥肉片、酱油、黄酒、姜米、菜油炒。

拌鲟鱼：大鲟鱼鳃切条，滚水一焯，取起俟干（勿加水）配椒末、醋拌匀即可用，留一月不变味。又，夏日切片，煮熟晾干，配海蜇皮丝（滚水焯）拌酱油、麻油。

冷鲟鱼：切骰子块煮熟（汤不可宽）配冬笋块、酒娘、作料再煮干，少入洋糖，冷供。

鲟鱼鲊：切小块，盐腌半日，拌椒末、红谷、麻油，压以鹅卵石。鳇鱼同。

火腿煨鲟鱼：火腿洗净切方块，同鱼脆骨一起下锅，火候将半，鲟鱼亦切方块下锅，鸡油煮透，加冬笋、香蕈、青笋等味，若淡，入盐少许。鳇鱼同。

鲟鱼脯：将鲟鱼切大方块，下锅滚没多少，黄酒、酱油、茴香，整姜一块，煮到极烂汤将干，用洋糖起锅装大盆。脆骨另煮烂，同鱼两轷（**疑为拼字**）。

鲟鱼冲：煮烂切细丝如海蜇式，拌清蒜丝，蘸虾米油。

［ 鳇鱼（正月有，五月止）］

江、淮、黄河、辽东深水处皆产，罕有小者。无鳞，背有骨甲三行，肉色白，脂黄如蜡，其鳃、鳍、鼻、脊骨皆软脆，称上品。

煨鳇鱼：带脆骨切寸块，配火腿、笋、蒜、甜酱油、酒、姜、鸡汤煨烂。

炒鳇鱼：切片配火腿、鸡皮、笋、香芃、姜汁、酱油、脂油、酒炒。又，炒鳇鱼片，其法切片油爆，加酒，酱油滚十三次，下水在（**疑为再字**）滚，起锅加作料、重瓜姜、葱花。又，将白水煮十数滚，去大骨，取肉切小方，明骨切小方块，鸡汤去沫，先煨明骨八分熟，下酒、酱油、再下鱼肉煨二分。煨烂起锅加葱、椒、韭，重用姜汁一大杯。

鳇鱼鲊：见鲟鱼条。

[斑鱼（七月有，十月止）]

状类河豚而极小，味甘美、柔滑、无骨，几同乳酪，束腰[1]者有毒。

斑鱼最嫩，剥皮去秽，分肝、肉二种，以鸡汤煨之。起锅时，多姜汁、葱杀去腥味。

斑鱼羹：斑鱼治净，留肝洗净，先将肝同水（疑为木字）瓜酒和清水浸半日，鱼肉切丁同煮。煮后取起，复用菜油涌沸（方不腥）临起或用豆腐、冬笋、时菜、姜汁、酒、酱油、豆粉作羹。

脍斑鱼：斑鱼切片，配薄鸡片、作料脍。

炒斑鱼片：切片配馒头屑（先将馒头去皮，晒干揉碎），加酒、酱、姜汁、脂油炒浇头，原鱼汤下面。

脍假斑鱼：鸡蛋（打入碗）用鸡汤，少加团粉，粉团内入墨汁搅匀，隔水炖熟，小铜勺舀一块，舀起如斑鱼肝式，配土步鱼片、作料、鸡汤脍。

脍斑鱼肝：鱼肝切丁，石糕豆腐打小块，另将豆腐、火腿、虾肉、松子、生脂油一并刮绒，入作料、肝丁、豆腐块一同下锅，鸡汤脍，少加芫菜。

炒斑鱼肝：切丁配老毛豆米、脂油、酱油炒。

斑鱼肝饼：肝和豆粉、盐、酒、刮作饼，脂油煎，或作圆烂（疑为焖字）。

烧斑鱼肝：鸡蛋白配烧斑鱼肝。

珍珠鱼：即斑子鱼，取鱼肉焯去腥水，加作料，可炒可脍。

[水族有鳞部]

鱼皆去鳞，惟鲥鱼不去。我道有鳞而鱼形始全，作水族有鳞部。

---

[1] 束腰：腰部特别细。

［ 鳊鱼 ］

形色似鲥鱼，而身较短、腹较宽，味则远逊。特鲥暂而鳊常耳[①]。

谚云："伊洛鲤鲂[②]，美如牛羊"。是其逊美于鲥已较然矣。别有波斯鱼，俗呼火腿（疑为衍字）烧鳊，其色赤，其性善，守业鱼塘者宝之，鲜有取而烹之[③]。

假鲥鱼：鳊鱼活者加酒、酱油、香蕈、笋尖蒸之，玉色为度。一作呆白色，则老而味变矣。并须盖好，不可受锅盖之水气，或用油煎亦佳，用酒不用水，号假鲥鱼。

炖鳊鱼：剖洗置锅镟内，脂油切丁铺面、姜汁、葱条各少许（二物共[疑为供字]时拣去）加酱油、酒，重汤炖。

姜醋拌鳊鱼：将鳊鱼清水蒸熟，拆碎用酱、醋拌，其味如蟹。

烹鳊鱼：先将鳊鱼盐腌半月，油煎黄色，加酱油、酒、醋、葱、姜汁烹。

面煨鳊鱼：剖洗，将脂油片和盐、酒、酱油、姜末入鱼腹内，以面摊饼约厚寸许，裹鱼放热芦柴灰内，再以现烧火灰拥上，饼焦去面用（釜烹他物，芦柴烧过火焰，即趁红取置火盆，置鱼盆上，灶内续烧，又取添入）。

［ 鲫鱼 ］

性属土，喜偎泥内，不食杂物，能补胃，味鲜（活者佳）浊水中者肥、脆，冬月肉丰而多子。

鲫鱼择其身扁而带白色者，其内（疑为肉字）嫩而松，熟后、一提，肉

---

① 特鲥暂而鳊常耳：特别是鲥鱼有很强的季节性，而鳊鱼常年都有。
② 伊洛鲤鲂：伊河和洛河的鲤鱼、鲂鱼。洛河，黄河下游南岸的大支流，在河南省西部，源出华山南麓。伊河是洛河的支流，亦在河南西部，源出伏牛山北麓。
③ 守业鱼塘者宝之，鲜有取而烹之：宝，珍贵。鲜，少。意为以养鱼为业的人特别珍爱火烧鳊很少捕来烹制的。

即卸骨而下，黑脊浑身者，崛强槎枒①断不可用。照扁（疑为鳊字）蒸法最佳，其次煎用亦妙，拆肉下，可以作羹。通州②人能煨之骨、尾俱酥，号酥鱼，利小儿食。然总不如蒸食得真味也。六合龙池出者，愈大愈嫩，亦奇。

蒸鲫鱼：鲫鱼治净，酒洗锅底，用竹筎架起，筎上铺嫩腐皮，腐皮上用碎肉糁平，即鱼肚并面上，俱将肉糁到，加葱、椒、酱油，再用腐皮盖好。蒸熟取起，去腐皮不用。又，治净入酱油、白酒娘和匀将鱼蒸。又，加葱、姜、酱油、脂油丁蒸。

烧鲫鱼：腹填肉丝，油煎深黄色，酱油、酒、姜汁，加河水二碗，豆粉收汤。大鲫鱼治净，不用晒，油炸酥，入青菜心烧。

鲫鱼羹：大鲫鱼滚水炸熟，撕碎去骨，配香蕈、鲜笋各丝，椒盐、酒仍用原汤作羹。又，小鲫鱼取中段肚皮，酒一碗、椒盐、葱花搅匀浸之，将头尾熬汁（捞去渣）鱼肚皮盛笊篱内，入汁一炸提起，候温揠去骨，倾入原汁，加酱油、椒末作羹，菜梗、笋片随意配用。

瓢鲫鱼：取大鲫鱼，瓢莲子肉，加作料蒸熟，入鸡汤脸（疑为胘字）。又，瓢刮绒虾肉加火腿丁胘。又瓢鱼圆，油炸。

荷包鱼：专取肚皮，去骨，包鸡脯圆或虾圆，鲜汁胘。

酥鲫鱼：大鲫鱼十斤洗净，锅内用葱一层，加香油与葱半斤、酒二斤、酱油一斤、姜四大片、盐四两，将鱼逐层铺上，盖锅封口，烧数滚掣去大（疑为火字），点灯一盏，燃着锅脐烧一夜，次日可用。又、剖后不见水，用酱油浸七日，沥净晒干，剪去划水，及麻油熬滚，次第入鱼炸枯，乘熟洒椒末装灌（疑为罐字），半月可开。

千里酥鱼：将活鲫鱼治净拭干晾透，入酱油一日取起，去酱油炸酥，加肉汁烂，连骨用，冬、夏皆可做。又，（疑缺不字）拘何鱼去净，先入大葱后铺锅底，一层鱼铺一层，铺完入清酱少许，香油作汁，淹鱼一招深③，盖紧

---

① 崛强槎枒：指鱼韧性较大，肉粗硬，骨刺长。

② 通州：古州名，有南通州，北通州之分。北通州现为北京市通县，南通州即今南通县。此处系指南通州人。

③ 一招深：即一扠深，指手张开后大拇指到食指的距离。

用高粱杆烧，以锅里不响为度，取起用之，且可久藏。又，中号鲫鱼，每次可煮三斤，不去鳞不去腹，鳃下开一小孔，挑去肠杂，将鱼铺匀锅底，用水三斤，香油、汁油各半斤，椒、茴、葱、姜全用，盖紧不可泄风，初更起慢火煮至四更，冷候起锅，鱼方不碎。十一、二月时可做。

干煨鲫鱼：治净用麻油抹透，荷叶包好，裹湿黄泥，置热炭内围拢糠①火煨熟，最为松脆。

熏鲫鱼：剖后拭干，不见水，酱油一夜，去酱油烹，微凉，酒（疑为洒字）小茴、姜末，燃柏枝熏。

糖鲫鱼：大鲫鱼剖净，腹内填满脂油丁，拌洋糖、麻（疑缺油字），两面炸脆，拆碎去骨，蘸酱油、蒜、醋。

去骨鲫鱼：大鲫鱼煮八分熟，头、尾不动，只取去脊骨及筋刺，加酱油、姜、酒、脂油红烧。

酒制鱼：小雪②前剖大鲫鱼，去鳞、腮、肠、血，勿见水，清酒洗净，用布内外拭净，腹内填红谷、花椒、茴香、干姜诸末各一两，炒盐二两（逐个填满）装瓶泥封。灯节③后开坛，将鱼翻转，再用白酒灌满，仍封固，交四月节即熟，可留一、二年。

封鱼：小雪前剖大鲫鱼，不见水，腌四、五日（小者三、四日），取出晒干，再用篾掌开肚皮，晒及干，脂油切条拌研小茴填满内，棉纸糊缝，悬近烟灶处，次年去鳞蒸用。风鱼略腌晒干，霉点（疑为雨字）后蒸用。

鲫鱼脑：取鱼头煮半熟去腮，切脑上一块连骨，笋片、火腿片、木耳、鲜汤脍。

鲫鱼唇舌：取唇、舌配冬笋、火（疑缺腿字）木耳、酱油、酒作汤。

煎鲫鱼：治净盐腌半日，晾干，多用油、醋、葱、姜干煎。油炸鲫鱼片。

---

① 拢糠：扬州方言，即稻壳。
② 小雪：为二十四节气之一，每年多在公历十一月二十二或二十三日。
③ 灯节：指元宵节。于农历正月十三日上灯，至正月十八日下灯。

[白鱼]

身窄腹扁，巨口细鳞，头尾俱向上，肉里有小软刺，夏至后背浮水面。

蒸白鱼：肉最细，用糟鲥鱼同蒸之，亦佳品也。或冬日微腌，加酒娘醉二日，蒸用最佳。又，白鱼治净，切成段，拭干，入甜酱一日取起，去酱微晒干，甜酱拌蒸，稍冷，茶叶熏之。

熏白鱼：取大白鱼去鳞、肠，腌二、三日挂起略晒，切段蒸熟，置铁栅上，燃柏枝微熏，预和酒、醋、花椒末一碗，用鸡翎不时蘸刷，看皮色香燥，即蘸麻油通身一扶（疑为抹字），取用。

炸白鱼：小白鱼腌半日，晒干先用香油入锅熬滚，另和黄酒、椒末、甜酱一碗，入鱼一拖，逐个放入滚油炸用。

醉白鱼：腹内加花椒，入白酒娘内醉，蒸用。煎可作汤。

脍糟白鱼：香糟糟过切段，配青菜头、盐水、姜汁、鲜汤脍。醉糟之鱼，经月可用，过时味变，用以烂豆腐始可。

脍三鱼：白鱼、楚鱼、鲞鱼脍，蔬菜随加入。

面拖白鱼：将鱼切条，拖椒盐面油炸，作衬菜。

白鱼圆：用白鱼、青鱼活者，破半置砧板上，用刀剖下肉，留刺在板上，将肉刮化，用豆粉、脂油拌，将手搅之，放微微盐水，不用清酱，加葱片、姜汁作圆，放滚水中煮熟，起撩冷水养之，临用入鸡汤、紫菜滚之。又，去刺配松仁、藕粉刮圆，加盐、酒、姜汁、冬笋片、鲜汤脍。又剔肉加冬笋、木耳、蛋清，刮入圆内。又，鱼圆入脂油滚透，味同馒（疑为鳗字）肉。又，鱼肉圆内，加去皮荸荠、松子仁同刮及鱼圆，衬金钩片作汤。

风白鱼：取大者去肠及腮，用布拭净，勿见（疑缺水字），明（疑为用字）脂油条拌椒盐，装入肚内，皮纸封固，细绳扎好，横挂当风处，肚皮朝上，勿令见日，油透纸外，上炉炙，看鱼口吐出油色，即熟透可用。

白鱼汤：切片，用鸡汁氽汤。

［ 青鱼 ］

青鱼亦宜炒，然小而活者，煎用之亦鲜嫩。

烧青鱼：切块配人参豆腐（即油腐条，吴人呼为人参豆腐）加作料烧。又，切胡桃大块，用酱油、酒干烧，可作路菜。

炒青鱼片：治净，披经寸①大片，配冬笋、香蕈、芹菜梗，加作料炒，豆粉收汤。又，炒青鱼丁同。又，荸荠片配鱼片炒。又，取青鱼片酱油郁之，加豆粉、蛋清，起油锅爆炒，用小盘盛起，加葱、椒、瓜姜。鱼极大不过六两（鲦鱼同）。

胯青鱼圆：刮去肉，和豆粉刮绒，馅用火腿丁作圆（疏 ［疑为蔬字］菜头梗）随时配胯。

胯青鱼饼：取肋不取背，去皮骨，每鱼肋一斤，加猪膘四两、鸡蛋十二个（取清、去黄）鱼肉、猪膘少入盐，先各刮八分烂，渐加蛋清刮匀，中间作窝，用水杯许（作二、三下，刀即不粘）加水后宜速刮（缓则饼懈）随将二物并一处刮绒，划方块入锅，水勿太滚（滚即停火）笊篱取起，放凉水盆，鲜汤、作料胯。

青鱼酥：切块略腌凉（疑为晾字）干，麻油熬滚，逐块放下炸，但见飘起即熟，鱼骨皆脆。

青鱼膏：鱼切小块，去骨刺，配腌肉小块同煮极烂，加作料，候冷成膏切块，熟用亦可。

冻青鱼：煮烂去骨，加石花熬冻，切块冷供。石花内加作料。

熏青鱼：切块酱油浸半日，油炸取起，略冷涂麻油，架铁筛上，燃柏枝熏。又，取青鱼治净切块，略腌晾干，油炸。取出沥干水（疑为油字），加脂油、黄酒焖一时，入甜酱一复时，去酱用荔枝壳熏。

青鱼松：切段酱油浸半日，油炸取出，拆碎去骨、皮、细刺，入锅焙炒。火宜慢，手宜急，炒成碎丝，以松、细、白三者俱全为得法，拌椒末、

①经寸：一寸左右。

姜末、瓜丁、松仁。又，用青鱼蒸熟，将鱼拆下，放油锅内炸之黄也，加盐花、葱、椒、瓜姜，冬日封瓶中，可贮一月。

青鱼脯：切块略腌，加酱油、酒、脂油干烹，行远[1]最宜。又，活青鱼去头、尾，切小方块，盐腌透风干入锅油煎，加作料收卤再炒，芝麻滚拌起锅，苏州法也。

酒鱼：小雪前，大鱼切大片，略腌晒，微干装坛，浇入烧酒泥封，次年三、四月开用。

顷刻[2]醉鱼：将腌鱼片洗淡，以洋糖和入烧酒内浸，片时即同糟鱼，蒸用。

醉鱼汤：醉鱼配鲜鱼、鲜汤加作料做汤。又，青鱼切粗丝，放豆粉细捶，鸡汤脍，加茶腿、口蘑丝。

青鱼鲊：切块，每鱼一斤盐一两，腌一宿洗净、晾干，布包石压，加姜丝、橘皮丝、熟麻油各五钱，盐一钱、葱丝五分、酒一大碗、硬饭糁一合和米粉拌匀，入坛泥封，十日可用。又，青鱼鲊切小块，洗净沥干，每鱼一斤，加糯米饭一碗、白酒曲一丸、细面三钱，共研末入鱼拌匀，装木桶，上盖荷叶，用纸糊好，放暖处七日或十日，沥去渣卤，下炒盐五钱、葱姜、麻油拌匀，临用又加麻油、葱、姜。

倒覆鲊：大鱼一斤切薄片，勿见水，用布拭干，夏日用盐一两五钱，冬日用盐一两，腌一时沥干，加橘皮丝、椒、姜、葱末、莳萝拌匀装瓶，撩紧瓶口，内竹签十字，将瓶覆转，俟滴完即熟。

青鱼酱：鱼一斤切碎洗，用盐二两、花椒、茴香、干姜各一钱、红曲五钱、即酒和匀，拌鱼装瓶，封固十日开用，临时加葱花少许。

风青鱼：小雪前腌，悬当风处蒸用。

蒸酱风鱼：取肥者治净、风干，入甜酱十日，取出洗净，加葱、姜、酒娘蒸。

糟炖青鱼：治净略干，和盐椒浸一宿取起，再用白酒娘炖之，去骨刺切片。

---

① 行远：出远门。

② 顷刻：短时间内。

糟生青鱼：切大块，去血不去鳞，勿见水，用稀麻布包好，两面护以陈糟，春二、三月蒸用，不能久贮。

脍青鱼面：治净加笋条，配肥肉丝、酱油、酒、姜脍。

醋搂鱼：用活青鱼，切大块，油爆之，加酱、醋、油蒸之，俟熟即速起锅。此物杭州西湖上五柳居最有名。而今则酱臭而鱼败矣，甚矣宋嫂鱼羹[①]徒存虚名，梦梁录[②]不足信也。

［ 鲚鱼 ］

即鳜鱼，喙细鳞，不可糟亦不可腌。

炒鲚鱼：少骨炒片最佳，炒者以片薄为贵，酱油细郁后，用豆粉、鸡蛋捻之[③]，入滚油锅炒，再加作料炒，用素油。

蒸鲚鱼：治净配火腿片、香蕈、笋片、脂油丁，加酱油、葱、酒蒸。

脍鲚鱼：煮熟剔肉，配笋衣、石膏豆腐，加作料脍。

鲚鱼羹：煮熟剔肉，配蟹粉，加作料作羹（无蟹时以蛋黄代之）。

瓢鲚鱼：切薄片，或洋锅或暖锅倾入滚热鲜汤，俟翻滚时氽入，立刻可用。迟则不嫩，蘸酱油。

鲚鱼汤：披薄片入笋片、火腿片、鸡汁氽汤。

煎鲚鱼：去鳞、肠，拖酒加作料，煎深黄色。

脍鲚鱼丝：火腿丝、鱼丝用鲜汤脍，炒鱼丝配火腿丝同。

烧鲚鱼：切块配蒲包干[④]（切连刀块，不透底，先入水炸过滚）同鱼红汤

---

① 宋嫂鱼羹：明·田汝成《西湖游览志余》记："宋五嫂者，汴酒家妇，善作鱼羹，至是侨寓苏堤。光（赵构）召见之，询旧，凄然，令进鱼羹"。

② 梦梁录：南宋钱塘（今浙江杭州）吴自牧仿《东京梦华录》体例撰著的一本书，记都城临安（今杭州）的时尚风俗、艺文建置、山川地势、市镇物产等情况，多系作者耳闻目睹之事。

③ 酱油……捻之：先在酱油中浸一会儿，然后用豆粉、鸡蛋液拌和，即上浆。

④ 蒲包干：一种质韧、味浓的小豆腐干，扬州十二圩、高邮界首一带制作最佳，因将干子装在极小的蒲包中加工制作，故名蒲包干。

煮，收汤之后，去净鱼骨成碎块，拆块碎蒲包干再加鱼、酒烧。

冻鲚鱼：切块加豆豉、酱油、酒娘煨作冻。

松鼠鱼：取鲚鱼肚皮，去骨，拖蛋黄炸黄，作松鼠式，油、酱油烧。

酥焖鲚鱼：去皮、骨切大块，酱油焖酥。

蒸鲚鱼：治净劈开切片，夹火腿片，酱油、酒、用鸡汤蒸。

拌鲚鱼：鲚鱼切丁油炸，入甜酱瓜丁、酱姜丁、酱油、酒拌。又，鲚鱼整个治净，用鸡汁煮透，蘸生姜、醋，其汁另贮一碗，作浇饭碗汤。鲈鱼、鳊鱼同。

［ 土步鱼（正月有，四月止）］

一名虎头莎，又名春斑鱼。

杭州以土步鱼为上品，而金陵[1]贱之，目为虎头沙，可发一笑。肉最松嫩，煮之、煎之、蒸之俱可，加腌芥作汤、作羹尤鲜。

煮土步：生鱼去皮、骨，配火腿、笋、木耳、入鲜汁，煮、烧、蒸皆可。

脍土步：将土（疑缺步字）煮熟拆碎，去皮骨，加笋、香蕈各丁。酱油、酒、原汁澄清脍，少入豆粉。

脍春鱼：取土步鱼肉，衬火腿片、木耳、笋尖、酱油、酒、豆粉、鲜汁脍。

炒春斑：去皮、骨加酱油、酒、笋片、脂油炒。

春斑汤：鸡汁、冬笋片、木耳、火腿氽汤。

［ 连鱼（十月有，次年六月止）］

喜同类相连而行，故名连鱼。

大连鱼：煎熟，加豆腐、酱水、葱、酒滚之，俟汤色半红起锅，鱼头味

---

① 金陵：古邑名，战国楚威王七年（公元前三百三十三年）灭越后置，在今江苏省南京市清凉山。故亦称南京为金陵。

尤美，此杭州菜也。

连鱼汤：切片配火腿、鲜笋、香蕈、木耳、酱油、葱、姜米、鲜汁作汤。

脍连鱼：切块配火腿片、酱油、酒、葱姜汁、鲜汤脍。

煎连鱼：整个治净略腌，脂油、葱、姜、酱油、酒、醋煎。

冻连鱼：煎透去骨，加作料、石花熬冻，成冻切块用。胖头鱼同。

米粉连鱼：切块用米粉、脂油、椒盐拌蒸，氜（疑为气字）底衬腐皮。

醉连鱼：切块拖白酒娘装坛，多加烧酒，醉一月可用。糟鱼同。

酱连鱼：切块，煮熟装袋，入甜酱三日，取出蒸用。

风连鱼：剖开，盐腌一日，悬当风处，制如鲤鱼式。

连鱼拖腴：取肥大者，配笋片、香蕈、酱油、酒、葱、姜、鲜汤滚透。又，连鱼拖腴，可醉、可烧、可脍，肥不腻口。

煨三连：连鱼尾、青鱼尾、白鱼尾、半熟取起，出骨刺，入在汤，加笋片、酒娘、葱、椒、姜二块煨，蘸酱油。

烧连鱼头：肥大连鱼，煮熟去骨刺，配脂丁、香蕈、笋片、酒、葱、椒、酱油、醋红烧。又去骨加酱油、酒、姜汁、葱汁、鲜汤干烧，少入豆粉收汤。

蒸连鱼：取极大者，炸去腥水，煮半熟去骨，鱼肚填火腿、青笋、香蕈、脂油丁、酱油、葱、姜、酒娘蒸。

炒连鱼：煮熟去骨，配木耳、酱油、酒、姜汁、葱花、脂油炒。

烧连舌：取连鱼舌，配笋衣、肉卤、椒、盐、葱、酒烧。

连鱼酱：取一切鱼，披破缕切之，去骨，用盍熟酒、黄橘皮、姜片和匀，纳瓮泥封晒熟，临用酒解之。

［ 胖头鱼（十月月［疑为有字］，次年六月止）］

似连而黑，头最大，身尾削。大头鱼有至数十斤者，

干煎胖鱼：腌透，重用脂油、葱、姜、醋煎。

烧胖头鱼：去骨入鲜汤，和酱油、酒、姜、葱红烧。

胖头皮：取胖头头上皮，加作料作羹。

胖头脑：脑白如腐，加作料，配石羔（疑为膏字）豆腐煎。

冻胖头：煮熟去骨，加熬就石花作冻。

[鲩鱼]

一呼青鲩，因其色青也。一呼草鱼，因其食草也。有青、白二种，白者味佳，以西湖林坪畜者为最。

制鲩鱼法：与青鱼同，尤以（疑为宜字）作鱼松。

家常煎鱼：须要耐性。将鳞、血洗净，切块盐腌，压扁入油中两面煿黄[1]，加酒、酱油，文火慢慢滚之，然后从收汤作卤，使（疑为便字）使作料、滋味全入鱼中。

醋搂鲩鱼：取活鱼去鳞、肠，切块略腌，多加醋、油、酱烹，味鲜而肉松。

鱼松：用鲩鱼治净，蒸熟去骨，下肉汤煮。取起入酒、微醋、清酱、八角末、姜汁、洋糖、麻油少许和匀，下锅炒干，取起磁罐收贮。

瓠子煨鲩鱼：将鲩切片先炒，加瓠子同酱汁煨。王瓜亦然。

醒酒汤：不拘何鱼，多加酒、醋作汤，用之醒酒。

[鲈鱼]

松江者四腮、巨口、细鳞。

蒸鲈鱼：将鱼去鳞、肚、腮、用酱油、火腿片、笋片、香蕈、酒、葱、姜清蒸。

鲈鱼汤：鲈鱼切片，鸡汤、火腿、笋片、酱油作汤，少入葱、姜。

拌鲈鱼：熟鱼切丝，加芦笋、木耳、笋丝、酱油、麻油、醋拌。

花篮鲈鱼：全鱼治净，将肉厚处剖缝，嵌火腿片，加香蕈丝、笋丝、酱油，须烧成脍。

---

[1] 煿黄：煿，疑为煿，烧的意思。

［ 乌鲤鱼 ］

首有七星，夜朝北斗故名。

烧乌鲤鱼：去皮及头、尾，切成麻酥块，油炸，名曰松鼠鱼；划碎块，名曰荔枝鱼。又，切丁、块或片，油炸烧，去皮、骨切丝，肉丝、香蕈炒。

醋搂乌鱼：去皮、骨，快刀披片，拌豆粉使肉不散，多用脂油及熟（疑为热字）锅炒，入醋烹，临起加酱油、姜汁、笋片、香芹、蒜丝、葱花、盐。

鲤鱼卷：将鱼披薄片，卷火腿条、笋条、木耳丝作筒，用芫荽扎腰。又，鱼卷衬芽笋片炒。

［ 水族无鳞部 ］

梁氏有言，凡鱼皆坎象①也，然水族之有鳞者，则通于离②惟无鳞之鱼乃真坎象。于以知物性阴阳，有交互而成者，亦有专属一气者③，作水族无鳞部。

［ 鳗鱼 ］

此鱼有雄无雌，以影附体，其子即附鳢髻而生，故名。海鳗肉硬而多刺。河鳗嫩而肥，无刺。

海鳗：鳗鱼最忌出骨，因此物腥，性本无，腥重不可过于罢（疑为摆字）布，失其天真④，犹鳞鱼之不可去鳞也。清煨者以河鳗一条，洗去涎滑，切寸为段，入磁罐，用酒水煨之。一烂下酱油，临起时加新腌芥菜作汤，重葱、姜之类以杀其腥，或用豆粉、山药干煨亦妙，或不加作料，置盆中用纯酒蒸之，蘸酱食尤佳。

---

① 坎象：坎，八卦之一，象征水。坎象即水的象征。

② 通于离：离，八卦之一，象征火。通于离即通于火。

③ 于以知物性阴阳，有交互而成者，亦有专属一气者：意思是说，有的是雌雄交配繁衍后代。有的自身繁衍后代。

④ 性本无，腥重不可过于摆布，失其天真：海鳗无雌雄，腥味重不要过分加工，以免失掉本味。此说不确。

红煨鳗：鳗鱼用酒、水煨烂，加甜酱代酱油，入锅收汤煨干，加茴香、大料起锅。有三病宜戒者：一皮有绉纹，皮便不酥。一肉散碗中，箸夹不起。一早下盘盐[①]入口不化。大抵红煨者汤得汤（疑得汤二字重复）干，使卤味收鳗鱼内（疑为肉字）中为妙。

煨鳗鱼：生鳗先用稻草灰勒涎。剖洗切段（约二寸）香油炸过，黄酒、花椒煨半熟，再多加香油、大蒜瓣、盐，临起豆粉收汤。

鳗鱼粉：煮熟去骨、晒干，磨细粉贮用。

鳗粉豆腐：鳗鱼磨粉，入豆腐浆，做成豆腐，再脍。

烧鳗鱼：切段配蒜瓣、作料红烧。

炖鳗：鳗切寸段，淡水炖，将熟加酒、酱油、笋片、木耳、姜汁。

[鳝鱼]

鳝腹黄坟（疑为纹字），世称黄鳝。生水岸泥窟中，夏出冬蛰，又名护子鱼。死则拱其腹。黑而大者有毒，畜（疑为蓄字）水缸内，夜以灯照项下，有白点者急以叶之。煮鳝，桑柴火。

脍鳝鱼：取活鱼入钵，罩以蓝布袱，滚水烫后洗净白漠，竹刀勒开去血，每条切二寸长，晾筛内，其汤澄去渣，肉用香油炒脆，再入脂油复炒，加酱油、酒、豆粉或燕菜脍。软鳝鱼取香油煮或油炒，用豆粉下锅即起，下烫鳝汤澄清，加作料、脂油滚，味颇鲜。

焖鳝鱼丝：熟鳝鱼切丝，笋、酱油、酒、豆粉焖。

烧鳝鱼：鳝鱼勒细长条油炸，切五寸段，加糯米小汤圆、火腿丁、豆粉烧。又，炸鳝鱼丁，配蛋白、笋丁烧。

鳝鱼羹：鳝鱼煮半熟，划丝去骨，加酒、酱油煨之，微用豆粉，用真金菜[②]、冬瓜、长葱为羹。

---

① 盘盐：即指盐。

② 真金菜：即金针菜。系黄花菜花朵经烘焙或晒干后制成的。

炒鳝鱼：拆鳝丝炒之，如炒肉、炒鸡之法。

段鳝：切鳝以寸为段，照煨鳗之法，以冬瓜、鲜笋、香芃作配。

[面条鱼（八月有，次年二月止）]

煨面条鱼：配火腿条煨。又，加切丝作料煨。又，切段配猪蹄或鸭煨。又，切段配青菜煨。

煎面条鱼：洗净加酱油、酒、醋、姜汁、葱、脂油煎。

炒面条鱼：切丝，配徽干丝，脂油炒。

烧面条鱼：洗净晒干，用白酒拖豆粉，油、酒、盐、脂油炒过，配火腿丝、鸡丝烧。

炸面条鱼：去头、尾拖面油炸。又，去骨拖豆粉和盐、酒，油炸。又，醋熘油炸面条鱼。

脍面条鱼：去头、尾配冬笋、鸡丝、鲜汤脍。

醉面条鱼：滚水略炸，去骨，用白酒娘、炒盐、葱花醉。

[糊鱼（四月有，五月止。出绍兴，
乃针头细鱼也）]

脍糊鱼：配鲜笋、火腿、蘑菇、鸡汤脍。

炒糊鱼：拣净水漂，用脂油炒。

拌糊鱼：炸熟拌姜、醋。取糊鱼汁入各种菜。

[银鱼（十二月有，次年三月止）]

银鱼起水时名冰鲜，加鸡、火腿煨之，或炒用，甚嫩，干者泡软，用酱油炒亦可。

炖银鱼：鲜者去头、尾，加作料、脂油炖。

入水银鱼：配火腿片、姜汁、酱油、盐、醋，入鲜汤水。

银鱼汤：鲜者配冬笋丝，加作料作汤。

脍银鱼：先用油炸，加段葱、姜丝、豆粉、盐、醋脍。又冬笋丝脍银鱼，可汤可炒。

炒银鱼：配燕菜加作料炒数拨即起。又，蛋清调匀，少配笋丝，重用脂油炒，临起洒葱花。又，银鱼炒蛋。

煎银鱼：油煎成饼，蘸姜、醋、酱油。

炸银鱼：用面加盐少许，和匀拖鱼油炸，蘸酱油、醋。

拌银鱼：鲜者白煮，加姜、醋拌。又，取银鱼汁入各种菜，又鲜。

煨银鱼：干者洗去灰，温水泡食顷，去头、尾，配肥肉条或萝卜条，肉汁煨许久加酒、酱油、花椒末。又，芋丝炒银鱼干。

[河豚鱼（二月有，四月止）]

一名吹肚鱼，背有赤道如印，春时最美，鱼白名西施乳，与鸭蛋用（疑为同字）食即不杀人[①]，鱼血并子须去尽。

煮河豚　　烧河豚　　河豚面

[杂鱼]

黄鳠鱼：煮熟剔下肉，原汁下面。

瓶儿鱼：产近海地方，形似瓶，安三戟，配火腿片、鸡、笋丝、蒜丝、姜汁作汤，炒亦可，脍亦可。

鲇鱼：重汤蒸熟，蘸酱，烧亦可。

骂婆鱼：治净，去头、尾略腌，油炸，烘干作鱼腊。

---

① 与鸭蛋同食即不杀人：此说不确。食用河豚务须去尽腮、肠，洗净血方可，须由专职人员加工。

［ 水鸡（四月有，九月止）］

烹水鸡：取莲子腿①油炸，酱油、甜酒、瓜姜、葱烹，或拆肉炒之。味与鸡相似。

脍水鸡：水鸡洗净，河水煮熟，加火腿片、酱油、酒、姜汁少许脍。

炙水鸡：取二腿入酱油、酒、花椒末浸半日，锅内烤，入前汁再烤，黄色得味，随时下酒。

炒水鸡：取腿豆捺碎，加酱油、酒、姜汁、蒜片或整蒜瓣入热锅，脂油曝炒。

水鸡腊：肥水鸡取二腿，椒盐、酒、酱浸半日，文火炙干，再蘸再炙，汁尽抹脂油再炙，熟透发松，烘干装瓶，可以久贮。

脍水鸡肝：取肝加鲜汤、笋片、火腿、酱油、酒、姜汁脍。

熏水鸡：全只去肚、脏，酱油、酒煮，柏枝熏。

煨水鸡：水鸡、莲子腿和湘莲去皮、心煨。

水鸡圆：水鸡肉与肝、油入火腿汁、蒜、酒、蛋清、炒盐刮圆。

炒水鸡肝油：水鸡肝、油入热锅爆炒，加姜蒜丁、酒、盐、豆粉。

烧水鸡丁：水鸡切丁，加葱花、蒜丁、盐、酒烧。水鸡油同蒜瓣、酱油、脂油、酒、葱花、姜汁烧。

烤水鸡：热锅烤黄，入酒、姜米、酱油、醋、葱花。不用油。

［ 蟹（七月瘦，深秋膏满，见露即死）］

蟹以兴化、高、宝、邵湖产者为上②，淮蟹脚多毛，味腥。藏活蟹用大缸一只，底铺田泥纳蟹，上搭竹架，悬以糯谷稻草。谷头垂下，令其仰食。上

---

① 莲子腿：指青蛙后腿，因其肌肉丰满，形似莲藕，故名。
② 蟹以兴化、高、宝、邵湖产者为上：螃蟹以兴化、高邮、宝应、邵伯等地湖里出产的为最好，兴化、高邮、宝应均为扬州市所属的县，邵伯为江都县一个镇，这些地方河流纵横，湖泊相连，水产资源丰富。兴化中堡醉蟹，至今仍为上品。

覆以盖，不透风不见露，虽久不瘦，如法装坛可以携远。食蟹手腥，用蟹须或酒洗即解，菊花叶次之，沙糖、豆腐又次之。蟹能消食、治胃气，理经络。未经霜者有毒，与柿同食患霍乱^①，服大黄、紫苏、冬瓜汁可解。但蟹性寒，胃弱者不宜多食，故食蟹必多佐以姜、醋。蟹以独食，不宜搭配他物，最好以淡盐汤煮熟，自剥自食为妙。蒸者味难全，而先之太淡^②。

剥壳蒸蟹：熟蟹剥壳，取肉取黄，仍置壳中，放五六只在生鸡蛋上蒸之，上桌时宛然一蟹，惟去爪脚，比沙蟹肉觉有鲜新也。

壮蟹：活蟹洗过，悬空处半日，用大盆将蛋清打匀，放蟹入盆，任其食饱即蒸。又雄蟹扎定爪、剃去毛，以甜酒和蜜饮之，凝结如膏。

蒸蟹：拣壮蟹勿经水，将脐揭开入盐，以甜酒浸一刻，上笼蒸。又，用小蒸笼按人数蒸蟹几只，俟熟去爪尖，蘸粉盐^③、醋最得味。蟹火煮则减味，如无蒸笼，用稻草捶软衬锅底，与草筘平，置蟹上蒸之。

壳汁羹：蟹壳熬汁，加姜末、椒末、豆粉、菠菜，亦可作羹。虾壳同。

煮蟹：蟹洗净，用生姜、紫苏、橘皮、盐同煮，水略滚便翻转，大滚即起，蘸用橙橘丝、姜粉、老醋。

炖蟹：蒸熟剔肉炖。又，取熟团脐兜内黄配菜胘。

蟹羹：剥蟹为羹，即用原汤煨之，独用为妙，不必加鸭舌、鲜翅、海参等物。

炖蟹羹：剔去蟹肉，加碎研芝麻，鸡汤炖，鱼翅盖面。

胘：生蟹去熬（疑为螯字）足，切寸许长、一指宽块，生蜜饯半日^④，加葱、蒜、椒、酒、鸡汤胘。蟹羹入火腿臕丁与蟹油无异。

余蟹：生蟹膏瘦（疑为衍字）蒸熟入糟，姜片、鸡汤余。又，剔配，蘸雄蟹兜内油配菜。

酒炖蟹：蟹洗净，带壳切两段，熬（疑为螯字）亦劈开，入葱椒、盐、

---

① 与柿同食患霍乱：此说不确。但蟹与柿均属凉性，肠胃消化力弱者或食后受凉者易腹泻。

② 而先之太淡：指蒸食太淡，盐不入味。

③ 粉盐：极细之盐。

④ 生蜜饯半日：用蜂蜜浸泡半天。

酒、姜少许，用砂、锡器，重汤炖，不用醋。

酒煮钳肉、熟肉：取出钳肉，白酒、盐、姜煮。

蟹炖蛋：蟹肉和蛋先炖半碗，略熟再加半[1]重炖，肉不至沉底。

燕窝蟹：团脐剔肉，配燕窝、芥辣拌，或用糟油脍。

蟹肉干：剔肉晒干存贮，用时水泡软脍，少加芫荽。又，蟹肉脍石膏豆腐，多加鲜汁。

蟹圆：蟹肉和姜末、蛋清作圆，鸡汤脍，配石耳。生蟹取黄同鸡油捣划，略加蛋清作圆。

二色蟹肉圆：生蟹将股肉剔出，加蛋清、豆粉、姜汁、盐、酒、醋刮绒作圆。又，将蟹肉剔出，加蛋黄、藕粉、姜汁、盐、酒醋刮绒作圆，入鸡汤、笋片、蘑菇、芫荽脍。

炒蟹肉：以现剥现炒之蟹为佳，过两个时辰则肉干而味失。

蟹炒鱼翅：鱼翅撕块，加酱油、酒、葱汁同蟹肉炒。

蟹肉面：不论切面、索面同蟹肉、油炒。又，加火腿丁炒蟹肉。炒细肉丝。脊筋炒蟹肉。又，青菜心炒蟹肉。又，栗菌炒蟹肉。

拌蟹酥：蟹股肉脂油炸酥，研碎，入姜、葱、椒盐同刮，拌酒、醋。

拌蟹肉：煮熟剔肉拌瓜丁、酱油、盐冷用。炒蟹肉同豆豉炒蟹肉。

蟹烧南瓜：老南瓜去皮、瓤，切块同蟹肉煨烂，入姜、酱、葱再烧。蟹肉瓤冬瓜同。

蟹鱼脍：熟鲟鱼撕碎，脍蟹肉。

蟹膏：小蟹捣烂如糊。用布将蟹糊拧入滚汤，成膏切块，或拧入鲜汤、作料脍。小虾同。

鲜蟹鲊：带壳刮骰子块，略拌盐，将白酒娘、茴香末滚透冲入，冷定加麻油、椒末，半日可用。又，生蟹刮碎，用炖麻油、茴香、花椒、生姜、胡椒诸细末、葱、盐、醋入碎蟹拌匀。即时可用。

馓子炒蟹肉：脆馓子拍碎同蟹肉炒，加酒、盐、姜汁、葱花。

---

① 加半：将剩下的半碗加满。

蟹粉：熟蟹去黄，取肉烘干，磨作细粉存贮，勿令透风，调和各菜甚鲜。

蟹松：熟蟹取黄，油爆，拌姜米、黄酒、醋。

蟹蛋：面加瓜仁、海粉。

蟹豆腐：面加燕窝屑。

［ 醉蟹 ］

凡蟹生烹、盐藏、糟收、酒泡、酱油浸皆为佳品。但久留易沙，遇椒易胆[1]，将皂荚[2]或蒜及韶粉可免沙、胆，得白芷[3]则黄不散，或先将蟹脐揭起，入蒜泥、甜酱然后装坛，无论雌、雄相杂，酒、酱相犯俱不忌。一说欲要蟹不沙，其论有三：一雌不犯雄，雄不犯雌；一酒不犯酱，酱不犯酒；一十全老蟹不伤损，无死蟹、无嫩蟹，宜仰放，忌火照，不沙。又，入坛之时无论日夜，点灯照之，以后便不忌火。

醉蟹：取团脐蟹十斤，先以水泡一时取起，入大箩内盖好过夜，令其白沫尽吐，入坛再待半日，用水十斤，盐五斤搅匀灌入坛，加花椒一两，两三日倾出盐卤，澄清去脚，滚过后冷的灌入坛封好，七日可用。又，醋一斤，酒二斤，另用磁器醉之，一周时可用。又，甜酒与清酱配合，酒七分、清酱三分先入坛，次取活蟹，将脐揭起，用竹箸于脐蠹一孔。填盐少许，入坛封固，三、五日可用。又，蟹脐内入花椒盐一撮，每团脐百只，用白酒娘二斤，烧酒二斤，黄酒三斤，酱油一斤，封口十日可用。又，寻常醉蟹用盐少许，入脐仰纳坛内，白酒娘浇下与蟹平，少加盐粒，每日将坛侧靠转动一次，半月后熟，用酒不用酱油。又，止加酱油，临用一、二日量入烧酒。

---

① 久留易沙，遇椒易胆：时间放久了容易变质，和辣椒同煮亦易发黏。沙，指瓜果由脆嫩开始变软，食之绵面。亦指食物发酵发松，开始腐败。胆（音 zhí 职），本指长一尺二寸的脯，亦指食物开始发黏。

② 皂荚：一种豆类落叶乔木，荚果含皂质，洗涤衣服，不损光泽。亦可入药，有利窍通气之功。

③ 白芷：一种以根入药的植物，有兴安白芷、杭白芷、川白芷等品种，有祛风散寒之功。因其味辛，亦可作调料。

又，入炒盐、椒，黄酒，临用另加烧酒，可以久远。又云，临用加烧酒，其卤可浸、腌淮虾。

（凡蟹醉时，洗净装入坛，蒲包放暗处，沥两日夜。吐尽沫取出，每与脐片上掐损一处，入花椒盐少许，再投白酒浆内醉之。）

糟蟹：团脐肥蟹十斤洗净候干，用麻皮丝扎住脚，椒末、大小茴香各一两、甘草、陈皮末各五钱，炒盐半斤，一半放入糟内，一半放入脐内，一层蟹一层糟，蟹仰纳糟上①，灌白酒娘浸后，炒盐封口，宜霜降后糟。又，每蟹十斤，洗净候干放瓶内，用白酒娘一斤，炒盐二两，浸没蟹十日可用。又，"三十团脐不用尖。老糟斤半半斤盐、好醋半斤斤半酒，八朝直吃到明年②"。又，蟹脐内入糟少许，坛底先铺糟一层，上捺蟹一层，装满包口，如大尖脐，十口内亦可糟，坛内面加皂角一段便可留久，若现食不必加，蟹脚必用麻丝扎住。

酱蟹：老圆脐蟹洗净，麻丝扎住脚，盐略腌，手捞酱涂蟹，挑装入瓶封固，两月后开看，视脐壳易剥即可用。如剥之难开，则仍入瓶，此法可至次年二、三月，食时用酒洗酱，酱仍可用。又，香油熬熟入酱，以之酱蟹可以久留。腌、糟、醉蟹三种，泡洗蒸熟，蘸姜、醋与鲜蟹同味。醉蟹用火炙干用更得味。醉蟹切碎，或块或捣烂，拧汁炖豆腐。

脍醉蟹：醉蟹蒸熟，剔肉脍。

醉蟹炖鸽蛋：醉蟹黄刮绒，入鸽蛋、鸡汤少许搅匀，隔水熬熟，有鸡汤少许，炖出不老。

醉蟹炖蛋：醉蟹切小块，并敲碎脚，炖鸡、鸭蛋。

炖醉蟹黄：醉蟹剔出黄，隔水炖。

醉熟蟹：熟蟹入白酒娘醉，加花椒、酱油可以久存。

糟熟蟹：团脐煮熟，布包入陈糟坛。

腌淮蟹：淮蟹用黄酒脚泡去盐水味即淡。又，淮蟹兜内黄取出蘸用。

风蟹：拣肥大团脐蟹，麻丝扎脚，悬当风处，用时味如鲜蟹。

---

① 仰纳糟上：脐朝上放在糟上。
② 八朝直吃到明年：按法糟制后，第九天即可食用，直到次年仍不变质。

醉蟛蜞^①：法与醉蟹同。

醉蟹煨蹄：猪蹄一对，用大醉蟹二只，将壳打碎同煨（味厚汤鲜）。

虾（附虾米虾子）

笋为素食要物，虾为荤食要物，以焯虾之汤和诸物，则物之（**物之疑为诸物**）皆鲜，犹笋汤之利于蔬菜也，故为必不可少之物。

炖虾肉：鲜虾肉加盐、酒、葱、脂油，隔水炖。

脍三鲜：虾仁、松菌、笋丁，入鸡汤脍。

虾饼：挤去肉，刮绒配松仁、瓜丁、火腿丁、酱油、豆粉和成饼，先炸后脍。又，生虾肉、葱、盐、花椒、酱油、甜酱、酒脚少许，加水和面，香油炸透。

虾圆：照鱼圆法鸡汤煨之，大概捶虾时不宜过细，失真味，鱼圆亦然。

脍虾圆：去壳刮绒，加火腿丁作圆，鸡汤脍。

炸虾圆：制如圆眼大，油炸作衬菜。

烹虾圆：大虾刮圆，脂油炸酥，加作料烹。

炸小虾圆：小虾圆脂油炸，拌盐、椒（拼青菜尖，小食宜用）。

虾圆羹：配班子鱼作羹。又，做成虾圆煮熟，复改骰子块，衬海参丁、鸡块作羹。

醉虾圆：醉虾取肉作圆脍。煮熟虾入白酒娘醉。

烧瓢虾圆：黄雀（或醉黄雀）刮碎，裹入虾圆作馅脍。

烧瓢虾绒：腌菜叶先用水泡透，将虾绒裹入，加作料烧。

包虾：虾刮圆，取鲫鱼肚皮包好，外用芫荽扎紧，先煎后脍。

虾卷：生虾去头壳，留小尾，小刀披薄，自头自（**疑为至字**）尾，内连不断，以葱、椒盐、酒、水腌之。其头、壳研碎，熬汁去渣，于汁内氽虾肉，入笋片、糟姜片，少加酒。

炸虾段：嫩腐皮包虾绒、火腿绒、猪膘作长卷，切段油炸，半边配红萝卜丝或芫荽丝。

---

① 蟛蜞：亦称螃蜞、相手蟹，红色，螯足无毛，步足有毛，穴居于海边或江河口泥岸上。

虾仁瓢面筋：烧煮同。火腿片配虾仁。毛豆烧虾仁。笋丁烧虾仁。天目笋片穿虾仁作衬菜，拌用亦可。

烧虾仁：大虾麻油炸酥，加盐、醋、酒、椒烧。

拌虾仁：煮熟切碎，配黄瓜丝、麻油、姜汁拌。

虾仁脍腐皮：作汤入笋片、火腿丁。

虾仁粉皮汤：留虾壳熬汤去渣，入虾仁、粉皮作汤。

炒虾仁：茭白丁、脂油、盐、酒、葱花炒。酸齑菜炒虾仁。火腿小片炒虾仁。

炙虾仁：拣大虾仁，先入酱油、酒、椒末一浸，再用熟脂油一沸，上大铁丝网，炭上炙酥。

拌虾酥：虾肉用麻油炸酥，研碎加葱、椒、炒盐拌。

虾松：烤熟晒干，去衣，油炸撕碎，加松仁。

酒烤虾：用酱油、盐、酒将虾醉过，入锅烤。

面拖虾：带壳拖面油炸，面内入葱、椒盐。

晒虾干：将虾连壳入锅，洒盐烤熟，浇井水淋之，去盐晒干，色红不变。又，虾用滚水炸过，不用盐。晒干味亦甘美。

酒腌虾：拣大者沥干水，去须、尾，每斤用盐五钱，腌半日，沥去卤，拌椒末装瓶，每斤复加盐二两，烧酒封固，春秋停五、七日，冬夏十日方好。

醉虾：鲜虾拣净入瓶，拌椒、姜末，浇黄酒，临用加酱油。白虾同（虾出如皋县[①]）酱蟹配醉虾。

糟虾：洗净晒干，用白酒娘加整粒花椒。

卤虾：有一种小虾名饭虾，略腌蒸熟，姜、醋拌。

炒虾：炒虾照炒鱼法。可用韭菜配或冬腌芥菜。不可用蒜。有捶扁其尾单炒者。

虾羹：鲜虾取肉切成薄片，加鸡蛋、豆粉、香橼丝、香菇丝、瓜子仁和菜油、酒调匀。将虾之头、尾、足、壳用宽水煮数滚，去渣澄清。再入脂油用蒜

---

① 如皋县：江苏省东部，长江北边的一个县，特产火腿，谓之"北腿"。

滚，去蒜，清汤倾和油内煮滚，将下和匀之虾仁等料再煮滚取起，不可大熟。

虾糜：鲜虾剥肉捣烂，配群菜脍。

虾酱：细虾一斗，饭三升为糁，盐一升、水五升和匀，日中晒之，经夏不败。

夏时虾头红肉一块剥去，可脍可炒，虾仁穿冬笋片作衬菜。鲜虾留尾、壳，将肉捺扁作衬菜。虾仁去头、尾，切豆大加笋丁、火腿丁、豆粉脍，可作羹。虾仁、虾米加麻油、酱油，用萝卜丝略腌拌。

[虾米]

松虾米：虾米拣净，用温水泡，加酱油、盐少许拌湿，上笼蒸透，略入姜汁、醋，其肉甚松。

虾米粉：虾米不拘大、小，凡色白明透者味鲜，红者多腥，烘燥、研末收贮，烹庖各菜入少许，味即不同。鲜虾晒干作粉同。

虾米煨面筋：加脂油、笋丁煨。虾米炒软面筋。虾米脍豆腐。

拌虾米：热洒泡透，青蒜斜切小片，加酱油、麻油、醋拌。又，配莴苣拌。又，配茼蒿、茭白丝，少入水炸拌。

[（附）金钩]

金钩羹：热水发透批片，配冬笋片、蘑菇、菜头、豆粉作羹，又配闭瓮芥菜作羹同。

煨金钩：对开，配猪肉片煨。

拌金钩：发透切丝，配笋干丝、酱油、麻油、醋拌。

[（附）虾油]

制虾油：蟛蜞卤聚晒，加鳓鲞卤、煮熟虾汤、松萝、茶叶即成虾油。入白酒娘更得味。

［（附）虾子］

干虾子：扬州干虾子熬汤下面，并各种馔料，鲜羹（疑为美字）异常。煨肉更可。又，虾子鱼出苏州，小鱼生而有子。生时烹用之，软（疑为味字）美于鲞。

虾子鲚鱼：小鲚鱼蒸熟，糁虾子。鳜鱼切段糁虾子。腐皮捣虾子，为之晒干成块，亦苏州物。

虾皮：筛去细末，拌麻油、醋。虾皮末装袋，入各汤用颇鲜。

虾熬酱油：虾子数斤，同酱油熬之起锅，用布滤去酱油，仍将布包虾子同放灌（疑为罐字）中盛油。

［甲鱼（正月有，六、七月肥）］

即鳖也，俗名团鱼，一名神守。凡鱼满三千六百，则蛟引之飞去，纳鳖守之则免，故名神守①。无耳，以目听，雌多雄少，大如马蹄者佳，腹赤者有毒。忌用黄酒。以烂橄榄研细，熬之甚香。

生炒甲鱼：生甲鱼去骨，用麻油爆炒之，加酱油一杯、鸡汁一杯。又，取甲鱼裙切丝，麻油爆炒用。

酱炒甲鱼：甲鱼煮半熟去骨，起油锅爆炒，加酱、水、葱、椒收汤成卤，然后收锅，此杭州法也。

带骨甲鱼：鳖一个，取半斤重者，切四块，加脂油二两，起油锅煎二面黄，加水、酱油、酒煨，先武火后文火，至八分熟加蒜，起锅用葱、姜、糖。凡食甲鱼，宜小不宜大，俗称童子甲鱼方嫩。

金壳甲鱼：将甲鱼治净去首、尾，取肉及裙加作料煨，仍以原壳覆之，

---

① 故名神守：此说不确。

每宴客，一客之前，以小盘献一甲鱼，见者悚然，犹虑其动。

清盐甲鱼：切块起油锅爆透，甲鱼一斤，用酒四两，大茴香三钱煨，加盐一钱半，煨至半好下脂油四两，切小豆块再煨，加蒜头、笋尖，起时用葱、椒，或用酱油则不可用盐，此苏州唐静涵家制法。

汤煨甲鱼：将甲鱼白煮，去骨拆碎，用鸡汤、酱油、酒煨汤二碗，收至一碗，起锅用葱、椒、姜糁之，微用芡汤才腻。

白汤甲鱼：甲鱼煨熟，拆碎配火腿、鸡脯、笋片、木耳、酱油（疑为衍字）、酒、葱、姜、鲜汁、白汤煨。

红汤甲鱼：生甲鱼整个，入鸡冠油、葱、酱、大蒜、酒，不加衬菜，红汤煨。

苏（疑为酥字）煨甲鱼：将甲鱼治净，下凉水泡，再下滚水烫洗，切四块用肉汤并生精肉、姜、蒜同炖熟烂，将肉取起，只留甲鱼，再下椒末，其蒜当多，下姜次之，临用均拣去。

鸡炖甲鱼：大甲鱼一个，取大嫩肥鸡一只，各如法宰洗，用大磁盆铺大葱一层并蒜、大料、花椒、姜，将鱼、鸡放下，盖以葱，用甜酒、清酱、腌蜜（疑为掩密）隔汤炖一炷（疑缺香字）熟烂香美。

煮甲鱼：肉汤配肥鸡块、冬笋、木耳、作料炙（疑为煮字）整个。

煨甲鱼：煮熟拆碎，配鸡块（亦去骨）冬笋、木耳再煨。又，取雄者配火腿、木耳、香芃、蒜头清煨。

清蒸甲鱼：配火腿、笋、蒜、木耳，磁盘清蒸。

烧甲鱼：治净略煮再洗，仍入原汤，配肥肉片、白酒、花椒、葱、酱、姜汁同红烧。

五香甲鱼：大、小茴香、丁香、桂皮、花椒为五香，加酱油、葱、姜、酒、醋烧。

假甲鱼：将海参、猪肉、鲜笋俱切薄片，用鸡油、酱油、酒红烧，加栗肉作甲鱼蛋，衬油炸猪肚块。又，将青螺磨粉和豆粉做片如甲鱼裙边式。又，鸡腿肉拆下同鸡肝片、苋菜烧，俨然苋菜烧甲鱼也。

第六卷　衬菜部

燕窝衬菜：油炸鸡豆　　鱼豆　　窝炸　　鱼膘衬天花　　荷包鱼

去骨鸭整炖去足撕碎，包鸭皮。肥鸭切骨排片（去管）。鸡腰子。鸭撕碎，名为糊鸭。肥鸡皮切丝。鸭舌、鸭掌（去骨）鸡、鸭翅第二节（去骨）。大片鸡脯。火腿片贴肥肉片。鸡丝、火腿、笋丝、蟹腿。烂蟹羹、连鱼拌头拖腰（*疑为肚字*）。面条鱼（去骨头尾）鳕花鱼丝（炸过）。白鱼腰（*疑为肚字*）去骨。河南光州^①猪皮也。醉黄雀脯。鸽蛋油炸衬底。鸽蛋打稠，入冰糖蒸作底。蚌螯取硬边（炸过）。鲫鱼脑、素燕窝捆成卷。生鸡脯捣烂少加豆粉。班（*疑为斑字*）鱼肝。萸肉^②片鸡粥。野鸡片、肥鸡片、火腿片。野鸡片、火腿肥片、鸡脯片、肥火腿片或丝。火腿去皮留精、肥，整肉切片或丝。冬笋丝。鸡皮尖、火腿片。鸡鸭肫肝丝。鸭舌丝。干肉。皮丝。糟肉丝。白肺条。

嫩笋尖罐（*疑为灌字*）肉。猪管（穿火腿条）猪髓（穿火腿条）白鱼腰（*疑为肚字*）。鲫鱼腰（*疑为肚字*）皮（去骨）。拆碎春斑鱼。炸鱼腰（*疑为肚字*）、鱼丝。鸽蛋衬燕窝底。核桃仁、蘑菇、香芃丝。凡宴荤客先取鲜汁和，如鸡、鸭、火腿、虾米等项以作各之用；凡宴素客亦先取鲜汁，如笋、菌、香芃、蘑菇等项，并可制荤（*疑为荤字*）馔^③。

---

① 光州：古州名，南朝时梁置。今为河南省光山县，濒淮河上游。

② 萸肉：即山萸肉，山茱萸果实的肉，可食用，亦可入药。性微温，味酸涩，有温补肝肾、固涩精气之功效。

③ 凡宴荤客……并可制荤馔：这段话的意思是说，用荤菜或素菜宴客，都要用鸡、鸭、笋、菌等荤、素原料分别制荤、素鲜菜汁供作调料。然荤汁不调素馔，而素汁可调荤馔。

鱼翅衬菜：烧鱼翅少入醋。甲鱼、雷菌衬。鱼翅丝衬火腿、鸡皮、去骨肥鸭。糟肥鸡腿。鸡片穿火腿片。鸡丝。火腿丝。野鸡去骨，菜苔、鸭皮足腿。鱼翅以金针菜、肉丝炖烂，常食和颜色、解忧郁，有益于人[1]。鸡皮、肥肉条煨炒鱼翅。鸭皮衬鱼翅作饼煨烂作羹。又粉皮、鸡皮、香芃、笋烀。鱼翅配鸡冠油烧。蚌螯煨鱼翅。面条鱼煨鱼翅。假鱼翅用海蜇皮厚者上连下切丝，或烂烧鱼翅，去须取脊肉切大髓（疑为骰字）子魂（疑为块字），肥鸭、火腿魂（疑为块字）煨羹。甲鱼煨沙鱼皮。

海参衬菜：蝴蝶海参。将大海参披薄，或衬甲鱼裙边、穿肥火腿条、寻（疑为鲟字）鱼头上皮、并肚肉烧。对开大海参、回鱼同。冠油块烧海参。炸虾圆衬海参。炒海参丝加火腿。烂海参衬小鱼元或小虾元。脊筋、蹄筋。陈糟烂海参烧亦可。蚌螯丝烂海参丝。海参球内嵌火腿、鸡皮、笋红白煨皆可，或用松仁、虾仁瓢（疑为瓤字）。海参粥用鲜汁煨成糊。海参用蛋清、网油包成假鳗鱼式，其味胜真。海参发透切丁五分段煨烂制盘假充馒（疑为鳗字）鱼。海参米煨烂作羹。海参切三分段加火腿打鸡汁煨烂，还白对拼。海参条配冠油烧海参，衬蹄尖筋、管脊、笋烧。拌鱼头去骨撕碎衬块海参烧成烂。寻（疑为鲟字）鱼、回鱼同。整海参、鸭舌、火腿笋炒海参。猪舌根烧海参。瓢（疑为瓤字）海参。虾绒火腿或片再卷网油，外再裹网油。野鸡海参羹。衬火腿、猪胰作羹。班鱼肝烧海参，烂亦可。猪脑打蛋黄油炸，烧海参。又鸡肝猪脊烧海参。木耳煨海参，极烂为度。

鲍鱼衬菜：鲍鱼配鹿筋丝、鸡肫丝、冬笋丝、香芃丝，烧煨亦可。油炸鲍鱼片煨鸭块去骨，亦可用腐皮煨者。鲍鱼丝或片炒。鲍鱼切大骰子块煨肉块。火腿片煨鲍鱼。荸荠煨淡菜。

制熊掌：以黄泥封固，慢火煨一宿，则毛、秒随泥而净，用竹刀细细铲开，须流水冲半日，以红性尽为度[2]，加火腿及肘子肉和香料煨烂，味厚而不膻。

---

[1] 常食和颜色、解忧郁，有益于人：经常食用（鱼翅），可使人颜面丰润、心情舒畅，有补益人的作用。

[2] 须流水冲半日，以红性尽为度：必须以流动之水冲洗半天，等水中不见血色杂色时才算洗净。

假熊掌：用火腿爪皮、肺煨烂。

驼峰：用带壳核桃同煮，片极薄以蜜糖蘸食，甚补阳分，但胃弱者不能咽也，口外野驼更胜。

关东鹿肉：蒸熟片用，又加丁香、大料烧用。煮油（疑为肉字）先用滚水焯过，使毛管净尽，切成方块，将作料、酱油和成一大盂同内（疑为肉字）入罐煨烂，再加水，以汁于（疑为干字）为度，既得真味，且可久贮。

[猪肉两款]：小猪肥嫩者用豆腐片衬底，重汤蒸熟，不腻口。猪尾连豚①割下，约三、五斤，用盐腌数日，晒晾蒸食，胜美于家乡肉。

鲜肉以盐擦透，用粗纸包数层，入灶灰，过一、二宿取出蒸食，与火（疑缺腿字）无异。如晒时用香油抹上，不引苍子②又盐八分、硝二分合拌擦肉，一时盐味即透。

荔枝肉：取短肋③刮净，下锅，小滚后去沫，加酒、青笋、木耳等，（疑缺火字）候既到盛起。去皮，切长方块，如东坡肉大，四面划细花，用菜油爆黄，即入酱油，以手拆碎或用刀切小块，取绿豆芽，去头尾，亦用菜油炒好，下肉汤少许，即将肉并木耳、笋等下锅一滚，再加酒并青菜、葱末少许即起。又，不用豆芽菜，肉爆黄后干切薄片方块，而撒花椒盐。

东坡肉：肉取方正一块，刮净，切长层④约二寸许，下锅小滚后去沫，每一斤下木瓜酒四两（福珍亦可）炒糖色入，半烂加酱油，火候既到，下冰糖数块，将汤收干。用山药蒸烂，去皮衬底，肉每斤入大茴三颗。

罐焖肉：将肉洗净，切小方块，装小瓷罐内，用水八分，下长葱、酒、盐，皮纸封固，以黄泥涂口，并用湿草纸包，外龙（疑为茏字）糠火，肉一复时，火候侵到。

烧肉茄：大茄子去（疑缺瓢字）挖空肉，加细糜⑤，加葱、酒、酱油等

---

① 豚：豚指臀，俗称后座子，此处精肉较多。

② 苍子：指蛆。

③ 短肋：又称软肋，指猪肋条肉后面和后座肉之间的肉。

④ 长层：即长宽。

⑤ 糜：肉泥。

项入茄内，将茄盖好，用竹签定，菜油爆黄，所有肉皮亦下锅，入大茴、酱油、酒、加水煮烂，俟汤干，起锅时，再用青葱末拌糖少许。

肉饼豆腐：肉去皮骨，切细糜，加鸡蛋白、葱、酒、酱油等做成元（**疑为圆字**），不拘大小，同菜油爆黄透，下酒、酱油等，大回（**疑为茴字**）以青（**疑为清字**）水煮熟烂，俟汤将干，另炒小块豆腐拌和，再加葱末起锅，如木耳、笋及茭白等皆可下也。又，不用豆腐，汤亦不收干，起锅时小粉条子或粉皮亦可。又收干汤，用冬日大菜心，菜油炒烂拌入肉饼，其味更佳。

炒（**疑为菜字**）花头烧肉：肉切方块，下锅滚后去沫，下酒加洋糖炒色，烂入酱油、冬笋（加茭角块）既烂，汤多以洋糖收干，菜花头用温水泡开切细，菜油一炒，下肉锅一、二滚即起，加葱末少许。

马兰头烧肉：肉切方块下锅，小滚去沫，加酒及洋糖炒色，米（**疑为半字**）烂加酱油、大蒜、茭白，烂后汤将干，将马兰头温水泡开切细，菜油一炒，下肉锅少滚即盛起，未起锅前加冰糖少许。

肉圆：肉刮火腿丁油炸或藕粉团。新嫩茄去皮，加刮入肉（**疑为加入刮肉圆**）元。

肉酱　香糟炒肉　煨糟肉

象牙肉：肉切细条如牙筷式烧。

徽州州（**疑州字重复**）大烧炒肉：肉用清水一炸切块，大烧红锅，爆炒黄色，盐和黄酒倾入，再加酱油，炒八分熟，肉有盐，故不走油。

煨肉内加豁蛋：肉五斤切块，醋、油、酱油、水各一宫碗[①]同煮，加盐三钱五分。

红烧肉圆：肋肉去皮、筋、骨、膜切豆丁，甜酱一揉，和豆粉、鸡蛋清生煎，入拌作料再焖。蒸用者取豚尖刮用。

蚱螯煨肉

[冬笋煨火腿]：冬笋切茭角块，煨火腿方块。

鳖肉：猪肋连尾一块，如鳖式：酱油、酒烧。

---

① 宫碗：扬州人称一种中等大小，较陡较深的瓷碗为宫碗。

荔枝肉圆：肉切大骰子块，面划荔枝式，酱油、酒烧。五花肉一方去排骨，用炒熟花椒盐两面揉擦，腌十日时十十日（疑重复）其味胜火腿。

［猪肉菜十一款］：荠菜干烧鸡块、肉块　　烧大块东坡肉

家乡肉切片，冷吃始香。

葱筒罐（疑为灌字）肉丁　　锅烧肉

盐、酒烧煨肉　　海蜇煨猪蹄加虾米　　取金银蹄煨（用皮）

虾米烧猪肘（每斤约用一两）　　肚猪（疑为猪肚）尖拌用

雷菌煨蹄

红蹄：用白粉皮、茭白丝烧。

家乡腿：剩下盐硝卤①入锅煎，冷定装缸盖好，皮纸周围封固。如次年家乡腿，仍用此卤浸之，更得其味，然猪总在五、六十斤以内者。

湖绉蹄：油炸，烧。猪肚丁拌用。

［炒肚丁］：肺、肚各丁焖豆腐，制与文师豆腐同，加火腿丁、鸡油，肚切细丝，加碎豆腐、米粉炒。

［烧猪髓］：豆粉、细红酱烧猪髓。猪下腮肥而不腻，可煨可烧。

［炒肝糜］：买猪肝、肠要带油者，猪肝刮糜加火腿丁、笋丁、脂油炒。

［制羊肉］：汤羊肉切片盛盘，重阳②蒸时用绍兴③糟和水，锅边渐次罐（疑为灌字）之，不见糟而宛然糟肉，颇为别致。口外吐番炉羊④，以整绵羊收拾干净，挖一坑以炭数百斤，生红渐消，乃以铁练挂整羊，其中四面以草皮围之，不使走风气味，过夜开出，羊皮不焦而骨节俱酥，比平常烧更美。

---

① 剩下盐硝卤：指腌制火腿时渗出的盐硝肉汁。

② 重阳：亦称"重九"。旧时以九为阳，故农历九月初九称为重阳。这一天民间有食糕、登高之风。

③ 绍兴：旧时府路名，后改为县，又改为市。在浙江省东北部，为全国第一批历史文化名城之一。特产有绍兴酒、平水珠茶等。

④ 口外吐番炉羊：吐番应作吐蕃，旧时指藏族政权，此处指长城以北的少数民族。炉羊即烤羊。

若内仿做①，即整羊腿、肥羊以饼炉②如法制之亦可，但火候须庖人在行③耳。

煨羊肉：羊肉整块，河水浸一时，细洗，切为大块，用竹箩沥干，加洋糖拌肉如腌肉法，以手用刀（疑为力字）搜肉复洗，再拌再槎（疑为搓字）洗，糖味去尽，用手挤干入锅微煮，沥去血水，入胡桃数枚，先用平头水煮羊，肉半烂入甜酱煮，加酱油再煮，以烂为度。如做羊脯亦用此法。不过少放水多加酒，与酱油半烂，微火煮切令蕉（疑为切勿令焦），以汤干七分，用盘盛起结冻用，片羊肉。

又关东羊蒸熟片用。

羊肉去皮骨，白水煮二、三沸捞起，原水不用，另加花椒、小茴香水，用五斤，小茴一大酒杯，花椒一小酒杯煮汤，每次用水二汤碗。四次以花椒、茴香无味为度，同羊肉一起下锅者（疑为煮字）五、六滚，加大蒜头五个煮九分烂，汤不可太多，如少酌量加滚水。

[鸡皮]：鸡皮苏州有处可卖。糟者更佳。鸡肾、鸭舌同。鸡块用火腿、冬笋、菌子煨。

[瓶儿菜焖鸡]：瓶儿菜切碎焖鸡丝，多入醋酸汤。煨鸡块去骨，加栗肉焖，荸荠亦可。

[烧鸡心]：鸡、鸭心切开一半，火腿片烧。鸡、鸭肝切骰子块焖。鸡、鸭肫切片、冬笋、火腿片，蒸或烧。百合瓣煨鸭块。

松子鸡：鸡煮半烂去骨，腹（疑为肚字）内随意装物（松子仁）。

芝麻鸡：将整鸡用芝麻、作料红烧。

[煨鸡]：大鸡块去骨，大笋块，蔓菜或菜台煨。

鸡肉饼：鸡脯、肥肉、蛋清、豆粉、麻油煎。

[兔子饼]：子鸡煮熟，细剔其骨，不去皮，面饼做一大合，置鸡于内，重汤再煮蒸，何（疑为待字）开，鸡仍整只嘴爪完全好。酱油食之其味甚

①若内仿做：假如内地模仿制作。内地是和外相对而言的。
②饼炉：烘制烧饼的炉子。
③在行：扬州方言，指内行，懂得操作的窍门。

佳，此所兔子饼也。每只花钱一大圆，粤人①珍之。

莴苣烧鸡片：嫩黄瓜去皮、心，切菱角块，煨鸡块或烧、爆炒鸡。取肥肚黄脚鸡治净，切小方块菜油爆黄，加酒并肫肝、香芃、青笋、大茴等同下，煮半烂入酱油，愈烂愈炒（**疑为妙字**），起锅用青葱末，如不易烂浇冷水，此煮鸡之妙法也。

糟鱼煨肥鸡：鸡切四股，下锅后下酒，陆续撇起黄油，将熟熄火，起去骨拆碎，仍下锅。糟鱼去糟，整块下之，滚后鸡得糟味，将鱼捞起去骨，再下锅，加青粉笋、香芃、鲜笋俱可，以和淡为主。起锅以鸡油加面上，用浓葱、椒。

鸭同，所谓糟蒸鱼、鲥鱼，照此制。

［鸡丁羹］：鸡切细丁油炒，再作羹。鸡切骰子块，肉亦切骰子块，加笋丁、香芃烧。

［煨鸡］：鸡、鸭制净、晾干，用甜酱周身擦过，或入甜酱、红酱一宿再煨，其味胜常②。鸡、鹅、鸭煨各得鲜味。

［焖鸭肝］：鸭肝并心皆可焖。鸡、鸭心破开，青菜心要烂，麻雀脯亦可。

鸡球：鸡刮米粒大，用腐皮包，油炸或烧。

鸡粥：烂豆腐丁加火腿丁。

［鸡菜七款］：煨糟鸡　　花椒煨鸡　　鲞鱼鸡　　炒鸡卷

鸡丝粉皮　　芥末汤或炒　　红汤鸡块配百合煨

［炒鸡丝］：火腿细丝、鸡切细丝炒、烂皆可。冬笋，豆腐皮丝同炒。配肉片煨鸡脯片。芹菜炒鸡皮。蟹肉煨鸡块。

［鸡片汤］：鸡披片揉汤、衬火腿，笋、香芃片。

［烧鸡块］：鸡去骨，切块粘米粉，火腿、煨或烧。

［瓢冻鸡］：鸡脯拖蛋烧。瓢冻鸡去骨、瓢杂果煮熟并肉冻透，夏日用。

---

① 粤人：粤，广东省的简称。粤人即广东人。
② 其味胜常：它的味道比不入酱的要好。

鸡脑羹（向酒馆买，三文①一斤）。

撕煨鸡：蘑菇、火腿同煨。

大块鸡：大蒜、大葱煨。

红烧鸡翅：松仁瓤鸡元，鸡切骰子大块，花椒煮，再用豆粉、酱焖。

白苏鸡：肥鸡略煨去骨，加椒、葱、松仁剁碎，包腐皮，酱油、脂油焖。香芋或栗子、茭瓜②、菜头，煨油鸭或鸭块。

［煨鸭］：年久老鸭腟（疑为肚字）肉用苏原③、寄生④一两同煨极熟之，最能益人，兼（疑缺治字）耳聋，此秘方也。

粤西⑤白毛凤头乌骨鸭子，比潮鸭⑥差小，其味甚佳，最补中气，粤东⑦人争购养之，以为珍品，胜如太和鸡⑧云。石耳煨去骨整鸭。

肥鸭一只治净，刺参五、六两，参用温水略浸片时，板刷刷去粗皮、泥沙，破开挖去肚内沙泥，洗净切棋子块。

先鸭囫囵⑨煮三分熟，去骨切小块，同参块入原汁煨烂，加酱油、酒再煨，用汤瓢食，汤如淡墨水色，颇有海参清香，气味最佳。

菜花头煨鸭：菜花头即油菜头，又名万年青。略腌晒半干，菜收存听用。鸭切方块，用菜油炸黄。酒、酱油煮极烂，将菜花头以水泡开，切细菜油炒。下鸭锅内，起锅时加洋糖、青葱末。

---

① 三文：文，古代货币的最小计数单位，一个小铜钱为一文。三文即三个小铜钱。

② 茭瓜，即茭白，扬州人谓之交（读 gāo 高）瓜。

③ 苏原：即紫苏，一年生草本植物，叶呈卵形，夏季开红花。嫩叶可作蔬菜，茎叶称为紫苏，性温味辛，可做调料。种子名苏子，老茎称苏梗，皆可入药。

④ 寄生：本为一种生物现象，指一种生物生存于另一种生物体或表体内，并从后者摄取养分以维持生命。此处指桑寄生，一种常绿小灌木，常寄生于山茶科或山毛榉科的树木上，其茎、叶性平味苦，皆可入药，有补肝肾、强筋骨之功效。

⑤ 粤西：广西壮族自治区的别称。

⑥ 潮鸭：潮，古潮州，今广东省东部潮安县。潮鸭指这一带出产的鸭子。

⑦ 粤东：广东省的别称。

⑧ 太和鸡：江西省太和县出产的一种鸡。体形矮小，毛白而细软，窠呈玫瑰色，皮、肉、骨皆呈暗紫色，故亦称乌骨鸡。除食用外，尚可入药，有滋补养血之功效。

⑨ 囫囵：音 hú 胡 lún 轮，原为浑然一体，不可剖析的意思。此处指整个的。

焖鸭：肥鸭切四股①，下锅滚后下酒，陆续撇起黄油，烂后捞起去骨切小方块。山药另煮烂，去皮小方块，或加青笋、香芃、冬笋，俱切小方块，一起再下锅，滚后透（疑为滚透后）盛起，加瓜子仁、去皮核桃仁、松子仁等，再取黄油交（疑为浇字）面上，冬月可用韭菜白，亦须切短。

煨糟鸡　　片糟鸭

［石耳煨鸭］：石耳煨去骨整鸭

鱼肚煨鸭块：肥鸭煮熟，去骨略腌，用黄酒浸之，即是糟鸭，切骨牌片。

［鸭肫肝］：鸡、鸭肫肝切骰子块，配腌大头菜叶，烂，并可作面交用。瓢肉、火腿、笋、鸭舌。又鸭去骨，半边瓢鸭舌。

［关东鸭］：关东鸭蒸熟片用。

八宝鸭：鸭切小块，衬火腿、苡仁、莲肉、杂果。

［鱼菜七款］：鱼片用山药、百合烧。糟鱼去骨，油炸红烧。腌鱼泡淡以洋②，入火酒烧片刻，即同糟鱼鲜者。鲜鱼亦可照此制也。

鱼酱

鸡丁焖鱼或煨。紫果叶焖鱼片，或烧或炒。

鲫鱼汤加火腿片，或鳌鱼片切块。

［醋溜鱼］：醋溜鱼做法，一锅滚水鱼③，一锅作料，鱼熟投入作料内。

鲈鱼治净晒干，酱油、酒煮干，烘作鱼腊④。

［鲚鱼腊］：鲚鱼治净，晒干油煎、酱油、酒作鱼腊装瓶，头须在下。面条鱼切寸段，火腿煨。

［红烧白鱼］：白鱼去骨，入花椒盐、酒红烧，肥而嫩，鲥鱼同。

鱼饺：白鱼去骨切片，香芃红烧、红脍。

螃蟹白鱼汤：蟹腿配白鱼块，洋糖炖，上盘。

---

① 四股：四大块。

② 以洋：等它发软了。

③ 一锅滚水鱼：一锅滚水用以烹鱼。

④ 鱼腊：即鱼酱。

白鱼片拌火腿片：鱼卷火腿，香芃丝衬。

白鱼圆

冻白鱼

[煮鲟鱼]：鲟鱼取眷（疑为脊字），切方块，油炸，煮。

兰花鱼：鲟鱼去骨红烧。

[虾饼]：小虾饼用木耳、蒜瓣烧。

黄雀虾圆：虾仁刲烂用，糟黄雀去骨，切小块入虾肉，刲为元，加火腿片、鸡皮并香芃丝、笋丝。起锅用鸡油交（疑为浇字）白，冬月可加韭菜白少许。虾元刲入肉元加火腿丁。

瓶儿菜切碎焖小虾圆：火腿、花椒盐刲入虾圆用油炸。虾壳熬汤，愈熬愈清、清后捞起壳，入石膏豆腐，起锅用葱、姜。

[虾圆三款]：虾圆内刲入火腿末、油炸或用豆腐皮包。

虾肉刲碎，用脂油滚包卷长条，油炸切段。

虾米煨羊肉。虾米刲入肉元。

拌鳝鱼：鳝鱼炸熟，勒丝油炸，蒜瓣丝、火腿丝、笋丝、茭白丝、酱油、酒、醋拌。

蟹圆：蟹腿、米粉、蛋清刲碎作圆，油煎炸。

[七星蟹]：螃蟹蒸熟，拆肉，以蟹兜七个装满，用蛋清和脂油、葱花大盘蒸熟谓之七星蟹，味更佳。

[假蟹油]：连鱼拖腺（疑为肚字）去皮切丁，充雄蟹油。

[蟹菜三款]：蟹炖肉作羹或烧。炒蟹腿　　清汤蟹羹入菜心

锅烧蟹：将蟹蒸熟，去黄取肉，刲碎做蟹式。撕成取黄加上，锅烧，名照壳虾装盘。

蟹羹：用鸡蛋三斤，酱油半酒杯，鸡、鸭汁一汤碗、酱油（疑缺打字）一、二千下，蒸膏；或鸡油、脂油将蟹肉一炒，汁汤一碗，酱油、酒煮数沸，如加碎姜汁半酒杯，葱花一点即起，盛入蛋膏碗内。

[豆腐二款]：油炸豆腐撕块，入笋米尖，或核桃仁，可焖可烧。

豆腐用清水不入盐略煮，去净腐气再煮，入黄酒之听用。

豆腐元：配石耳，白汤烂。刮荠菜烧豆腐。

豆腐饺：瓤火腿、笋丁、鸡绒焖。

扒大豆腐：一、二块油炸过挖空，填入肉丁、海参等物，仍以腐切块盖好，再用脂油煎透，味胜于常。新鲜虾用菜油一炒，下酒、酱油、姜末即盛起。豆腐切小块煎黄，下木耳、青葱、笋尖、虾仁同下，起锅再用葱末。又，不用豆腐，冬日大菜心煮烂，以虾仁下之，再加冬笋片。虾米用黄酒泡透，将豆腐煮黄，以虾米下之，加青笋、茭白起锅，用白头韭菜少许。

瓜（疑为姜字）蕈豆腐：酱瓜、陈酱姜切细，将豆腐煎黄，以瓜、姜下之，并用青笋、香芃末，油多为要，如有毛豆米加入更佳，鸡粉①和入豆腐。腐干亦可。

［鸭脑豆腐］：鸭脑丁细块焖豆腐细丁，或捻入豆腐，和好再焖。火腿、鸭舌烧豆腐。

［豆腐五款］：火腿、冬笋、菜苔烧豆腐条。蒸石膏豆腐内加荤、素等物。

腌肉卤或火（疑缺腿字）丁、笋丁、木耳、香芃、葱末、鲜蛏脍豆腐。鸡、虾、火腿绒焖。豆腐入猪脑充鸭脑，或蒸或炒。

松仁去衣刮碎，捻入豆腐蒸熟，切片再焖。

蒸焖石膏豆腐：素用松仁，荤用鸡丁，入麻油、盐。

假冻豆腐：豆腐用松仁切骨牌片、清水滚作蜂窝眼，入鸡丁再滚，配鸡皮、火腿、菌丁、香芃焖。

隔纱豆腐：豆腐披薄片，夹火腿绒，刮松子仁，豆粘住，如此两三层蒸熟，切条再焖或烧。

豆腐球：豆腐作球式，外滚米粉、火腿、鸡绒、笋末，蒸烂。又荸荠烧豆腐球。

［荷花豆腐］：豆腐花加蛋清搂匀，略蒸，用铜勺舀作料（疑为衍字）荷花办（疑为瓣字）式，或入胭脂水染红色再焖。又豆腐去上、下皮取中心，

_____

① 鸡粉：鸡肉煮熟焙干碾碎谓之鸡粉。

作荷花片。豆腐圆脍松仁，火腿丁。

松仁豆腐：松仁、火腿煨。

杏仁豆腐：大杏仁去皮、火腿、鸡丁、脂油焖。

[芙蓉豆腐]：豆腐捻碎少加甜酱、豆粉、木耳丁、麻油炒，并作素面交头。豆腐脑撇去黄泔，和鸡蛋清、加鲜丁或火腿丁、酱油顿（疑为炖字），衬青菜心三分长，火腿丁、脂油。又照式加瓜仁、花（疑缺生仁）、桃仁、洋糖，加红色或红姜汁更妙，名曰芙蓉豆腐。

鱼脑豆腐：鲫鱼脑煮熟，将脑挑出同豆腐焖。鲤鱼白同豆腐加盐搂碎，入木耳、香蕈、笋尖各丁油炸。并可果（疑为裹字）馅，少加豆腐蒸焖。

[杏酪豆腐]：杏酪、豆腐花加鲜（疑缺笋字）丁焖。

假西施乳：入猪脑捻碎滤净，或鸡肾亦可。

[豆腐三款]：鲫鱼白焖文师豆腐。鸭舌、鸡肝丁入文师豆腐。

豆腐、鸡蛋清合搂，入铜管蒸，铜管做对开者，配烧海参并各种菜。

焖豆腐：用海参、冬笋丁、鸭汤或鸡汤内煮焖，豆腐入锅加酱油，煮十数沸，并入海参各丁，再入碎葱花，一加即起，或加些须①豆腐亦可。

[烧豆腐]：豆腐入苏州香糟焖。松仁或嫩笋尖烧皮②

[素烧鹅]：豆腐皮在锅前守看，用竹箸做兜，遂（疑为逐字）张揭起盛之，如粽包式扎紧，在另锅用水煮，要石块压住不使跑动，结做一处如肥嫩鹅，以好酱油或笋卤，糟油蘸食，颇为肥美。

素黄雀：软腐皮切二寸方块，内包去皮核桃仁，以金针破开束，要菜油炸黄，下清水并酱油、香蕈、青笋、菱白等煮好起锅，加蘑菇、麻油。

[腐皮二款]：香蕈炒干腐皮　　火腿片炒豆腐皮

[面筋三款]：生面筋刮元，入木耳、荸荠，或嫩笋尖、山药等，加豆粉油炸焖。生面筋入苏州香糟腌复时，焖。生面筋每块切如灰干大，四面细花划开，菜油炸松，撕成小块，油盛起，下清水煮烂，加金针菜、香蕈、青

---

① 些须：少许。

② 烧皮：和豆腐皮烧。

笋，俱用热水泡开，大茴等物，火候既到，仍下熟油收软，腐皮拆开破二、三张起锅，下酒娘或洋糖，面上加小蘑（麻）油。面筋、豆腐入素鲜汁煮过用。面筋：面筋切棋子块，装鹅肚内，煮极烂取出，用荤酱油烧之，极美。

大烧素面筋：面筋（大者十块，小者十五块）秋油一斤，大茴四两、皮酒①三斤、麻油半斤、天水②二茶杯，以酱和之。

先将面筋分作两半边，面（疑缺筋字）切麻酥块，入砂锅加皮酒一斤，酱和天水两茶杯、竹筋隔底，面筋摆上，文火煨滚，入麻油四两、皮酒一斤盖好，文火煨，俟锅内将干，再添皮酒一斤，放大茴四两烧数滚，则将大火制（疑为掣）去，文火煨之，面筋透熟，将砂锅拿起，又添油四两，冷时用可。

[烧徽干]：徽干片穿核桃仁片焖，或刀片③入香糟腌复时焖，亦可黄干入芥菜卤浸，一臭者亦可取出洗净，用黄酒或酒娘、洋糖，整块加黄菜油，干烧。

萝卜元：入刮碎荸荠、米粉，油炸、蒸。

[煮萝卜]：萝卜去皮切块，白水煮烂捞起，不用原水，每萝卜一斤、脂油一两，入锅略炒，虾米研碎，滚水泡透，将虾米入锅，酱油酌量加之，俟虾汤、酱油之汁煮，入萝卜，再少加豆粉、葱花、蒜花。

[芋苗五款]：山（疑为小字）芋苗④挖空入松仁烧。糖烧小芋苗。

小芋苗刮圆油炸。

芋苗擦浆，用鸡汤焖。小芋苗挖空填馅蒸熟，整装馅以炒熟芝麻。

[烧扁豆]：扁豆去子，填入椒盐面或面拖松仁烧。

[青豆末]：青豆去衣，烘干磨末用。

[烧茄]：寸长嫩茄，勒四化⑤不破头，嵌核桃仁或栗肉烧。

红粉皮烧茄块。

---

① 皮酒：大约是一种度数很低的露酒。此处可能指的是啤酒。

② 天水：指天落水，即雨水。

③ 刀片：用刀横切成薄片。

④ 芋苗：扬州人称小芋艿为芋苗，亦称芋苗子。

⑤ 勒四化：扬州方言，用刀子浅浅地划为四块。

变蛋：栗灰或豆荚灰、荞麦灰亦可，每灰一斗用盐二十四两，先将蛋一百二十枚放水桶内，用扁柏、湘潭①茶、红梗花、芥末菜煎汤，浇蛋上，泡透候干洗去，用煎灰加石灰一碗，同于锅内炒热，即将浇蛋水调灰包蛋，水、呇糠隔切②。

又买苏州白炭灰十斗，湘潭茶叶二斤，块石灰二十五斤，如在二、三月用，不须增减。若在四、五月用减去石灰二、三斤，盐十三斤，蛋洗净三千八百个，外用扬州芦柴灰滚，再入呇糠滚，隔别装坛。

酥鱼：小鲫鱼新鲜者五斤洗净，好皮酒五斤，香油、猪肉各一斤半，椒十五、六粒，葱二、三斤，根（疑为极字）好酱一碗。鱼入锅将水加满，缓煮一复时，如淡加酱油，待火候足，将鱼轻轻取起，所馀之汤收贮。待用鱼时入汁些许润之。

煨肥鸡、鹅、鸭：每日一只用硫黄末半分，入米内煨之，一七验③。

焙鸡法：鸡一只煮半熟剁小块，锅内入脂油少许烧热，将鸡略炒，以镟子盛碗盖之，烧极热，酒、醋相拌，入盐少许烹之，候干又烹，如此数次，候十分酥为妙。

夏日腌鸭：鸭用炒盐腌揉软，竹竿高挑，晒半日煮，胜丁腊腌。

炝蟹：蟹十斤、酒六斤、酱油五斤、炒盐一斤，作料听用。

糖（疑为糟字）蟹：取螯脚全蟹十只洗净，收置稀眼篮内，吊起风干一伏时，将脐掐开，螯脚以线扎之即放坛内，用糟和盐，其盐酌咸、淡加之，花椒四合半，胡椒、大料、茴香各合半，甘草一合同糟，每蟹一层盖糟一层，糟好取起供用。又三十团脐不用尖，好糟斤半半斤盐，好醋半斤斤半酒。听君留供到年边。

虾松：大虾煮熟，去尽皮、须，将快刀细切烂，好酱瓜姜极细，入香油同熬熟取起，即将虾置锅微微火炒，使肉渐松，瓜姜拌油一同炒黄色即取

---

① 湘潭：湖南省东部，湘江中游的一个县。

② 隔切：隔开。

③ 一七验：连服七日有效验。

起，要看火候，如火略大便焦不堪用矣，江南白虾，有子更妙。不可得，草虾亦可。

虾松法：亦如肉松法，先将猪油少许涂锅，将虾水逼干，次将盐、酒、醋、椒料入锅内同，炒极干，如淡再加作料炙之，取出烘干、咸（疑为研字）末。

醉蛤蜊：蛤蜊十斤，先用白酒泡，晾干再用白酒二斤，酱油一斤，椒半醉之，醉蟹，盐料纳脐[1]。

肥蛤：用水洗净，将豆粉和调，涂口一线，米泔浸一宿取起，肥大异常。

田螺蛳：用螺大者去尖，纳盐酶熟切片，壳内汁用猪油、椒料收之。

槽（疑为糟字）泥螺：先将泥螺用白水与白酒泡淡，后用白酒娘一分、虾油三分和匀，以泥螺用洋糖拌过，半月浸入坛便好，甜糟亦妙。

黄雀：用时将酒洗净糟，以精肉碎切包之，外以豆腐皮包数层煮熟。

风肉：腊月四九头[2]取不犯水[3]猪肉一方，挂当风处有日，次年夏月取煮，别有一种风味。

腊肉：肥嫩猪肉十斤，切二十段，盐八两、酒二斤调匀，猛力揉之，其软如绵，大石压去水，十分干，以剩下腌水涂之肉上，筬挂当风处。

千里脯：牛、羊、猪俱可，煮一斤肉、一斤酿酒，二盏淡醋。白盐四钱，冬日三钱，茴香、花椒末各一钱，拌一宿，又武火煮，令汁干，晒之。

肉松：取精肉不用肥，不拘多少，入锅煮熟、切细，入原汁煮干，味淡加作料再煮，取出烘干成末，不用酱油，微火徐徐炒之。

暑月收藏鲜肉：每十斤用盐照常，腌半刻，用醋一碗反复浸半刻，又用麻油一钟浇透，或煮、或晒、或火烘，听用。不生蛆，不臭，不烂。

蒸猪头肉：猪肉（疑为头字）剁开，浸去血水略焯，将皮上毛去极净，煮微熟取起，又上、下两开去皮，将刀划皮成小块，刀切微深些，以椒盐、

---

[1] 纳脐：放入脐内。
[2] 四九头：才进四九的头几天。
[3] 不犯水：未经过水洗。

大料擦皮上，擦到（疑为倒字）再入蒸笼，蒸之极烂，笼内微用酒洒，不用刀切。

水晶肉圆：候极好晴天，将蒸熟无馅馒头，去皮晒极干，碾粉，肥肉切小丁微剁，精肉不用，入前碾粉，如常蒸肉圆法。藕粉不碾粉。

腌火腿：用醋少许拌擦，则盐味易入。

炸鱼：新鲜鱼治净，微腌少刻，用石压再洗净，铺板上晒极干，用时将沙糖和浓汁搭①鱼二面，入油锅炸黄取出，花椒煎过的滚醋，乘鱼出油时赶热拖之。

鱼鲊：青鱼治净切块，每十斤炒盐十二两，以六两拌鱼，须二、三次，将鱼榨干，椒末六钱、白酒药四丸、细曲五合为末和盐，将鱼拌匀收小坛中一、二日，用石压定，天热二七日②，天寒三七日，麻油拌匀收小坛，再以石子压定，用麻油灌满。

鳇鱼：鳇鱼干短段，米泔水浸软，洗净入锅煮，乘热将手搓熬，溶水成膏，切方块以矾水泡收，夏月勤易水，即可久而不坏。用时即取起切薄片，加香料、麻油，如鱼鲊法。

---

① 搭：扬州人谓涂抹为搭。

② 二七日：即两个七天，十四天。下面三七日，即二十一天。

第七卷　蔬菜部

小菜佐食如府吏胥徒佐六官也，腥脾解浊全在于斯①，作小菜部。

［ 小菜部 ］

［ 笋 ］

燕笋（五月有，三月止）　　芽笋一名淡笋（三月有，五月止）　　龙须笋　　摇标笋（四月有，五月止）　　边笋（六月有，九月止）　　冬笋（十月有，次年二月止）　　毛笋（二月有，五月止）

笋干有雷笋、羊尾笋、笋衣、闽笋、笋片。取笋宜避露②，每日掘深土取之，旋得旋投密竹器中，覆以细草③，见风则触本坚，入水则浸肉硬，脱壳煮则失味，着办则失气，采而久停非鲜也，蒸熟过时非食也，如此然后可与言笋④。用麻油、姜杀⑤笋毒。滚水下笋，易熟而脆。苔毛笋、龙须笋、有菽味者，入薄荷少许即解。

---

① 小菜佐食如府吏胥徒佐六官也，腥脾解浊全在于斯：这句话的意思是，小菜作为辅助食物，就像一般官吏辅助主官一样，增加和刺激食欲全要靠小菜。

② 取笋宜避露：采笋时要避开露水，即要在露水干了之后。

③ 旋得旋投密竹器中，覆以细草：旋，随后，随时。一挖到笋立即就放入不透风的竹器中，上面用柔软的草盖上。

④ 见风则触本坚……如此然后可与言笋：这段话的意思是，笋采下后不可风吹，不可浸水，不可去除外壳煮，不可不制而久放，不可蒸制过头，只有这样然后才能谈笋呢。

⑤ 杀：去除。

笋汁：笋味最鲜，茹斋食笋只宜白煮，俟熟略加酱油，若以他物拌之，香油和之，则陈味夺鲜，笋之真趣尽没。以之拌晕（疑为荤字）则牛、羊、鸡、鸭等物皆非所宜，独宜于豚，又宜于肥者，肥者能于甘味入笋，则不见甘①而但觉其鲜，至煮之汁无论晕（疑为荤字）、素皆当。用作料调和，则诸物皆鲜。

冬笋：拣不破损者，用本山土装篓，逐层叠实，宜隔开不宜错综，笋尖蠹笋，其受伤之笋必烂，致令群笋俱烂，不可不知。冬笋与肉同煮或配素馔，在冬、春之间可用，夏则无味，陈者不堪食。冬笋在江西铅山河口②出者多。

笋粉：干、鲜笋老头，腌为徽笋（见笋干部）嫩尖供馔，现食其差，老而味鲜者制为笋粉，看天气暗、明用药刀③横切薄片，晒干磨粉，筛细收贮，或汤或胘或拌肉丝，加入少许最鲜。

笋鲊：春间取嫩笋，去老头切四分大、一寸长蒸熟，布包榨干，收贮听用，制法与面筋同。又切片滚水焯，候干入葱丝、莳萝、茴香、花椒、红曲、盐拌匀同腌。

焙笋：嫩笋、肉汁煮熟焙干，味厚而鲜。

糖笋：笋汁入洋糖，少加生姜汁调和合味，用熟笋没，宜冷淡（疑为啖字）④，不可久留。

笋豆：鲜笋切丁或细条，拌大黄豆，加盐水煮熟、晒干，天阴炭火烘。再用嫩笋壳煮汤，略加盐滤净，将豆浸一宿再晒，日晒夜露，多收笋味最美。

酸笋：大笋滚水泡去苦味，井水再浸二、三日取出，切细丝，醋煮可以久留。

---

① 肥者能于甘味入笋，则不见甘：意思是说，用肥肉和笋烧，油被笋吸收，吃时不觉油腻。

② 铅山河口：铅山系江西省东部一个县，在信江上游。河口镇是县政府的驻地。

③ 药刀：采药用的刀。

④ 用熟笋没，宜冷淡：淡疑为啖。用煮熟的笋没在糖汁里，适合作冷菜吃。

清烧笋：切滚刀块，油、酱烧。

面拖笋：取笋嫩者，以椒末、杏仁末和面拖笋入油炸，如黄金色，甘脆可爱。

炒春笋：配倒笃菜、熟香油炒。

炒冬笋：切小片加麻油、酱、酒炒。又煮冬笋丝、蛋皮条拌酱油、麻油。

炒芽笋：切丝配香芃丝、茶干丝、麻油、酱油、酒炒。做汤亦可，切块同。

炒冬笋丁：切丁配腌白菜梗，熟香油炒。

炒冬笋：切块加麻油、酱油、豆粉、酒烧。

烧三笋：笋干、天目笋或鲜笋入麻油、酒烧。又酱烧各种笋加香蕈片、木耳丝。又茭白、嫩茄、萝卜、芋子同。

煨三笋：前三笋煮熟加酱油、酒、豆粉，菌汁煨一复时。用鸡汤更好。

火腿煨三笋：天目笋尖（加钱数十文与笋同煮，其色碧绿）、冬笋干、嫩鞭笋配火腿片，盐、酒并脂油一大块，入鸡汤煨一昼夜，汤白为佳。

脂油煨冬笋：冬笋切滚刀块，用大砂罐下鸡汤，对水①装满，加盐、酒少许，以脂油一大块，如罐口大，盖口，仍用木板压油上勿动，炭火煨一复时，脂油化净，笋如血牙色②。到口即酥。

冬笋煨豆腐：冬笋切滚刀块，取盐卤豆腐，先入清水煮去腐味，配蘑菇再入鸡汤煨一日。冬笋煨火腿。冬笋煨鲜菌。冬笋煨鲤鱼块。

烧冬笋：配炒鸡片　　冬笋片炒鹿筋　　以上春笋同烧笋段取嫩笋切段，灌剁肉烧。

瓤毛笋：毛笋切段，填五花鲜肉、火腿丁，久煨始得味。

瓤羊尾笋：切段泡淡，灌脊髓、火腿丝、笋丝、鸡汤煨。

瓤天目笋：取肥大天目笋，通节，灌火腿、鸡肉、虾脯等物煮熟切段，铜锅煮，颜色碧绿，或放钱数十文同煮亦可。又天目笋灌燕窝，配火腿、脊筋。

---

① 对水：即掺水。

② 血牙色：淡朱红色。

瓤芽笋：芽笋照节切段，灌鲜肉、火腿绒（疑为茸字），又将蒲包干（先用清水，煮去腐味。）面上切一薄片作盖，挖空，刮生鸡绒对作料拌，仍装签上，蛋清粘缝，共入烧肉汁焖。

拌燕笋：燕笋炸熟，加麻油、酱、姜米拌。

炝芽笋：连壳用潮泥①裹，入锅堂（疑为膛字）烧熟、去壳，扑碎加麻油、酱油、姜米、酒炝。

乌金笋：小春笋做去皮、根，拌洋糖蒸。

脍时笋：应时②鲜笋，切片或丝，先煮出鲜汤，就汤配群菜脍。

冬笋汤：配腌菜末、虾米或芥菜、金钩做汤。

三丝汤：鲜笋丝、茭白丝、腐干丝、鸡汤脍。

燕笋汤：燕笋切段，配豆腐煮，加麻油、酱做汤。

芽笋汤：芽笋切块，配腐皮、麻油、酱、酒、姜汁做汤。

酱笋干：冬笋干加酣（疑为甜字）酱，入麻油浸。白酒娘醉鲜笋。

酱毛笋片：干毛笋滚水泡透，入甜酱十二日，切小条，洒时萝。

酱各笋：燕笋、芽笋煮熟，盐腌入甜酱。

五香冬笋：燕笋、芽笋俱可用五香、盐水煮。

蜜饯冬笋：燕笋、芽笋俱可入蜜饯。

糟一切笋：略煮熟，入陈糟坛。

糟冬笋：鲜冬笋去外皮勿见水，用布擦去毛、土，竹箸捅通笋节，内嫩如糟鹅蛋式，笋之大头向上，装瓶封口，夏日用。又冬笋煮熟入白酒娘，数日可用，临时以温水洗净切片，但不能久藏。又生冬笋略腌晾干，入陈糟坛，泥封可至次年三、四月用。

糟龙须笋：煮龙须笋汤肉（疑为内字）放薄荷少许，则不豉（疑为粘字）。半熟取出，烘五分干，装瓶。一层陈糟，一层笋，封固月余开用，其笋节内俱有油味，每糟十斤拌盐二斤。

---

① 潮泥：扬州方言，指用水和透的湿泥。

② 应时：适应季节。

炝笋：姜米、酱油、麻油。冬笋切菱角块，烧栗肉。

［ 笋干 ］

制笋干：每鲜笋一百斤，用盐五斤，水一桶，焯出汁晾干，复入笋汁煮熟，石压或用手揉。晒宜缓，午时后日烈下（**疑缺不字**）宜晒，朝阳夕照，分两日晒之（如在锅内夜则熟，晒，晒则枯。一日晒干则硬，火焙亦不软，故须缓晒。煮笋干，汁最鲜）。

生笋干：鲜笋去老头，大者劈四开，切二寸段，盐揉晒干，每十五斤晒成二斤，用以煨肉。又大毛笋煮熟，晒烘至半干，重石压一宿，仍晒、烘十分干，装瓶或加盐少许。

笋尖：出绍地平水镬、铅山尖、乌安村、达谷，此数处最高。亦以色红味淡，大小均匀为佳。龙须笋尖有菽味，雷笋行远同笋尖拌装不发霉。

徽笋：凡笋，老头不可去叶晒，用盐腌，每斤用盐三两，笋即徽（**疑为微字**）酥。取出洗净蒸熟，拌麻油、醋，老人最宜。

雷笋笋尖、天目笋回潮均不宜日晒，晒则味盐而肉枯，须用火烘。

淡笋脯：炸熟晒干，不加盐味，泔浸软可作衬菜。又笋脯，将笋煮熟好，入沙糖或洋糖煮黑色，切二寸半长，晒干收贮，须隔汤煮，着锅恐其易焦。

咸笋：用盐即名咸笋，盐多则色白，盐少则色红，短润、红淡者佳。雷笋同。

冬笋干：冬笋尖淡煮，烘干。

乌金笋干：乌金笋煮熟，或晒或烘半干，叠紧压一宿收，次日仍晒，须十分干用，稻草包入瓶内，其盐不拘多少。

糟笋干：不拘咸、淡笋干，泡煮过皆可入白酒娘。

青笋夹桃仁：青笋泡淡切段，中划一缝，夹入去皮胡桃仁，作衬菜。

拌笋干：笋干水泡撕丝，加虾米、醋拌。

素烧鱼：闽笋泡软对切开，如鱼形，嵌腐干片、面筋丝、笋丁，红酱烧，名素烧鱼。

素鳝鱼羹：天目笋泡软手撕，加线粉作羹。又青笋干，切长段，撕碎泡软，加线粉、笋片、香芃、木耳作羹，名素鳝鱼。

竹菇：竹根所出，生、熟可用，软菌更胜。

蒲笋（即蒲芦芽）：采嫩芽切段汤炸，布裹压干，加料如前作鲜。又芦芽烧肉。

笋脯：笋脯出处最多，以家园所烘为第一。取鲜笋加盐煮熟，上篮烘之。须昼夜还着火，稍不旺则馊矣。用清酱者色微黑，春笋皆可为之。又摇标笋新抽旁枝。细芽入盐汤略焯，烘干味更鲜。

天目笋：多在苏州发卖，其篓中盖面者最佳，下二寸便搀入老根，硬节矣，须出重价专买其盖面者数十条，如集狐成腋[1]之义。

玉兰片：以冬笋烘片，微加蜜焉（苏州系孙 [疑缺春字] 阳家，以虾老为佳）。

问政笋：俗称绣鞋底，无甚佳味，只可煨肉。

素火腿：处州[2]笋脯号素火腿，即处片也，久之太硬，不如买毛笋，自烘之为妙。

羊尾笋：笋脯有名羊尾者，质粗，然其嫩尖可用，惟衣太多，用时割之。

宣城笋脯：宣城[3]笋尖色黑而肥，与天目笋大同小异，极佳。

人参笋：取小春笋，制如人参形，微加蜜水，为扬州人所重之，故价颇贵，藏时拌以炒米。

笋油：笋十斤，蒸一日一夜，穿通其节铺板上，如作豆腐式，上加一板压而榨之，使汁水流出，加炒盐一两便是笋油，其笋晒干仍可作脯。

煮笋老汁：诸山[4]出笋干，有长煮笋干之汁，以之配浇各菜，鲜味绝伦。

---

① 集狐成腋：系集腋成裘之误。腋，兽类前肢和胸壁间的隐窝。裘，皮衣，意思是积少成多。

② 处州：古州名，在今浙江省丽水县一带。

③ 宣城：安徽省东南部的一个县，在水阳江中游，多产竹木。

④ 诸山：亦称诸广山，指罗霄山脉的南段，在湖南、江西两省边境。

［ 白萝卜 ］

江南四时皆有，各处所出，皆有不同，唯冬月者可用。生食作嗳[1]，熟则有益。

江宁板桥萝卜，皮色红，凡用白萝卜处，板桥萝卜一样好用。其有专用板桥萝卜者，似可不混。兹特另分一部。姑熟[2]东郊地方慕园，出一种小萝卜，小如钮扣，内极大者如桂圆，冬月有土人制为五香萝卜。

萝卜味薄，凡烹庖先入晕（疑为荤字）汁煮过用，若欲糟、酱，则糟内预加鲜味为佳。

荸荠萝卜：削如荸荠式，作衬菜。

橄榄萝卜：去皮削橄榄式，挖空滚水略焯，填鸡丝，配鸭舌、蘑菇、火腿丁，另用萝卜镶盖烧。

瓢萝卜：挖空入松仁、火腿丁烧。

炒萝卜丝：切丝，配鸡丝、蒜丝、脂油、酱油、酒炒。又萝卜略腌切丝，加蛋皮丝，烧肉卤拌。

萝卜煨肉：去皮略磕碎，配猪肉煨。

煨假元宵：萝卜削元如元眼大，挖空灌生肉丁或鸡脯子，镶盖入鸡汤煨。

徽州萝卜丝：冬月切丝晒干收贮，或配肉煮，或配豆腐煮俱可。

萝卜汤：切丝配豆腐、麻油、酱油、酒做汤。

拌萝卜丝：切扁条，一头切丝，淡盐腌半日，榨干，配走油腐皮、木耳炒，芝麻、花椒、时萝末，小磨麻油、酱油、醋拌。

拌三友萝卜：白萝卜、生笋、茭白俱切片，盐略腌，加麻油、花椒末、醋拌。

拌萝卜皮：辣味在皮，取白大萝卜皮装袋，入甜酱内七日取起，切丝加时萝末、姜丝、小磨麻油拌。

---

① 作嗳：即打嗝，从口腔排出胃部气体。

② 姑熟：亦称姑孰，因城南临姑孰江而得名。故址在今安徽省当涂县。

拌萝卜鲊：取细小者切片略腌，加大、小茴香末、姜、橘皮丝、芥末、醋拌。又滚水略炸沥干，入葱、花椒、姜、橘皮丝、时萝、红曲研，同盐腌一时即可用（又配笋、茭白糟鲊）。

糟醋萝卜：如旋梨式皮不旋断，中心同皮俱风干，用炒盐、干花椒、时萝揉透加糖醋。又切片晾干，入炒盐、干花椒、时萝揉透，加糖醋装瓶。

糖醋萝卜卷：拣顶大者切薄片晾干，将姜丝、时萝卷入。如指大，外用芫荽扎住，加红糖、酱油、醋少许装瓶。

酱萝卜卷：大萝卜切斜片，撒腌晒干，加时萝、茴香、松仁、杏仁俱卷入片内，用芹菜扎入甜酱。

酱萝卜包：大萝卜去皮，切一盖挖空，填建莲、杏仁、胡桃仁、松仁、瓜子仁，酱豆豉，将盖仍镶上，入甜酱十日可用（不去皮更脆）。

酱萝卜：萝卜取肥大者酱一、二日即用，甜脆可爱。有侯尼能制为鼋，剪片如蝴蝶，长至丈许，连翩不断亦奇也，承恩寺有卖者，用醋为之，亦以陈为妙。

酱小萝卜：小白者整用线穿，风干装袋，入甜酱十日取起，拌匀花椒、时萝。

酱油萝卜：整萝卜洗净，划破皮面，酱油和收，各半入锅，浸没萝卜，慢火煮半日，候温取出加麻油用。

醉萝卜：取冬萝卜细茎者，切作四条，线穿晾七分干，每斤用盐二两，腌透再晒至九分干，装瓶捺实，浇烧酒勿封口，数口（疑为日字）即略有气味，俟转杏黄色用稀布包香糟塞瓶口，甜美异常。

糟萝卜：大者切条，细者用整个，每斤用盐二两略揉，晾干同糟拌匀入瓮。又每萝卜一斤用盐三两，勿见水，揩净晒干，先将糟与盐拌好，再加萝卜拌匀，入瓮收贮。又石白矾[1]煎汤冷定，浸一复时，用滚酒泡糟入盐。又入铜钱，逐层摆萝卜上，腌十日取出，钱另换，糟加盐、酒，拌萝卜入坛。箬扎泥封。糟茭白、笋、菜、茄同。

---

① 石白矾：即白矾，一种复盐，常用作沉淀泥沙杂物，洁净饮用水。

卤萝卜：切方块，虾油浸。

熏萝卜：每个切四大条，盐略腌，晾干，柏枝熏。

浇萝卜：切方长小块置磁器中，掺生姜米、花椒粒，另用水及黄酒少许、盐、醋调和，入锅一滚即乘热浇上，浸没萝卜，急盖好贮用。又切骰子块，盐腌一宿晾干，将姜、橘皮丝、椒茴末滚醋浇拌晒干，磁瓶收贮，每萝（疑缺卜字）十斤，用盐半斤。

腌萝卜丝：切丝晾干，用炒盐、黄酒、时萝、大茴末、酱油拌揉，入芫荽段，装瓶。

腌萝卜条：制同萝卜丝，不加芫荽，用封菜[1]心拌揉入坛。

腌姑熟小萝卜：冬月取小萝卜切去菜[2]（蒂上留三四分，不齐蒂切去），摊晒七分干，五香盐腌，入坛（小萝卜产姑熟慕园地方，只亩许，以外皆大者）。

腌佛手萝卜：切作佛手式，制同生萝卜丝。

腌萝卜脯：整萝卜对开，盐腌透晒干，加红糖蒸晒三次，色黑而香美。又萝卜切薄片，线穿风干，不时揉之，肉厚而趣[3]，拌糖、醋、椒末、盐。

腌风萝卜：白萝卜切四块，红萝卜切小片，线穿风半月干透，加炒盐、醋、椒揉，瓶装。

腌人参萝卜：长细者整用，去皮，盐略腌晒干，加红糖拌蒸。

腌蓑衣萝卜：取苏州萝卜，切螺蛳缠纹，其丝连环不断，盐略腌晾干，糖腌装瓶。

腌笔管萝卜：取细长坚实者，微腌出卤，再浇热盐卤二次，漉出[4]。风七分干，浇净再晒，盐腌蒸，晒三次，作时入坛。

淮安萝卜干：不论红、白萝卜片，蒸热拌香料入坛，半年后可用。又萝

---

① 封菜：即风菜。

② 萝卜切去菜：去掉萝卜叶子。

③ 趣：扬州方言，有突出、美好等意思。

④ 漉出：漉，音 lù 滤，同滤，这里指把卤倒尽。

卜切丝，略腌晾干，滚水泡去辣味。蒸熟，陈久用。

萝卜汤：萝卜切二分厚片，用热锅烤黄，入水加虾米滚透（虾皮亦可，如虾皮末装袋入锅）酱油作汤。又烤后入水，只加胡椒末、酱油、醋。

萝卜菜：切碎盐揉，少加醋，配火腿装盘。

萝卜菜干：萝卜菜晾干洗净，略腌取出，晒透打肘①装坛，霉后用②。

风萝卜条：干后水洗再晾，拌糖醋，加风菜心、红萝卜条、椒末。又风干萝卜丝，徽人有治咸货之者。

萝卜汤圆：萝卜刨丝，滚熟去臭气微干，加葱、酱拌之，放粉圆作中馅，再用麻油炸之，汤滚亦可。

腌萝卜干：七、八月时候拔嫩水萝卜，拣五个指头大的，不要太大的，亦不要太老，去梗、叶整个洗净，晒五、六分干收起，称重，每斤配盐一两，匀拌揉软出水，装坛盖密，次早取起，向有日处半晒半风去水气，日过俟冷，再极力揉至水出，揉软色赤又装入坛盖，早仍取出风晒去水气，收来再极力揉至潮湿软红，用小口坛分装，务令叠实，稻草打直，塞口极紧，勿令透风漏，将罐复放阴地，不可晒日，一月后香脆可用，食时用一罐，用完再开别罐，庶乎③不坏，若再作小菜用，先将萝卜切小指大，条约二分厚、一寸二、三分长，晒至五、六分干，以下作法与整萝卜同。

［ 板桥萝卜 ］

烧板桥萝卜：切块炸过，加麻油、酱油、酒烧。又切条炸过，配风菜、麻油、酱油、酒、花椒、醋烹。

瓢板桥萝卜：大板桥萝卜去皮，鲜汁炸，挖空装羊肉丝、酱油，酒烧。

---

① 打肘：扬州方言，即绕成一把一把的，如拧干的毛巾把状。

② 霉后用：江淮流域每年初夏有较长时间阴雨，此时空气湿度大，物易生霉，故将这段时间称为"霉雨"。又因此时梅子黄熟，亦称"梅雨"。霉天后即进入盛夏。这里是讲，制好的萝卜菜干，可在第二年盛夏时食用。

③ 庶乎：差不多。

煨板桥萝卜：江宁小红萝卜去皮，先入开水煮过，配青菜头、笋汤、盐、酒煨。

拌板桥萝卜：剥取①红皮，配白蜇皮炸。虾油、蒜花或虾米、盐、酱油、麻油、醋拌。

酱板桥萝卜：顶大红萝卜切四桠②或切圆片，或整个入甜酱，数月可用。

［ 胡萝卜 ］

一名红萝卜，细长色红，扬州者色红黄。

胡萝卜炖羊肉：切缠刀块，配羊肉块煨。

红枣萝卜：切段削尖两头，淡盐腌一宿取出，滚水略悼，烘软，一头签孔灌时萝、椒末烘干。

拌胡萝卜：切丁头块，盐菜卤浸数日，取出晒极至红，次年春配小段青蒜，加炒盐拌匀装瓶，夏日用。又红萝卜略腌切丝，少加青菜心，红绿可爱。

烧胡萝卜：切块加麻油、酱油、酒烧。

拌胡萝卜：切丝加麻油、酱油、醋拌。

胡萝卜鲊：切片滚汤略悼（**疑为焯字**），晾干少加葱花、大、小茴香、姜丝、桔丝、花椒末、红曲米，同盐拌匀，腌一复时。

（**疑缺茭字**）白胡萝卜鲊：生萝卜、生茭白切片煮熟，笋切片，同前法作鲊。

淮安③胡萝卜干：切二分小方块拌麻油、醋，少加蒜泥。

芥菜胡萝卜：取红细胡萝卜切片，芥菜切碎，入醋略腌片时，食之甚脆。又加盐少许，大小茴香、姜、橘皮丝同腌、醋拌。

糖醋胡萝卜：切圆片，盐水焯熟烘干，用时加糖、醋、酒。

---

① 剥取：剥，音piāo飘。原为夺取，这里是拣用的意思。

② 四桠：扬州方言，四瓣。

③ 淮安：江苏省北部一个县，临近大运河入淮河处。淮安厨师善治长鱼席。特产有茶馓。

酱胡萝卜：盐腌一宿，风干入甜酱。又腌菜卤内泡数月，晒干入酱。

酱胡萝卜心：去外皮，入甜酱，十日取起，切丁头块，拌时萝、花椒装坛。

[青菜　白菜]

春日有小青菜、小白菜，三月有蔓菜，六月有火菜，十月有汤白菜，十一月有晚白菜，虽有大、小、先、后之不同，大约种类、风味俱相似，制法可以专用，亦可通用，此晕（疑为荤字）素咸宜[1]之物也。

白菜心嵌入鱼圆脍。

青菜烧撕碎熟蛋皮[2]　　青菜烧鸭舌。

青菜烧蟹肉，净蟹腿更好。　　青菜烧火腿片。

青菜烧虾米。　冬笋片皆宜多入脂油。

炒青菜：青菜择嫩者，笋炒之。夏日芥末拌，加微醋可以醒胃。

青菜烧杂果：不拘汤菜、白菜、蔓菜洗切，麻油炒，加栗肉、白果、笋片、冬菇、酱油、酒、姜汁烧。

烧晚青菜：切段，先用麻油略炒，配大魁栗[3]，煮烂去皮壳，加酱油、瓜酒（疑指木瓜酒）、生姜、醋烧。

烧汤菜[4]：取汤菜心切段，配芋头块，麻油、酱、酒烧。

烧白菜：白菜炒食，或笋煨亦可，火肉片煨，鸡汤煨亦可。

烧菜羹：取箭杆白嫩梗，去皮，骰子块，配脂油，笋、火腿各丁，豆粉、鸡汤煨。

拌白菜：焯过用清水一滤，挤干同熬过麻油、酱油、醋、洋糖拌，其色

---

① 咸宜：都适合。

② 熟蛋皮：煮熟的鸡蛋白。

③ 魁栗：大栗子。

④ 汤菜：扬州人称深秋的高梗青菜为汤菜。

青脆。豆芽、水芹同（熬麻油入花椒略沸即止，太过便无味。还冷可用）。

拌白菜丝：取生嫩心，配香芃丝拌。

拌晚菜头：切片盐腌，用时加麻油、醋拌。

烧蔓青菜：先用麻油炒，配腐皮、酱油、瓜酒、生姜烧。

腌蔓青菜：切段盐腌，加生姜丝，石压一昼夜，用时少入醋。

雪庵菜：菜必少留叶，每株寸段装碗，以乳酥饼作片，盖菜上，再加花椒末、盐、酒浇满碗中，上蒸笼。

三和菜：醋一分、酒一分、水一分，甘草、盐调和煎滚，菜切段拌匀，加姜丝、橘皮丝少许，白芷二斤，重汤蒸。

蒸菜干：洗净阴干，滚水焯半熟，晾干，加盐、酱油、花椒、时萝、橘皮、砂糖同煮。又晒干收贮，用时加麻油、醋，饭上蒸。

糖春菜：春日青菜头切半寸段，用盐腌去卤，拌洋糖、姜米。又切半寸段拌火腿丝，虾米、熟芝麻，少加醋。

拌冬菜心：取菜心风一、二日焯，或淡盐略腌，加虾米、麻油、醋拌。

炒青菜心：配冬笋片、千张①豆腐，多用脂油炒。又配茭瓜片，麻油炒。

炒腌菜心：腌菜心配冬笋片，少加豆腐、作料炒。

白菜鲜：冬白菜嫩者去头、尾，切三分段，淡盐腌一宿挤干，入炒盐、时萝，不宜过咸。

姜醋白菜：嫩白菜洗净阴干，取头刀、二刀，盐腌入瓶。另用醋、麻油煎滚，一层菜一层盐、姜丝，将麻油、醋浇之收贮。

甜干菜：取白菜加洋糖煮，仍晒干，切段装瓶。

蜜饯干菜：腌白菜晒干，用洋糖煮；仍晒干，拌蜜装瓶。

蒜咸菜：小雪后腌菜，每株内加夹青蒜二、三根，打肘装瓶。

风瘪菜：将冬菜心风干，腌后榨出其卤，小瓶装之，泥封其口，倒放灰上，夏食之其色黄，其臭②香。

---

① 千张：豆腐干压成长方形薄片叫千张，扬州人又叫百页。

② 臭：气味。

炸风菜：风干略焯，挤去水，入盐、椒、麻油拌，装瓶。

风白菜心：冬菜取嫩心，用绳扎起悬风处，或煮或炒皆可。

腌白菜：每菜一百斤，先晒瘪[①]，洗净晾干，用盐八斤，多则咸，少则淡，盐内拌碎熟芝麻，用时似有油而香。

腌菜缸内置大石压三、四日，打肘装坛，约加盐三斤，浇以河水，封口用盐卤拌草灰，不用草塞。

冬日腌熟白菜，须于未立春前，将腌菜每株绞紧，装小坛捺实，灌满原卤，加重盐封口，放避风阴处，可至来夏[②]不坏。临用开之，勿见风，见风黑。又暴腌菜略晒即可腌，切碎腌更便。又腌菜洗净，阴干不可脚踏，加盐叠腌，其菜脆而甘美。又腌白菜取高种而根株小，晚稻田种不经雪者佳，经霜皮脱。早稻田种者瘦，棵大者难干，取散船菜若成把，多塞黄叶、烂泥。又腌用小缸，易完而味不酸。

五香冬菜：取嫩菜洗净阴干，每菜十斤，盐十两，加甘草数茎，时萝、茴香装瓮，以手捺实至半瓮，再加前甘草等物装瓮满。重石压之，三日后挤捺，倒去卤，另贮净器，忌生水，俟干，略以盐卤浇上，又七日照前法再倒，始用新汲水浸没，仍用重石压，如交春[③]用不尽，滚水焯，晒干装坛，或煮或蒸，并煨肉、烧豆腐亦可。

冬菜汤：配虾米、笋片做汤。

霉干菜：每菜一百斤，用盐四斤，河水洗净晒干，焯透再晒，切碎蒸过再晒，即为霉干菜。

腌汤菜：冬月腌七日，加炒盐、姜丝、花椒、时萝，打肘入坛，盐封口，临用洗切。

风汤菜：风干切段，用麻油、酱油、酒炒，入磁坛内，加芥末闷。

水菜：洗净白菜一百斤，晾三日，用盐五斤腌三日，加生姜、炒盐、时

---

① 晒瘪：晒蔫巴了，扬州方言。

② 来夏：第二年夏天。

③ 交春：扬州方言，即立春，到了春天。

萝拌匀，洒入菜头内即打肘，以本身叶包装坛。五日作料入味，河水洗净用。

酸干菜：咸菜晒干，用原卤加醋、红糖煮，或拌黑豆煮。

腊菜头：腊月极冻日①，将腌半干切碎，用黄豆或黑豆，大约六分豆、四分菜、一分红糖、一分酒同菜卤入锅，较豆低半指，煮时用勺屡焯，俟熟取出。铺地冷透，加花椒、茴香，经年不坏。

冬菡菜：冬菜略洗净，入滚水焯二分熟装坛，盖满凉水，箸盖晒，七日可用。

糟白菜：净菜一百斤，盐四斤腌透，八分榨干，加花椒一两、麻油二斤、时萝一两，本身菜叶包好，麻油（疑为衍字）皮扎，一层菜一层酒娘封固。又菜晒干切二寸段，每颗只取头边第二刀以椒盐细末糁上，每一刀大叶一片，包裹入坛，一层一层酒娘封好，月余取用。

酱菜苔梗：青菜苔梗去皮，盐腌晒干，入甜酱十日取出，抹去酱，切小段。

陈糟菜：取腌过风瘪菜，以食菜叶包之，每放一小包，铺香糟一层，重叠坛中，取食时开包用之，糟不粘菜，而菜得糟味。

酸菜：冬菜心微腌，加糖、醋、芥末，带卤入坛中，微加酱油亦可。又用整白菜下滚水一焯，不可太熟取起，先用时收贮，有煮面汤，其味至酸，将焯菜装坛，面汤灌之，淹密为度，十日可用。若无面汤，以饭汤作酸亦可。又将白菜披开、切断，入滚水一焯，取起，要取得快才好，即刻入坛，用焯菜之水灌下，随手将坛口封固，勿令泄气，次日可开用，菜既酸、脆，汁亦不浑。

甜辣菜：白菜帮带心、叶，一并切寸半许长，俟锅中滚有声，将菜一焯，取起晾干，以米醋和洋糖、细姜丝、花椒、芥末、麻油少许调匀，倾入菜内拌好装坛，三、四日可用，甚美。

三辣菜：萝卜切寸段，用盐少许腌一宿，取起入蒲包压去水，白菜心、芥菜心俱风干，切成小段用滚水泡，将二菜并萝卜洗净又晒干，用小茴香、

①极冻日：很冷的日子。

花椒末再加细盐拌之入坛，挈^①好封固，一月后即可用。加红萝卜丝亦可。

十香菜：嫩姜去皮切细丝，红萝卜切细丝，藕去皮切细丝，滚水焯过半熟，山药切丝亦焯过，白菜心切寸长，滚水焯半熟，芫荽用梗切寸长，生用，酱瓜切细丝，腌花椒、杏仁去皮，每种酌量加入，以酱油泡过头，如淡，加盐，太咸，加冷滚水，入瓜子仁、栗片更好。

甜酱菜干：拣元梗白菜，洗净阴干，入滚盐水焯，颟^②后用菜，嫩而味甜，饭锅上蒸之。又白菜干蒸黑，切寸段麻油拌用，以之烧肉，日久不坏。

[黄芽菜（八月有，正月止）]

安宿^③者佳，无筋而肥。

种黄芽菜止留菜心，埋地二寸许，以粪土压平，覆以大缸，外加土密封，半月后其菜发芽，可以取用。

制黄芽菜：杭人取黄芽菜，于每颗心内加花椒一、二粒，少许入缸钵，以石压之，外加水浸，一日即脆美可用。

炒黄芽菜：炒鸡作配搭^④其佳，单炒亦佳，醋搂之半生半熟更脆，北方菜也。

烧黄芽菜：取心切段，配火腿、冬笋片，多用猪油烧。亦有入糯米小汤圆烧，切段配笋丝或菌丝、酱油、酒、笋汤或蘑菇汤烧烂用。

拌黄芽菜：生菜心切碎，配虾米、麻油、醋拌。

黄芽菜煨羊肉：切寸段用煨。又黄芽菜煨家乡肉亦好。

醋搂黄芽菜：取片寸段微炒，加麻油、醋搂，少入酱油。

蜜饯黄芽菜：取片腌咸晾干，加洋糖、蜜、茴香、姜丝、时萝装瓶。

---

① 挈：疑为挈，音 qiān 牵，坚固。

② 颟：疑为黰，音 zhēn 真，黑貌。

③ 安宿：又作安肃，古州县名，在今河北省徐水县一带。

④ 作配搭：当作搭配，作配菜。

腌黄芽菜：整棵黄芽菜洗净挂绳阴半干，以黄叶为度，切五寸长，用盐揉匀，隔宿取出，挤去汁，入整花椒、小茴、橘皮、黄酒拌匀，不可过腌，亦不可太湿，装小坛封固，三日后可用。若欲久放，必将菜汁去尽，仍不变味。

腌黄芽菜：小雪时，取黄芽菜去外老皮，晾一日，每百斤用盐八斤腌，入缸七、八日取出。加时萝、茴香、姜丝，塞入菜，心装坛。原卤浇满，十数日可用。春日用之更佳。又腌黄芽菜淡则味鲜，咸则味恶，然欲久放则非咸不可，常腌一大坛，三伏[①]时开之，上半截开臭，而下半截香美异常，色如白玉甚矣。相士之不可但观皮毛也[②]。腌冬菜同。

暴腌黄芽菜：三日即可用。

拌暴腌黄芽菜：菜心切半寸段，淡盐腌半日，拌麻油、姜米、醋，亦可加虾米、火腿丁。

醋黄芽菜：去叶，晒软摊开，菜心更晒，令内外俱软，炒盐叠一、二日。晾干装坛，一层菜一层茴香、椒末，捺实灌满，一日可用，各菜俱可做。

酱黄芽菜：整棵去根，装袋，入甜酱，七日取起，切小段，拌盐、姜丝装瓶。黄芽葱（疑为菜字）用时萝，不用姜丝，余法同。

[芥菜（冬月者佳，春季次之）]

拌芥菜：十月取新嫩芥菜，细切，滚水略焯，加莴苣干、熟芝麻、麻油、芥花、飞盐拌匀入瓮，三、五日开用。

拌芥菜头：切丝焯熟，加麻油、酱油、酒炒，芝麻拌。

炒芥菜：加麻油、酱油、酒、醋炒。

烧芥菜：鲜菜略风干，切寸段，加甜酱、醋烧，不可过熟，其味乃辣，亦有加萝卜小片者。

[①] 三伏：一年中最热的时候。农历以夏至后第三个庚日为头伏，第四个庚日为中伏，立秋后第一个庚日为末伏，连称三伏，大约相当于公历七月中旬到八月下旬。

[②] 相士之不可但观皮毛也：算命相面的人不可单看外表。和上文联起来，是说开坛以后上面的菜虽已臭了，但下面的菜却极其香美。

烧芥菜苔：配笋加麻油、酱油、酒烧。

焖芥菜苔：腌数日，入蒲包榨干，加花椒、时萝入磁瓶焖。

焖芥菜头：切丝，投滚水炸，加青豆、炒盐入磁瓶焖。

风芥菜：取菜心晾透风处阴干，加炒盐、茴香、时萝揉软，各绾小髻①，入坛封好，可留至次年六月。

乌芥菜心：切段，用飞盐轻手拌匀晒干，饭上蒸熟，加红糖、醋、时萝各少许，拌匀装瓶封固，可用一年。

腌蒜芥菜：芥菜配蒜片，盐腌榨干，加炒盐、时萝装瓶。

辣芥菜：勿见生水，阴干后滚水略焯晾冷，飞盐、酒拌入瓮，浇菜卤封好，放冷地。

芥菜齑：洗净，将菜头十字劈开，晒干后切碎，取小萝卜切两半，亦晒干，复切小方片，并作一处，加盐、椒末、茴香、酒、醋拌腌，入瓮三日后可用。青间白杂，鲜洁可爱。

倒覆芥菜：冬月取青紫芥切寸段，入萝卜片、炒盐揉透装坛，倒覆地上，一月后可用，加香料更好。

藏芥菜：勿见生水，晒六、七分干去叶，每斤盐二两，腌一宿取出，扎小肘装瓶，倒转沥水，用器盛接，将水入锅煎清，仍浇入封固，夏月用。

冬芥：名雪里红，菜十斤、炒盐十两腌缸内，三日揉一次，另过一缸②，菜卤收贮三日，又揉一次，如此五次。加花椒、时萝，捺实装坛，倾入菜卤泥封，不可太湿。又去整腌，以淡为佳。又取菜心风干切碎，腌入瓶中，熟后放鱼羹，极鲜。或用醋拌作辣菜亦可。

糟芥菜梗：取梗寸段，略腌装袋，入陈糟坛。

闭瓮菜：有干、水二种，干则菜晾干、洗净，再晾干，加花椒盐打肘，入坛捺实，可以久留。水则做法如上，入坛后七日即生水，灌满用之。

---

① 各绾小髻：绾，音wǎn碗，盘结。髻，音jì计，束在一块的头发。意即打成一个个的菜把子。

② 另过一缸：揉制后放到另一只缸内。

经年芥菜：菜不犯水，阴霉（疑为处字）挂六、七分干，每十斤约加盐半斤、好醋三斤，先将盐、醋烧滚候冷，取生芥菜心切段拌匀，小瓶分装，泥封一年，临用加麻油、酱油。

香干菜：春芥心风干取梗，淡腌晒干，加酒、糖、酱油拌，再蒸之，风干入瓶。又取春芥心风干，刮碎腌熟入瓶，号称椰菜。

芥头：芥根切片，入菜同腌，食之甚脆。或整腌晒干作脯，食之尤妙。

芝麻菜：腌芥晒干，刮之极碎，蒸而食之，号芝麻菜。

腌芥菜：整颗芥菜，将菜头老处先处（先处疑为衍字）先行切起另煮，外其菜身，剖作两半，若菜大，剖作四半，晒至干软，晾过两日，收脚盆中，每菜十斤，配盐三斤，要淡二斤半亦可。将盐一半，先撒菜内，手揉软收大缸，面上用重石压之，过三日先将净盆放平稳地方，盆上横以木板，用米篮架上，将菜捞起入篮内，仍用重石压至汁尽，一面将汁煎滚候冷、澄清，一面将菜肘作把子，将原留之盐，重重配装入瓶瓮。用十字竹板结之，最要捺实，再将清汁灌下，以腌密为度。瓮口泥封，瓮只用小，不必太大，用完一瓮，再开别瓮，日久不坏。又小满前收腌芥入坛，可交新[1]。

霉干菜：将菜晒两日，每十斤配盐一斤，拌揉出汁装盆，重石压六、七日，捞起时用原卤摆洗去沙，晒极干蒸之，务令极透晾冷，揉软再晒，再蒸再揉四次，肘作把子装坛，塞紧候用。或蒸时每次用老酒灌之。

辣菜：取芥菜之旁芽、内叶并心、尾二、三节，晒两日半，其根须剖晒切寸为段，用清水比菜略多，将水下锅，煮至锅边有声，下菜，用勺翻二、三遍，急取起，压去水气，用姜丝、淡盐花作速合拌，装瓶塞口，勿令稀松，其瓶口用滚芥叶水盈（疑为烫字）过，加纸二、三重封好，将口倒覆灶上，二、三时后，久移覆地下，一日开用。要咸用盐、醋、脂油或麻油拌；要甜，用糖、醋、麻油拌。

经年芥菜辣：芥菜心不着水，挂晒至六、七分干，切短条子，每十斤用盐半斤，好米醋三斤，先将盐、醋煮滚，候冷下芥菜拌匀，磁瓶分装，泥封

---

① 交新：到第二年新芥菜收获之时。

一年可用，临用加油、酱等料。

香干菜（一名窨菜①）生芥心并叶、梗皆可，切寸段许长，嫩心即整棵用，老者拣去。如冬瓜片子，叶晒干，淡盐少许，揉得极软，装入小口坛，用稻直（疑为草字）塞紧，将罐倒覆地下，不必日晒，一月可用。或干用，或拌老酒或醋皆可，盐太淡即发霉，每斤菜加盐一两，少亦六、七钱。

瓮菜：每菜十斤，配炒盐四十两，将盐层层隔铺揉匀，入缸腌压三日，取起入盆，手揉一遍换缸，盐卤留用，过三日又将菜取起，再揉一遍，又换缸，留卤候用，如是九遍装瓮，每层菜上各撒花椒、小茴香，如此结实装好，将留存菜卤，每坛入三碗泥封，过年可用，甚美。留存菜卤，若先下锅煮滚，取起，候冷，澄去浑底，加入更妙。

香小菜：用生芥心或叶并梗皆可，先切一寸长，晒干加盐少许，揉得极软装坛，以老酒灌下作汁，封口日晒，如干再加酒。

五香菜：每菜十斤，配盐研细六两四钱，先将菜逐叶披开，梗头厚处亦切碎，或先切寸许，分晒至六、七分干，下盐揉至发香极软，加花椒、小茴、陈皮丝拌匀装坛，用草塞口极紧，勿令透气，覆藏勿仰，一月可用。

煮菜配物：芥菜心将老皮去尽，切片用煮肉之汤煮滚下菜，煮一、二滚捞起，置水中泡冷取起，候配物同煮至熟。其青翠之色，旧也不变，黄亦不过，甚为好看。

[大头菜（十月有）]

大头菜出南京承恩寺，愈陈愈佳，入晕（疑为荤字）菜中最能发鲜。

大头菜脯：北来大头菜，滚水焯去咸味，加花椒、茴香、洋糖蒸，装坛，一年后用更美。

五香大头菜：时萝、小茴、姜丝、橘丝、芝麻裹入菜心，打肘。

拌大头菜：细切丝水浸，晾干，拌麻油、醋、芝麻酱。

---

① 窨：音 yìn 印，地下室、地窖。亦指藏在地窖内。

梅大头菜：大头菜蒸熟，加洋糖、醋，日晒夜露，一年后用。

[油菜台（正月有，二月止）]

腌台心菜：取春日台菜心腌之，榨出其卤，装小瓶，夏天用之，风干其花，即名菜心头，可以烹肉。

油菜台干：取菜台入滚水一焯，晒干贮用，多贮更好。菜台味最美，惜不能常食，当其上市，遇天日晴好，即多购焯晒，如日暮尚未全干，微用炭火焙之，总以一日制好为有味，越宿则味减[①]。

炒台心菜：台菜最懦[②]，剥去外皮入蘑菇、新笋作汤。又炒用，加虾米亦佳。

霉干菜：油菜心连梗切寸段，以滚水焯过，取起日晒，略停一时，用手揉，如是七、八次，务须一日做完，择日色晴明，办之入坛，蒸过晾冷后，入坛封固听用，炒肉极美。又油菜心腌后，晒干甚嫩。

油菜台烧肉：配肉，取心切段红烧。

拌油菜台：开水焯，加酱油、盐水、麻油、醋拌。又略腌，加麻油、醋拌。

青菜（疑为菜台）煨海蜇：取菜台配海蜇、鸡汤煨，衬鸭舌、笋片、蘑菇、青菜台、虾。鱼翅同。

瓶儿菜：春日菜台，不见水，切半寸段，每一担，盐四斤，腌三日榨干，炒盐、时萝、茴香，贮小瓦瓶，瓶口用布塞紧，倒控灰内，三月取用（瓶儿菜拌青蒜梗，收贮甚佳）。

炒瓶儿菜：配鸡脯作料炒。

豆儿菜：青菜心切段，晒略干，入炒黄豆、姜丝，每菜一斤，盐一两，麻油拌匀，揉得有卤装瓶。

---

① 越宿则味减：过了夜味就差了。

② 最懦：懦，软弱，引申为嫩。最懦即最嫩。

芥末菜心：苔菜心风干，麻油微炒，入酱油即起，加发过①芥末装瓶。

[瓢儿菜]

江宁者佳。

烧瓢儿菜：先用麻油炒，配冬笋、酱油、瓜、生姜、醋烧。

炒瓶儿菜：炒瓶儿菜心，以干鲜无汤为贵。雪压后更软，不必加别物；又配千张豆腐、麻油、酱油、酒、姜米炒。

甜菜：与鲜芥菜同煮，另有一味，必用荤（疑为荤字）汁始美。甜菜梗入汤先煮，次入叶煮，取出挤干，拌醋、姜、酱油、麻油。

乌松菜：取嫩茎，汤焯半熟，扭干切碎块，入油略炒，少加醋，停一刻用。

阿兰菜：阿兰菜出南京南门外，采而干之，临用蒸熟，加麻油、酱油、虾米屑。

蕨菜：蕨菜不可爱惜，须尽去其枝、叶，单取直根，洗净煨烂，再用鸡肉汤煨，必买关东者才肥。

珍珠菜：与蕨菜制法相同。

羊肚菜：出湖北。食法与葛仙米②同。

[韭菜（三月有，初冬止）]

凡用韭菜，不可过熟。

炒韭菜：配野鸡片，作料炒。又摊蛋皮配炒。又专取韭白加虾米炒之，或鲜虾亦可，肉亦可，甲鱼亦可。

拌韭菜芽：摊蛋皮加作料拌。

---

① 发过：此处指用水泡胀过的。

② 葛仙米：葛仙俗称地耳，含胶质，湿时绿色，干后灰黑，附生于潮湿的草根上。米，即米粒大小的细末。

腌韭菜：霜前拣肥嫩无黄梢者洗净，一层韭菜一层盐，一日翻数次，装坛时浇入原汁，上加麻油封口。

糖醋韭菜：韭菜头，盐腌榨干，入糖、醋装瓶。

腌韭菜花：配肉烧，或浇麻油、醋用。

［ 苋菜（三月有，六月止）］

苋菜大则无味，止可拌肉作馅。其初出寸许时，不拘青、红二种，可配鸡肉、火腿、笋、香芃作供，其力能壮人。

烧苋菜：择苋菜嫩头，不见水，加磨碎香芃、虾仁烧。又苋菜先用麻油炒、配笋片、茭儿菜、蘑菇、笋汁、酱油、酒、姜米烧。

蒸苋菜：先用潮腐皮将蒸笼底及四围布满，不可令有罅漏[1]，多放熟脂油，将整棵苋菜心铺上，蒸半熟，加酱油、酒再蒸，其色与生菜无异，白菜心同。

脍嫩苋菜头：配小片鸭蛋白，鸡汤脍。

苋菜：鲜苋菜，加磨碎虾米粉，鸡油作羹。

苋菜汤：配石膏豆窝丁、盐、酒、姜汁、鸡汤脍。

马齿苋：采苗叶，先以水炸过，晒干，油、盐拌。

拌苋菜：苋菜采苗叶，熟水洗净，加油、盐拌。又晒干炸，用油（疑为尤字）佳。

炒苋菜：苋菜须细摘嫩尖，干炒，不（疑多不字）加虾米，虾仁更佳。

［ 菠菜（九月有，次年三月止）］

菠菜肥嫩，加酱、水豆腐煮之，杭人名金镶白玉板是也，如此菜虽素而浓，何必更加笋尖，香芃矣。

菠菜汤：先用麻油一炒，配石膏豆腐、酱油、醋、姜做汤。

---

[1] 罅漏：罅疑为罅（音 xià 下），瓦器的裂缝，引申为缝。罅漏，有裂缝而漏气。

拌菠菜：炸熟，配炸腐皮，麻油、酱油、醋、姜汁、炒芝麻拌。或加徽干丁。

[莼菜（四月有，清虚物也）]

莼菜：滚水略焯，加姜、醋拌。

莼羹：莼、蕈、蟹黄、鱼肋作羹，名曰"四美"。又配肉丝、豆粉作羹。

[芹菜（腊月起，五月止。杭州及江宁者佳，野芹六、七月尚有）]

芹菜，素物也。取白根炒之，加笋，以熟为度。今人有以炒肉者，清、浊不伦不熟（疑为类字），虽脆无味，若生拌野鸡，又当别论。

熏芹菜：取近根一段，晒干装袋，入甜酱七日，取起熏。

炒芹菜：配笋片、麻油、酱油炒。又切碎配五香腐干丁、麻油、酱油炒。又配冬笋片，晕（疑为荤字）素俱可。

拌芹菜：滚水炸过，加姜、醋、麻油拌。又取近根白头切寸段，配韭菜、荸荠小片，熟鸡丝、白萝卜丝、盐、醋拌，亦有少加洋糖者。

罐头芽菜：盐滚水炸过入罐，浇熟麻油、醋、酱、芥末少许。

卤水芹菜：寸段用矾（疑为盐字）略腌，浸虾油。

五香芹菜：盐腌晒干，切段，拌花椒、小茴、大茴、丁香、炒盐，装瓶。

腌芹菜：盐腌晒干。

酱芹菜：盐腌数日，晒干，入甜酱。

糖醋芹菜：出仪征县，或腌或酱，干水芹略硬。

野芹菜：芹菜拣嫩而长大者，去叶取梗，将大头剖开，作三、四瓣，晒微干揉软，每瓣缠作二寸长把子，即用酱过酱瓜之旧酱，二十日可用，要用时取出，用手将酱搌去，加切寸许长，青翠香美，不可下水洗，水洗即淡而无味。如无旧酱，即将缠把芹菜，每斤配盐一两二钱，逐层腌入盆内，二、三日取出，用原卤洗净，晒微干，将腌菜之卤，澄去浑脚，倾入酱瓜（疑为衍字）黄内（酱黄瓜即东洋酱瓜仍用之酱黄）包搅作酱，酱芹菜对配如酱瓜法，层层装入坛内封固，不用日晒，二十日可用矣。

［荠菜（端月①有，四月止）］

东风荠（即荠菜）：采荠一、二斤洗净，入淘米水三升，生姜一块，捶碎同煮，上浇麻油，不可动。则有生油气，不着一些盐、醋。如知此味，海陆八珍皆不足数也。

拌荠菜：摘洗净，加麻油、酱油、姜米、腐皮拌。

炒荠菜：配腐干丁，加作料、炒熟芝麻或笋丁炒。

荠菜子：采子用水调搅，良久成块，或作烧饼或煮粥，味甚粘滑，叶炸作菜，或煮作羹皆可。

［香椿（二、三月有）］

柚椿：嫩椿头酱油、醋煮，连汁贮瓶。

椿头油：取半老椿头，阴干切碎，微炒磨末，装小瓶罐，加小磨麻油，封固二十日，细袋煮出渣收贮。用时取一匙入菜内，此僧家②秘法也。

制椿芽：采头芽滚水略焯，少加盐，拌芝麻，可留年余，供茶最美。炒面筋、烧豆腐无一不可。又采嫩芽焯熟，水浸洗净，油、盐拌。

椿菜拌豆腐：取嫩头焯过，切碎，拌生豆腐加酱油、麻油拌。白片肉同。

熏椿：椿头肥嫩者，盐略腌，晾干熏。

腌香椿：盐腌数日，晒干切碎，或入甜酱，或随腌拌用，又腌香椿，滚水泡过，略焖沥干，拌麻油、醋。

---

① 端月：即农历正月。秦初因避秦始皇（名政）讳改称端月。

② 僧家：寺庙。

干香椿扎墩梅：见梅部

椿树根：秋前采根，晒干捣筛，和面作小块，清水煮，加麻油、盐拌。

[蓬蒿菜（春二、三月，秋八、九月皆有）]

蓬蒿汁：取汁加豆粉、火腿、笋、芃各丁作羹，色绿可爱，味亦鲜美。

蓬蒿羹：煮极烂，加按扁鸽蛋、鸡油作羹。又取蒿尖，用油炸瘪，放鸡汤中滚之，起时加松菌百枚。

煨蓬蒿：配鸡油煨。

脍蓬蒿：配石膏豆腐丁，加盐、酒、姜汁、鸡汤脍，亦可做汤。

蓬蒿汤：取嫩尖，用虾米熬汁和作料做汤。苋菜同。又配豆腐加麻油、酒、酱油、姜做汤。

炒蓬蒿：配香芃或笋、盐、酒、麻油炒。

酱蓬蒿：蓬蒿去叶用梗腌一日，滚水焯过晒干，入甜酱。又炸过，拌洋糖。

拌蓬蒿：焯熟去水，加芝麻、酱油、麻油、笋丁拌。又采苗、叶焯熟，水浸洗净，油、盐拌拌，加徽干丁。

煎蓬蒿圆：蓬蒿尖刮碎，拌豆粉，加笋汁、姜米、盐刮透作圆，入酒、麻油煎。

[蒌蒿]

春夏有，生江中，味甚香而脆爽，有青、红二种，青者更佳。春初取心苗，入茶最香，叶可熟用，夏、秋更可作齑。

拌蒌蒿：滚水焯，加酱油、麻油拌。

蒌蒿炒豆腐　　蒌蒿炒肉

水腌蒌蒿：取青色肥大者，摘尽老头，腌一日，可作小菜。若欲装罐，须重用盐，连卤收贮，脆绿可爱，但见风即黑，临用时取出始妙。罐宜小，取其易于用完，又开别罐，若大罐屡开，未免透风。

干腌蒌蒿：取肥大者，不论青红，因其晒干同归于黑。重盐腌二日，取起晒干，入坛贮用。又缚胡桃仁，配围碟。

［莴苣（一名莴笋，二、三月有，五月止）］

食莴苣有二法：新酱者松脆可爱，或腌之为脯，切片食之甚鲜，然必以（疑缺淡字）为贵，咸则味恶矣。

拌莴苣：切片滚水泡过，加麻油、糖、醋、姜米拌。又配虾米拌同。

香莴苣：刮成橄榄式，作衬菜。又切小片同。

炒莴苣：斜切片配春笋炒。又切小片炒。

拌莴苣干：盐略腌晒干，用时温水泡软，切寸段，加洋糖、醋拌。淡苣干同。

瓤莴苣：香莴苣去皮，削荸荠式，头上切一片作盖，挖空填鸡绒，仍将盖签上烧。

莴苣圆：取香莴苣心，拌鸡脯刮碎，加酱、豆粉作圆胗。

烘莴苣豆：香莴苣去皮叶，盐腌一日，次日切小块，滚水焯，晾干，隔纸火烘成豆，加玫瑰瓣或桂蕊（疑为蕊字）拌匀封贮，其味香味美，色绿而脆。

腌莴苣：每一百斤，盐一斤四两，腌一宿晒起。原卤煎滚冷定，再入莴苣浸二次晒干，用玫瑰花间层收贮。

酱莴苣：切段装袋，入甜酱缸。

糟莴苣：晾干略腌，入陈糟坛。

莴苣叶：盐腌晒干，夏月拌麻油，饭上蒸，亦可同肉煮。

［豌豆头（春社日①俱有）］

炒豌豆头：加麻油、酱油炒，配一切菜。

---

① 春社日：古时在立春后第五个戊日祭祀土神，这一天即为春社日。

拌豌豆头：炸熟加麻油、酱油、醋拌。

[紫果菜（四月有，八月止）]

烩豆腐。又可作衬菜。

[金针菜]

炸金针：洗净切去两头，拖面入麻油炸脆，拌炒盐、椒面。又拖鸡蛋清。脂油炸，盐叠。

炒金针：洗净切去两头，加麻池（疑为油字）、酒、醋、酱油炒。

金针煨肉：洗净切段，配肥肉、酱油、酒煨。炒肉同。

拌金针：焯出，配笋丝、木耳、酱油、醋拌。

金针炒豆腐：切寸段，配豆腐、作料炒。

[茭白（一名茭瓜。三、四月有，七月止）]

拌茭白：焯过切薄片，加酱油、醋、芥末或椒末拌。又生茭白切小薄片略腌，洒椒末。又切丝略腌，拌芥末、醋。又拌甜酱。又拌肥肉片。又切块拌酱油、麻油。

茭白烧肉：切滚刀块，配肉烧。

炒茭白：切小片配茶干片炒。又切块加麻油、酱油、酒炒。又茭白炒肉、炒鸡俱可。切整段，酱、醋、炙之，尤佳。初出太细者无味。

茭白鲊：切片焯过，取起加时萝、茴香、花椒、红曲，俱研末，用盐拌匀，细葱丝同腌一时。藕稍同。

茭白脯：茭白入酱，取起风干，切片成脯，与笋脯相似，又与萝卜脯制同。

糖（疑为糟字）茭白：整个用布包，入陈糟坛。

酱茭白：用刀划痕，盐腌一、二日，入甜酱。茭儿菜同。

糖醋茭白：茭白切四桠，晒一日，入炒盐揉透，加糖，醋装瓶。

酱油浸茭白：切骨牌薄片，浸酱油，半日可用，充小菜。

［ 茭儿菜（正月有，九月止）］

茭儿菜汤：麻油炒过，配香芃、腐皮、酱油、瓜、酒、姜汁做汤。

拌茭儿菜：炸熟，配白煮肉片、香椿芽拌。又配虾米拌。

［ 芋芀（七月有，二月止）］

本身无味，借它味以成味。十月天晴时，取芋子、芋头，晒之极干，放草中物便（疑为勿被）冻伤，春间煮食，甘香异常。又煮芋入草汤易酥。芋性柔腻，入晕（疑为荤字）入素，可切碎作鸭羹，或用芋子煨肉。可同豆腐加酱油煨。选小芋子，入嫩鸡煨汤，妙极。

芝麻芋：芋子去皮，烧烂，拌熟芝麻、洋糖。

煨芋子：煨半熟去皮，面裹重烧，其味甚香，蘸酱油、糟油、虾油或洋糖、盐。又配肉块红煨烧亦可。

烤芋片：片切三分厚，锅内放水少许烧熟，将芋片贴锅上无水处烤，俟熟，将芋片翻转再烤，蘸洋糖。

烧芋子：切片，配麻腐（疑为油字）烧。

油烧芋：切块入肉汁煮，加火腿、笋片烧。

炸芋片：芋头去皮，麻油炸，椒盐叠。芋子同。

炸熟芋片：熟芋切片，用杏仁、榧仁①研末和面，加甜酱拖片油炸。

---

① 榧仁：紫杉科常绿乔木，雌雄异株，春末开花，第二年秋天结广椭圆形果实，果肉曰榧仁。可食用、榨油，亦可入药。

煎熟芋片：切片，脂油、酱油、酒煎。又切片拖面，加飞盐煎。

泥煨芋头：芋头去皮，挖空装烧肉丝或鸡绒，仍用芋片盖口，粘豆粉，湿纸裹，加潮黄泥涂满，草煨透，去泥用。又，拣晒干老芋子，湿纸裹，煨一宿去皮，蘸洋糖用，甚香。

瓤芋子：取大者，用鸡肉丁、火腿丁填入烧。

瓤芋头：填螃蟹肉烧亦可。

玉糁羹：生芋捣烂、拧汁，鸡汤脍。

芋艿汤：芋子、豆腐，俱用切片、青菜、脂油作汤。

山芋头：采芋切片，用榧子、煮去苦味杏仁为末，少加酱水或盐和面，将芋片拖煎。

芋煨白菜：煨芋极烂，入白菜心烹之，加酱水调和，家常菜之最佳者。惟白菜须新摘肥嫩者。色青则老，久则枯闭。瓮菜卤煮芋子、香芋、老菱肉用。甜酱红烧芋子，芋子挖空填洋塘面油炸。香芋同。

第八卷　茶酒部

［茶酒单］

七碗生风，一杯忘世，非饮用六清不可①。作茶酒单。空心酒忘（**疑为忌字**）饮，宜饭后②。戒冷茶。

［茶］

欲治好茶，先藏好水。求中冷泉、惠泉，人家何能置驿而辨（**疑为办字**）③？然天泉水④、雪水，力能藏之。水新则味辣，陈则味甘。尝尽天下之茶，以武夷山顶所生，冲开白色者⑤为第一。然入贡⑥尚不能多，况民间乎？

---

① 七碗生风，一杯忘世，非饮用六清不可：六清，指茶。唐卢仝《谢孟谏议寄新茶》，一碗喉吻润；二碗破孤闷；三碗搜枯肠，惟有文字五千卷；四碗发轻汗，平生不事，尽向毛孔散；五碗肌骨轻；六碗通仙灵；七碗吃不得也，唯觉两腋习习清风生。

② 空心酒忌饮，宜饭后：意即不能饿着肚子喝酒，吃过东西后再喝。

③ 中冷泉、惠泉，人家何能置驿而办：中冷（音 líng 零）泉，在今江苏省镇江市金山西北侧。惠泉在今江苏省无锡市惠山麓。上述二泉，在唐人张又新《煎茶水记》中被誉为天下第一、第二泉。这句话的意思是：像中冷泉、惠泉这样的好水，一般人家哪能轻易搞得到呢？

④ 天泉水：即雨水。

⑤ 武夷山顶所生，冲开白色者：武夷山在福建、江西两省边界，由西南向东北走向。狭义武夷山指福建省崇安县西南十公里处，为福建省第一名山。盛产茶叶，谓之"武夷岩茶"，冲泡后茶叶发白的品质最好。

⑥ 入贡：进献给皇家。

其次莫如龙井①。清明前者号莲心，太觉味淡以多用为妙。雨前②最好，一旗一枪，绿如碧玉。收法：须用小纸包，每包四两，放石灰坛中，过十日则换石灰。上用纸盖，扎住，否则气出而味全变矣！烹时用武火③，用穿心罐一滚，久则水味变矣④。停则滚，再泡则叶浮矣。一泡便饮，以盖掩之，则味又变矣。此中清（疑为精字）妙，不容发也⑤，近见士大夫生长杭州，一入官场，便吃熬茶。其苦如药，其色如血。此不过肠肥脑满之人吃槟榔法也，俗矣哉！武夷、龙井外而以为可饮者，胪列⑥于后。

洞庭君山茶⑦　　常州阳羡茶⑧　　六安银针茶⑨　　当涂涂茶⑩　　天台云雾茶⑪　　雁荡山茶⑫　　太白山茶⑬　　上江梅片茶⑭　　会稽⑮山茶

此外如六安毛尖，武夷熬片，概行黜落⑯。

---

① 龙井：浙江省杭州市西湖西南山地有一龙井村，以产茶著称。

② 雨前：谷雨前采摘的茶叶。龙井茶以采摘先后和芽老嫩分为八品，曰"莲心""雀舌""极品""明前""雨前""头春""二春""长大"。

③ 武火：猛火，旺火。

④ 久则水味变矣：烹茶不可久煮，过则茶味全变。

⑤ 不容发也：一点也不能差错。

⑥ 胪列：胪，音lú卢，陈列。胪列，陈列，排列。

⑦ 洞庭君山茶：洞庭湖，我国第二大淡水湖，在湖南省北部、长江南岸，出君山茶。

⑧ 常州阳羡茶：常州，江苏省一个市。阳羡，宜兴县别称。宜兴多丘陵，出茶名阳羡。

⑨ 六安银针茶：六安，安徽省西部一个市。所属霍山县大蜀山盛产茶叶，称为"六安瓜片"。

⑩ 当涂涂茶：当涂，安徽省东部一个县，西滨长江。所出之茶称为涂茶。

⑪ 天台云雾茶：天台山，浙江省东部一以花岗岩为主山脉，是甬江、曹娥江和灵江的分水岭。主峰华顶山，在天台县城东北。出云雾茶。

⑫ 雁荡山茶：雁荡山在浙江省东南部，分南、北两个山组。南雁荡山在平阳县西，北雁荡山在乐清县东北。

⑬ 太白山茶：太白山，亦称太乙山，在陕西省周至县、眉县、太白县之间，是秦岭山脉的主峰。

⑭ 上江梅片茶：古称湖北省西部以下为下江。以上则为上江，指四川。

⑮ 会稽：旧县名，在今浙江省绍兴市。会稽山在绍兴、诸暨、东阳之间。相传夏禹在此大会诸侯，今有禹陵遗址。

⑯ 概行黜落：黜，音chù触，废除，黜落，去除。这句话的意思是，其余的全都不谈了。

龙井莲心茶：出武林①，茶之上品。用砂壶②，滚水冲，又用微火略炖，始出味。

春茶：出会稽。平水、安村、上王、紫洪、陈村、官培尖、乌镇，沿山诸处者佳。六安茶，香而养人。

花煮茶：锡瓶冶茗，杂花其中。梅、兰、桂、菊、莲、玫瑰、蔷薇之类，摘其半含半放，香气全者，三停茶，一停花③。其花须去枝、蒂、尘垢、虫蚁，用磁罐投，间至满④，纸箬扎固，隔水煮之，一沸即起，将此点茶甚美。茶性淫，触物即染其气⑤。伴（疑为拌字）花，用茶之次等者，借花之清芬，别饶佳趣。若上品龙井、松罗、梅片拌入各卉，真味反为花夺⑥。煮出待冷，纸包焙干用。诸花片瓣用，隔者不烂。

菊花茶：中等芽茶，用瓷罐先铺花一层，加茶一层，逐层贮满，又以花覆面。晒十余次，放锅内，浅水浸，火蒸，候罐极热取出，冷透开罐，去花，以茶用纸包，晒干。每一罐分三、四罐。如此换花，蒸、晒三次尤妙。晒时不时开包，抖擞令匀则易干。

莲花茶：日初出时，就池沼中将莲花蕊略绽者，以手指拨开，入茶叶填满蕊中，将麻丝扎定。经一宿，次早摘下，取出茶，用纸包，晒干或火烙，如此三次，用锡瓶收藏。

煎茶：砂铫煮水，候蟹眼动⑦，贮以别器，茶叶倾入铫内，加前水少许盖好，俟浸茶湿透，将铫置火上。尽倾前水，听水有声便取起。少顷再置火上，略沸即可啜，极妙！

---

① 武林：今浙江省杭州市西灵隐、天竺等山，古称武林山。又作杭州代称。

② 砂壶：指陶壶，明人高濂《饮馔服食牋》云："磁壶注茶，砂铫煮水为上。"

③ 三停茶，一停花：停，扬州俗语，意犹分也。即指三份茶配以一份花。

④ 间至满：指茶叶和花一层一层间隔开存放至瓶满。

⑤ 茶性淫，触物即染其气：淫，音yín吟，过于沉溺。这句话的意思是：茶的特点容易被别的东西影响。

⑥ 真味反为花夺：茶的清香味反而被花的香味掩盖了。

⑦ 候蟹眼动：水始开，气泡如蟹眼大，由水底向水面升腾，谓之蟹眼动。

清茶：茶汁[1]，石榴米四粒、松仁四粒。或加花生仁、青豆泡茶。

泡茶：茶叶内加晒干玫瑰花、梅花三瓣同泡，颇香。

三友茶：茶叶、胡桃仁去衣、洋糖，清晨冲滚水。

冰杏茶：冰糖、杏仁研碎，滚水冲细茶[2]。

橄榄茶：橄榄数枚，木锤敲碎（铁敲黑锈并刀醒［疑为腥字］）同茶入小砂壶，注滚水，盖好，少可（疑为衍字）停可饮。花红同。

芝麻茶：芝麻微妙香，磨碎，加水滤去渣，取汁煮熟，入洋糖熟（疑为热字）饮。煎浓普洱茶[3]冲冰糖饮。

金豆茶[4]：金豆去核，浸以洋糖。入口香美，点茶绝胜。

千里茶：洋糖四两、茯苓三两，薄荷四两：甘草一两共研末，炼蜜为丸，如枣大，一丸含口，永日[5]不渴。

奶子茶：粗茶叶煎浓汁，木勺扬之，俟红色，用酥油及研细末芝麻去渣，加盐或糖，热饮。

香茶饼：孩儿茶[6]、芽茶各四钱，檀香一钱二分，白豆蔻一钱半，麝香一分，砂仁五钱，沉香[7]二分半，片脑[8]四分，甘草膏和糯米粉糊搜（疑为溲字）饼。

饯花茶：取各种初开整朵花，蜜饯[9]，贮瓶，点茶。

---

① 茶汁：疑为茶叶之误。

② 细茶：指茶末。

③ 普洱茶：指云南省普洱县出产的茶。

④ 金豆茶：金豆即决明子。

⑤ 永日：整日。

⑥ 孩儿茶：豆科植物儿茶的枝干或茜草科植物儿茶钩藤的枝叶煎汁浓缩而成的干燥浸膏。入药有清热，化痰，止血，消食，生肌，定痛之功效。

⑦ 沉香：瑞香科常绿乔木沉香或白木香含有树脂的木材。含挥发油，有香气。入药有降气温中，暖胃纳气之功效。

⑧ 片脑：即冰片，龙脑香科常绿乔木龙脑香树脂的加工品，以障树脑、松节油等用化学合成法亦可制造。

⑨ 蜜饯：用蜜去浸泡各种花。

香水茶：取熟水半杯，上放竹纸一层，穿数孔。采初开茉莉花，缀于孔[①]，再用纸封，不令泄气。明晨其水甚香，可点茶。

又，取半开茉莉花，用滚汤一碗停冷，花浸水中，封固，次早去花。取浸花（疑缺水字）半盏，另冲开水，满壶皆香。

锡瓶收茶：上置浮炭数块，湿不入[②]。晒茶晾冷入瓶，色不变黄。茶瓶口朝下，悬空中，茶不黦。缘黦自上而下也[③]。

［去茶迹］：壶内茶迹，入冷水令满，加碱三、四分，煮滚，茶迹自去。

柏叶[④]茶：嫩柏叶拣净，缚悬大瓮中，用纸封口，三十日勿见风，见风即黄。候干取出。如未干透，更闭之至于，研末收贮。夜话[⑤]饮之，醒酒，益人。

又，菊叶晾干，亦可代茶，色香俱美。

又，玫瑰花。将石灰打碎，铺坛底，放竹纸两层，花铺纸面，封固。候花极干取出，另装磁瓶点茶。诸花同。

暗香茶：腊月早梅，清晨用箸摘下半开花朵，连蒂入磁瓶。每一两用炒盐一两晒（疑为洒字）入，勿经手[⑥]，厚纸蜜（疑为密字）封，入夏取用。先置蜜炒（疑为衍字）少许于杯，加花三、四朵，滚水注，花开如生[⑦]。

芝麻茶：先用芝麻，去皮炒香，磨碎。先取一酒杯下碗，入盐少许，用筷子顺打[⑧]，至稠硬不开[⑨]。再下盐水，顺打至稀稠，约有半碗多，然后用红茶熬熬酽[⑩]，候略温，调入半碗，可作四碗用之。

---

① 缀于孔：缀，音zhuì赘，连结。缀于孔，用花将纸上小孔塞上。

② 湿不入：潮湿之气不会浸入。

③ 缘黦气自上而下也：因为霉气是从上面开始，慢慢向下发展的。

④ 柏叶：柏科常绿乔木柏木的叶。全年可采集。入药有止吐血、治血痢、痔疮、烫伤之功效。

⑤ 夜话：夜间谈话。

⑥ 勿经手：整个加工过程中，不要直接用手去接触。

⑦ 花开如生：在滚水中，花瓣展开，栩栩如生。

⑧ 顺打：始终按顺时针方向搅动。

⑨ 稠硬不开：打到黏稠而合为一块。

⑩ 熬熬酽：扬州俗语中经常将两个动词连起来使用。熬熬酽，将红茶熬出浓汁。

又，用牛乳隔水炖二、三滚，取起晾冷，结皮揭尽[1]，配碗和芝麻茶用。

炸茶叶：取上号[2]新茶叶，拌米粉、洋糖，油炸。

［ 酒 ］

闻之虬髯论酒云：酒以苦为上，辣次之，酸犹可也，甜斯下矣。可为至论。苦辣之酒必清，酸甜之酒必浊。论味，而清浊在其中矣。求其味甘，色清，气香，力醇之上品，唯陈陈（疑为衍字）绍兴酒为第一。然沧酒[3]之清，浔酒[4]之冽，川酒之鲜，岂在绍兴酒下哉。大慨酒以（疑为似字）耆老、宿儒[5]，越陈越贵。以初开坛为贵，所渭"酒头茶脚"是也。炖法不及则凉，太过则老，近火则味变。须隔水炖，而紧塞其出气处才佳。除川、浔、沧、绍四须（疑为项字）外，可饮者开列于后：

镇江苦露酒　　镇江百花酒（陈则与绍兴酒无异，惜力量不及矣）　　宣州[6]豆酒

常郡兰陵酒　　苏州三白酒　　苏州艾贞酒　　苏州福真酒

高邮[7]稀莶酒　　溧水[8]乌饭酒　　无锡荡山酒　　金华酒

金坛[9]于酒　　宜兴[10]蜀山酒　　德州[11]罗酒　　浦酒

---

① 结皮揭尽：将牛奶上结的薄皮去尽。

② 上号：上品，优质的。

③ 沧酒：河北省出产的酒。

④ 浔酒：江西省出产的酒。

⑤ 耆老、宿儒：耆，音qí其。老，简称"耆宿"，指年老而有道德学问的人。

⑥ 宣州：古州名。今在安徽省宣城县。

⑦ 高邮：江苏省里下河地区一个县，今属扬州市。盛产麻鸭、双黄鸭蛋。

⑧ 溧水：江苏省西南部一个县。

⑨ 金坛：江苏省西南部一个县，位于茅山东麓。盛产稻、麦、茶、桑。

⑩ 宜兴：江苏省南部一个县，东滨太湖。喀斯特地貌丰富，境内多溶洞。特产陶瓷，有陶都之称。

⑪ 德州：山东省西北部一个市。运河流贯，铁路交汇，系交通枢纽。特产西瓜、毛驴。德州烧鸡，别具风味。

衡酒　　沛县[①]膏粮酒　　山西汾州酒[②]　　通州[③]枣儿红酒

此外如扬州木瓜酒，苏州元燥（**疑缺酒字**），概从槟叶（**疑为摒弃**）。

[甜酒]：甜酒不失之娇嫩，则失之伧俗，只可供女子，供乡人，供烹庖之用，不可登席。

绍兴酒：山阴名东浦者，水力厚，煎酒用镶，不取酒油，较胜于会稽诸处。其妙[④]，再多饮不上头，不中满，不害酒[⑤]，是绍兴酒之良德也。忌火炖，亦忌水中久炖；忌过热，亦忌冷饮；忌速饮，亦忌流饮[⑥]。三、五知己，菭（**疑为薄字**）暮之时，正务已毕，偶然相值[⑦]，随意衔杯[⑧]。赏奇晰疑，杀刀射复[⑨]，饮至八分而止[⑩]。否则，灯下，月下，花下，摊书一本，独自饮之，亦一快事。

烧酒：黄河以北味皆圆，黄河以南味皆削[⑪]。烧酒烁精耗血，最宜少饮。若埋土中，日久则无火气。加入药料，尤宜埋土。

荷叶酿酒：败荷叶[⑫]搓碎，拌米蒸饮（**疑为衍字**），酿酒味更清美。

酴醾花[⑬]酿酒：或云，即重酿酒也。兼旬[⑭]可开，香闻百步。野蔷薇亦最香。

花香酒：酒坛以箬包。酒坛口置桂花或玫瑰花于箬上，泥封，香气自能

---

① 沛县：江苏省西北部一个县，东临微山、昭阳二湖。特产沛酒、狗肉。

② 山西汾州酒：指山西省汾阳县杏花村所产之汾酒、竹叶青。

③ 通州：此处指河北省通县，一九五八年划归北京市。

④ 其妙：他的好处。

⑤ 不害酒：不因酒而害病，意即不易醉酒。

⑥ 忌流饮：忌讳不停地喝。

⑦ 偶然相值：不意中遇到，碰面。

⑧ 随意衔杯：随便，自在的拿起杯子饮酒。

⑨ 杀刀射复：古代游戏，将物件预先隐藏，供人猜度。后世指行酒令，供人猜度。

⑩ 至八分而止：酒饮到八成就不要再喝了。

⑪ 黄河以南味皆削：黄河以南出产的烧酒味道都比较峻烈。

⑫ 败荷叶：枯萎了的荷叶。

⑬ 酴醾花：蔷薇科落叶灌木，不结实，以地下茎繁殖，花大色白，初夏开花。苏轼《酴醾花菩萨泉》诗："酴醾不争春，寂寞开最晚。"

⑭ 兼旬：两个旬日，即二十天。

透下。

又，香酒：架格，系茉莉花于甕口，离酒一指许，纸封之，旬日其香入酒。暹罗人取瓶，以香熏，如漆，而贮酒。

露酒：每酒一斤，入玫瑰露或蔷薇露少许。

梅子酒：青、黄梅子，不拘多少，入瓶，加冰糖、菏（疑为薄字）荷少许，封固一月可饮。

荸荠酒：荸荠蒸露，入酒甚香。诸果皆可仿制。

鲫鱼酒：熟黄酒入坛，即投活鲫鱼一、二尾，泥封。

葡萄酒：葡萄揉汁入酒，名"天酒"。若加薏仁，更觉味厚。

又，蔗汁入酒，名蔗酒。

又，赛葡萄酿：黑豆去皮，磨碎，放银器水①中煮，加乌梅数个，明矾少许熬，冷，色黑，滤净，调以酒物，贮瓶封一宿饮。

素酒：冰糖、桔饼冲开水，供素客②。

状元红：青梅合玫瑰花同浸，其色愈红。

百果酒：百果聚樽，日久成酒。供素客。

又，桑椹酒：有六、七（疑缺成字）酸者佳。

牺酒：整坛黄酒，用黄牛屎周围涂厚，埋地窖一日，坛内即作响声，匝月③可饮。饮时香气扑鼻，但酒耗甚大，约去半坛。冬日，绍酒内入糯米饭二、三升，扎一月饮，味厚而香，与酒合酒作法同。

摇酒听酒声：试酒，每钻泥头，用过山龙吸而尝之，未尝不确，但多此一番启开。若摇坛听敢（疑为声字），辨味殊易。其法：以两手抱坛，急手一摇④，听之声极清碎，似碎竹声音，酒必清冽；次作金声⑤者，亦佳；作木

---

① 银器水：水中放银制品同煮，或用银制锅煮。

② 素客：不吃荤食的客人。

③ 匝月：满月，即一个月。

④ 急手一摇：即用手急摇。

⑤ 作金声：发出响亮的声音。

声①者，多翻酸②，若声音模糊及无声者，起花结面，不可用矣。

又，叩瓮辨美恶：用物击坛，声清而长者佳。重而短者苦。不响者，酒必败。

凡酒，伤热则酸③，伤冷则甜。东风至而酒泛溢④，故贵腊醅⑤。以药浸酒，不如以药入曲。紫藤角仁⑥熬熬香，入酒则不败。

［饮酒欲不醉］：饮酒欲不醉者，服硼砂⑦末少许。其（疑缺次字）饮葛汤、葛丸⑧者，效迟。《千金万》（疑为方字）七夕日⑨采石菖蒲⑩末服之，饮酒不醉。大醉者，以冷水浸发即解。

又，饮酒先食盐一匕（疑为匙字），饮必倍⑪。

又，清水嗽口，饮多不乱。或曰，酒毒自齿入也。

又，饮酒过多腹胀，用盐擦牙，温水嗽齿二、三次，即愈（疑为瘉字）。

又，含橄榄，可醒酒。

冰雪酒：冰糖二斤，雪梨二十枚，可浸顶好烧酒三十斤。

三花酒：玫瑰花、金银花⑫、绿豆、冰糖、脂油，窖一月⑬。

---

① 作木声：发出的声音沉闷。

② 翻酸：酒变质，味变酸。

③ 伤热则酸：发酵过程中受焐发热过高，酒味就会变酸。

④ 东风至而酒泛溢：常刮东风的天气里酿酒，容易发酵过头。

⑤ 故贵腊醅：所以冬天酿造的酒贵重。醅，音 pēi 胚，未滤的酒。

⑥ 紫藤角仁：紫藤的种仁。《本草拾遗》："紫藤……子作角，其中仁熬令香，著酒中令不败，酒败者亦用正之。"

⑦ 硼砂：矿物硼砂经精制而成的结晶。为白色或浅色短柱状晶体。入药有清热消痰，解毒防腐之功效。

⑧ 葛汤、葛丸：以葛根煎汤或葛粉制丸。《药品化义》："葛根……因其性味甘凉，能鼓舞胃气，若少用五、六分，治胃虚热渴，酒毒呕吐，胃中郁火，牙疼口臭。

⑨ 七夕日：农历七月初七这一天。

⑩ 石菖蒲：天南星科多年生草本植物石菖蒲的根茎。秋季采挖，切段晒干。入药有开窍，豁痰，理气，活血，散风，去湿之功。

⑪ 饮必倍：饮酒的量可扩大一倍。

⑫ 金银花：忍冬科植物忍冬的花蕾。五、六月采摘晾晒，阴干。干燥后呈略弯之长棒状。入药有清热解毒之功效。

⑬ 窖一月：放在地窖中一个月。

宽胸酒：麦芽糖十斤，大麦烧酒百斤，浸一月用。

舒气酒：川郁金①二两，沉香三钱，浸烧酒二十斤。泥封，隔水煮一炷香。饮时和木瓜酒一半。

荞麦酒：荞麦酒可治一切病症。

神仙酒：杏仁、细辛、木瓜、茯苓各三钱，槟榔②、菊花、木香③、洋参、白豆蔻、桂花、辣蓼④各三钱，金银花四钱，胡椒二十一粒，川乌一钱，官桂一两共为末。用糯米三升蒸熟，同米泔将药拌匀，入磁盆内盖紧，连盆晒五日，春、秋七日，冬十日。取出为丸，如弹子大。临用，滚水一壶，药一丸，顷刻成酝⑤，其药做酒更妙。

[制陈绍酒]：新绍酒气暴而味辣，饭（疑为饮字）后口发渴。每酒三十斤，和高邮五斤加皮酒六斤⑥，与陈绍酒无二。

[花酒]：凡酒醅将熟，每缸用金菊（疑为橘字）⑦二斤，去蒂、萼，入醅拌匀，次早榨出，香气袭人。桂花、玫瑰同。

又，每甑内用布袋装淡竹叶三、五钱同蒸，用时另有种清趣。

[存酒法]：凡放酒坛处，有日影如钱大⑧照之，其酒必坏。须置透风处而不霉黯，并平地热（疑为垫字）高者才佳。

黄酒，白酒少入烧酒，经宿不坏。锡器贮酒，久能杀人，以有砒毒也。锡者砒之苗，更不宜用铜器装酒过夜。

---

① 川郁金：亦名"绿丝郁金"，为植物莪术的干燥块根。表皮较粗，断面色暗，味辛而重，香气不显，产自四川省。入药有行气解郁，凉血破淤之功效。

② 槟榔：棕榈科落叶乔木槟榔的种子，干燥后呈圆锥形或扁圆球形。入药有杀虫、破积、下气、行水之功效。

③ 木香：菊科植物云木香、越西木香、川木香等的根，十月至一月采集。入药有行气止痛，温中和胃之功效。

④ 辣蓼：蓼科植物水蓼的全草。入药有化湿，行滞，祛风，消肿之功效。

⑤ 顷刻成酝：酝，音 yùn 醖，酿酒，此处代酒。顷刻成酝，眨眼之间就成了酒。

⑥ 和高邮五斤加皮酒六斤：第一个斤疑为衍字，全句似为：和高邮五加皮酒六斤。

⑦ 金橘：亦名金柑，柑橘类的一种，果实成熟，其色如金，大如鸽蛋，汁少味甜。

⑧ 有日影如钱大：有铜钱那么大小的太阳光。

[除酸酒法]：酒酸，用赤小豆（即细红豆）炒焦，每大坛内约一升。或取头、二蚕砂①晒干，二两，绢袋入坛，封三日。或牡蛎②、甘草等分，大坛四两，绢袋入坛，过夜，重汤煮熟。或用铅一、二斤，烧极热投入，则酸气尽去。

清明泉水造酒佳。

木日做曲必酸。　　梅花晒曲。

锅粑绍酒：加色，用红曲或胭脂，浸酒和入，再加酒浆，味即浓厚。或加梅花片，或入烂木瓜，可称梅花酒、木瓜酒。

[烧酒畏盐]：烧酒自元时始。烧酒畏盐，盐化烧酒为水。

灯草③试烧酒：灯草寸许，放灯草上（疑为放烧酒中），视沉处高下，即知酒之成数。盖灯草遇水气即浮，而不沉也。

[兑酒法]：醋入烧酒，味如常酒，不复酸。酒客以酸酒对（疑为兑字）入烧酒货之④。扬城⑤又以木瓜酒和酸绍酒。

天香酒：每碗（疑为坛字）酒一斗，鲜桂花三升（拣净蒂叶），入酒泥封。三月后，每黄酒一坛，加烧酒三小钟。

琥珀光酒：烧酒五十斤，洋糖二斤，红曲一斤半研末，菏（疑为薄字）荷一斤三两。先将菏（疑为薄字）荷、红曲同酒滚好⑥，色浓入坛，去渣加洋糖。加金银花更妙。

药酒：枸杞子⑦、当归⑧、圆眼⑨、菊花浸酒。

---

① 蚕砂：家蚕的干燥粪便。入药有祛风除湿，活血定痛之功效。
② 牡蛎：牡蛎科动物近江牡蛎、长牡蛎或大连沥牡蛎等的贝壳。全年可采集。入药有敛阴，潜阳，止汗，涩精，化痰，软坚之功效。
③ 灯草：灯心草科植物灯心草的未去皮的茎髓。入药有清心降火，利尿通淋之功效。
④ 货之：出售它。
⑤ 扬城：指扬州。
⑥ 滚好：扬州人谓水沸腾为"水滚"。滚好即烧开。
⑦ 枸杞子：茄科植物枸杞或宁夏枸杞的成熟果实。入药有滋肾，润肺，补肝，明目之功效。
⑧ 当归：伞形科多年生草本植物当归的根。含挥发油，味芬芳。入药有补血和血，调经止痛，润燥滑肠之功效。
⑨ 圆眼：扬州人呼桂元为圆眼。

又，桂圆壳浸酒，色作淡黄，极佳。

花酿酒：采各种香花，加冰糖、菠（疑为薄字）荷少许，入坛封固，一月可饮。

三花酒：蔷薇，玫瑰，金银花。

错认水：冰糖、荸荠浸烧酒，其清如水，夏日最宜。

金酒：红花[1]、红曲、冰糖浸烧酒。加酒酿，味更浓粘。凡制药酒，俱当加入。

绿豆酒：生脂油二斤，去膜切丁。绿豆淘尽，一升装袋，浸烧酒十斤。泥封月余，油化即可饮。或泡松罗茶叶[2]四两，可浸烧酒五十斤，亦放脂油丁。

雪梨烧酒：秋白梨或福桔、苹果入酒，半月可饮。

五香烧酒：丁香、速香、檀香、白芷[3]浸酒。

高梁（疑为梁字）滴烧：每日于五更时，炖热饮三分杯[4]，通体融畅，百脉同开舒，于人最益。

又，出路[5]带酒，取高梁（疑为梁字）滴烧糁（疑为掺字）馒头粉，随糁随干，干后再糁，多少随意。用时即将此干粉，冲百滚汤[6]饮之，与烧酒无异。

［ 水 ］

世称饮食，饮先于食，何？水生于天，谷成于地。大一生水，地六（疑

---

① 红花：菊科植物红花的花。每年五、六月花瓣由黄变红时采集，晒干。以花片长、色鲜红、质柔软、味异香者为上品。入药有活血通经，去淤止痛之功效。

② 松罗茶叶：松罗，松罗科植物长松萝、破茎松萝的丝状体。春秋时采集，晒干。入药有清肝，化痰，止血，解毒之功效。松罗茶叶即指松萝。

③ 白芷：伞形科植物兴安白芷、川白芷、杭白芷或云南牛防风的根。含挥发油，可作调香料。入药有祛风，燥湿，消肿，止痛之功效。

④ 炖热饮三分杯：将酒隔水炖温喝三钱。

⑤ 出路：上路，出远门。

⑥ 百滚汤：极开的水。

为二字）成之①也。按《周礼》："饮以养阳，食之养阴"。盖水属阴，故滋阳；谷属阳，故滋阴。以后天滋先天，务宜精（疑为净字）洁。凡污水、浊水、池塘死水、暴雨、雷雨、黄梅雨水，饮之皆足伤人。即冰雪水、寻常雨水，非法制亦不宜饮②。浊水秋后取起，承露多日③，澄清亦可饮。

江湖长流宿水：煮茶、酿酒皆宜。山泉煮饭、烹调则宜。江、湖水以其得土气较多，且水大流活，得太阳气亦多，故为养生第一。即品泉者，亦必以扬子江心为第一④。凡滩进（疑为近字）人家洗濯处⑤均所不取。湖水久宿更好。秋，冬水清，取到即可用。春夏湖水中，有细虫及杂渣，须用绵细（疑为纸字）滤去用。取金（疑缺山字）第一泉水，夜半放舟江心，其桶有盖，钻多孔以木屑（疑为塞字）塞紧，沉桶至水底，另绳系木屑（疑为塞字），俟木屑（疑为塞字）抽出，其桶受水，然后提起，始得真泉。

[贮霉水⑥]：芒种逢壬便入霉。霉后积水，烹茶甚香，经宿不变色，可以藏久。一交夏至，即变味矣。

又，贮霉水，火（疑为大字）瓮内须头（疑为投字）伏龙肝⑦一块，即灶心。或放鹅卵石数枚，或放成块朱砂⑧两许，或放香数段，俱能解毒。

取火（疑为水字）藏水：不必江湖。凡长流河港，深夜舟楫未行之时，泛舟流中⑨，多载坛、瓮取水。归，分贮大缸，以青竹棍左使旋，约搅百余回，成窝即止。箬笠盖好，勿动。三日后用洁勺于缸中心轻轻舀起水，过缸

---

①天一生水，地二成之：天为阳，故为奇数。地为阴，故为偶数。阳生阴，而水为阴，所以阴阳家说"天一生水"。水生木，谷属木，谷成于地。所以说"地二成之"。

②非法制亦不宜饮：不按照一定的方法去处理也不适合饮用。

③承露多日：夜晚放置在露地多日。

④以扬子江心为第一：指镇江中冷泉。因昔时金山曾在江中，故有此语。

⑤人家洗濯处：老百姓洗菜、洗衣服的地方。

⑥贮霉水：指贮存黄梅季节中的雨水。

⑦伏龙肝：久经柴草熏烧的灶底中心土块。入药有温中燥湿，止呕止血之功效。

⑧朱砂：亦名辰砂。系天然辰砂矿石。集合体呈粒状、块状或土状，朱红色，有光泽。入药有安神，定惊，明目，解毒之功效。以湖南辰州（今沅陵）所产为最佳。

⑨泛舟流中：将船行至江河中流急之处。

内①（缸要净）舀至七分②即住，其四围白锈③及缸底渣滓，洗刷至净，然后将别缸水如前法舀过。逐缸运毕，仍用竹棍左旋搅窝盖好。三日后，又舀过缸，澄去渣底。如此三遍，入锅煮（以专用煮水旧锅为妙）滚透舀取入坛（每坛先入洋糖三钱，后入水。）盖好，一月后煮茶，与泉无异，愈宿愈好。

山泉：烹茶宜用山泉，以泉源远流长者为佳。若深潭停蓄之水，恐系四山流聚，不能无毒。

雨泉：是名天泉。贵久宿澄清（去脚）易器另贮。用炭火淬两三次即无毒，久宿则味甘。黄霉、暴雨水，极淡而毒，饮之伤人，着衣上即黦烂④。用以炖胶矾，制画绢，不久碎裂。三年陈之霉水⑤，洗旧画上污迹及沉漂泥金，皆须此水为妙。惟作书画，研墨，着色，长流湖水。若用霉水，则胶散。用井水则性碱，皆不宜（金陵⑥人好多蓄大缸，天雨时，用兰布于天井，四角悬起，中垂一石，任其滴入大缸，另装小坛或用磁罐。最净者空处盛之。贮处热［疑为垫字］高。若存下，须用炭水［疑为火字］淬三、四次，不生孑孓虫。盖好陈半年，煎茶最为清洁。藏水之家有七、八年陈者。善于品泉者，入口即能瓣其年分，历历不爽。近海居民与离水远窎⑦者，此法最良）。

井花水：凡水，蓄一夜，精华上升。平旦⑧第一汲为井花水，轻清滋润。以之理盥面，润泽颜色。每早一汲入缸，盖。如陈宿，以供饮馔，勿轻用⑨，勿浣濯。煮粥必用井泉（宿贮为佳）凡井，久不汲者不宜饮（久无人汲，偶有人汲起，尝起味甘者，此户气也）。

---

① 过缸内：从此缸舀到另一缸中。

② 舀至七分：即水装至缸的七成数。

③ 白锈：缸放置久后，缸体析出碱性物质，呈白色斑状，故名。

④ 着衣上即黦烂：这些水沾到衣服上，会使衣服霉烂。

⑤ 三年陈之霉水：放置了三年的梅雨季节雨水。

⑥ 金陵：古邑名。战国时楚王灭越后置，在今江苏省南京市清凉山，故后人以金陵指代南京。

⑦ 远窎：深远，遥远。窎，音 diào 吊，深远的样子。

⑧ 平旦：天刚亮。

⑨ 勿轻用：不要轻易饮用。

腊水：腊水，立春以前之水。用以酿酒，香美清冽，并可久贮。

百沸水：晨起，饮百沸水一杯，能舒胸隔（疑为膈字），清上部火气（须百沸者为佳。若干滚者，多至［疑为致字］胀泻）。凡服药，亦宜先饮百沸水一、二口，或盐花，或洋糖，或香露，冲汤皆可。

阴阳水：开水半杯，冷水半杯，于清晨饮之，永无噎症[1]。

武林西湖水[2]：取贮大缸，澄清六、七日，有风雨则覆，晴则露之[3]，使受日月星辰之气，烹茶甚甘冽，不逊惠泉。以知，凡有湖水，池大浸处，皆可取贮，绝胜浅流、阴井[4]。或取寻常水煮滚，倾大磁缸，置天井中，盖紧，避日晒。俟夜色皎洁，开缸受露，凡三夕，其清澈（疑缺见字）底。去（疑为贮字）积久，取出装坛听用。盖经火煅炼，又挹[5]露气，此亦修炼遗意也。他[6]，或令节、吉日雨后取，照法制用亦可。雪为五谷之精，腊月雪水，缸瓮盛之，贮泥地平、高处，覆以草荐围暖，亦可久用。

［ 火 ］

桑柴火：煮物食之，主益人。

又，煮老鸭及肉等，能令极烂。能解一切毒。秽柴不宜作食[7]。

稻穗火：烹煮饭食。安人神魂，到（疑为利字）五脏六腑。

麦穗火：煮饭食，主消渴、润喉、利小便。

松柴火：煮饭，壮筋骨。煮茶不宜。

---

① 永无噎症：噎，音yē，指食物堵住喉咙或气逆不能呼吸。噎症，中医上指咽下梗塞，如今之食道癌、胃癌等。

② 武林西湖水：即杭州西湖水。

③ 晴则露之：晴朗的天气，夜间则放在露天处以承接露水。

④ 阴井：指在房屋内打的水井。

⑤ 挹：音yì邑，汲取。

⑥ 他：另外，此外。

⑦ 秽柴不宜作食：肮脏、污浊的柴草，不适合用来烧煮食物。

栎柴①火：煮猪肉食之，不动风②。煮鸡、鹅、鸭、鱼醒（疑为腥字）等物，烂。

茅柴火：炊者（疑为煮字）饮食，主明目、解毒。

芦火：竹（疑为芦字）火宜煎一切滋补药。

炭火：宜烹茶，味美而不浊。

糠火：砻糠火煮饮食，支地灶，可架二锅，南方人多用之。其费较柴火省半。惜春时糠内入虫，有伤物命。

焦炭：煤之外，有一种名焦炭，无煤气而耐烧，以之代炭，颇省费。

[酒谱]

序

吾乡绍酒，明以上未之前闻③。此时不特不胫而走④，几遍天下矣。缘天下之酒，有灰者甚多，饮之令人发渴，而绍酒独无。天下之酒，甜者居多，饮之令人停中满闷。而绍酒之性，芳香醇烈，走而不守，故嗜之者以为上品，非私评也。余生长于绍，戚友之藉以生活者不一⑤。山，会之制造，又各不同⑥。居恒留心采问，详其始终，节目为缕述之⑦，号曰《酒谱》。盖余虽未亲历其间，而循则，而治之，当可引绳批根⑧，而神明其意也。

会稽北砚童岳荐书⑨。

---

① 栎柴：栎，音lì力。栎柴，以麻栎、白栎等枝、干为柴。

② 不动风：风，中医谓致病有风、寒、暑、湿、燥、火诸因素，合称"六淫"。不动风，即不会引起因风而致病。

③ 明以上未之前闻：明代以前没有听说过。

④ 不胫而走：胫，音jìng镜，人的小腿。不用腿而跑起来，比喻消息、声名传播得既快又广。

⑤ 戚友之藉以生活者不一：亲戚朋友中以酿酒为生活的不是一个、两个。

⑥ 山，会之制造，又各不同：（同样是绍酒），山阴、会稽酿造的方法又不完全一样。

⑦ 节目为缕述之：一条一条地讲述清楚。

⑧ 引绳批根：相互合力，排除异己。这里的意思是绍酒的酿造只按此法进行。

⑨ 会稽北砚童岳荐书：本书编撰者童岳荐，字北砚，会稽人。上述酒谱序是他写的。

论水

造酒必藉乎水。但水有清、浊、咸、淡、轻、重之不同。如泉水之清者，可以煮茶；河水之浊者，可以常用；海水之咸者，可以烧盐。而皆不利于酒。盖淡，清者必过轻。咸、浊者必过重。何地无水？何处无酒？总不免过轻过重之弊。而且性有温寒之别。寒者必须用灰以调理，饮之者每多发渴。惟吾越[①]则不然，越州所属八县，山、会、肖，诸、余、上、新、嵊，独山、会之酒，遍行天下，名之曰绍兴，水使然也[②]。如山阴之东浦、潞庄，会稽之吴融、孙墅（疑为簟字）皆出酒之数。其味清淡而兼重，而不温不冷，推为第一，不必用灰。《本草》所为（疑为谓字）无灰酒也。其水合流芳斗斛六折，每斗计重十二斤八两。新、嵊亦有是酒，而却不同：新昌以井水，嵊县以溪水。井水从沙土而出，未免宁静。椴（疑为临字）缸开爬之时，冷热莫测，须留心制度，尚不致坏；溪水流而不息，未免轻菏（疑为薄字），造之虽好，不能久存。总不如山，会之轻、清香美也。

浑水不能做酒。鄙见[③]以白矾打之第（疑为淀字），未曾试过。

井泉酒：越之新昌，以井水造酒。其性冷、热不常，倘一时骤势[④]，不可过，须急去缸盖，用爬多攉。加顶好老酒，每缸一坛，或二坛亦可，总以温和、宁静为主。

论麦

麦有粗、细、圆、长之别。大凡圆者必粗，长者必细，总以坚实为主。最粗圆者不必舍盦曲，一则价钱重大，二则粉气太重，酒多浑脚。即或长细，而身子坚实，其缝亦细，斤两不致过轻。但恐力菏（疑为薄字），每十担可加早米二担，磨粉另存。盦时，每箱以加二搀和。

麦曲以嵊县者为最佳，山、会者次之，淮麦更次之。然有时因本地年岁

---

① 吾越：我们越州。因童岳荐是越地人，故有此言。

② 水使然也：是水质使得绍兴酒如此著名的。

③ 鄙见：我浅薄的看法是。这是自谦的说法。

④ 骤势：来势过猛。

不足①，或身分有不及淮麦者，故用之（麦出淮者宜白，麦出南者宜红）。

盦曲

造酒先须盦曲，盦曲必先置麦。五月间，新麦出市。择其光、圆、粗大者收买，晒燥入缸。缸底用砻糠斗许，以防潮气。缸面用稻草灰煞口②，省得③走气。至七月间再晒一回④，名曰"拔秋"。八月鸠工⑤磨粉，不必太细。九月天气少（疑为稍字）凉，使（疑为便字）可盦矣。以榨箱作套，每套五斗，加大麦粉二、三斗，不加亦可。每箱切作十二块，以新稻草和裹，每裹贮曲四块，紧缚成捆。以乱稻草铺地，次第直竖⑥，有空隙处用稻草塞紧，不可歪斜，恐气不能上升，必至（疑为致字）梅（疑为霉字）烂。酒味有湿曲之弊，即此之故。渗（疑为谚字）云："曲得湿，竖得直。"信不诬也。如有陈曲，须于（疑为将字）陈曲（疑缺于字）春、夏之间晒好，椿（疑为舂字）碎，用干净坛盛贮，封固，不致蛀坏，下半年可与新曲搀用。盖陈曲造酒，其色太红，且究竟力（疑缺弱字），是以只可与新搀用，用至十分之三足矣。京酒曲粉要粗，粗则吃水少，酒色必白，浑脚亦少。家酒曲粉要细，细则吃水多，色必红。因家酒喜红故也。

盦曲房以响亮⑦、干燥之所为妙，楼上更好。

向例⑧，盦曲原系用麦，价昂贵，将早米对和亦可。早米代麦，其粉要系（疑为细字）米有肉无皮，较麦性为坚硬，粗则不能吃水。水不吃则米不化，反有无力之病。然亦因麦少而代之，且酒多浑脚非造酒之正宗也。

论米

米色不同，必须捡择光圆、洁净者为第一，红斑、青秧者次之。尚有出

---

① 年岁不足：年成不好。

② 煞口：封口。

③ 省得：扬州人口语，以免、免得的意思。

④ 晒一回：晒一次。扬州人将次称为回。

⑤ 鸠工：鸠通勾，音jiū究，聚集。《书·尧典》："共工方鸠偊功。"鸠工，召集工人。

⑥ 次第直竖：一个挨着一个的直竖着。

⑦ 响亮：宽敞明亮。

⑧ 向例：惯例。

处之分，变白、痴粳之别。大凡新、嵊所出者，变白居多，余上所出者，虽亦变白，不能如新、嵊之光圆洁净也。山、会所出者，亦有变白，糠细缠谷[1]，而且要和水，并有加咸醝[2]，最不堪也。籴时必须仔细斟酌。至于痴硬（疑为粳字），亦有和水，不能如变白之多受。只恐粳米较贱，搀入在内。青秧则无力，红斑则不化。至于运槽丹阳所出之货，米骨稍松，而却无水。凡属买者，皆用斗斛。斗斛之弊不一。谚云："只有加一手，没有加一斗。"自己眼力不济，不若将米量起若干，秤定斤两，以后照数秤称算。宁波[3]者有一种过海米，细而轻松，切不可用。新、嵊之晚米，其性虽不能如糯米之纯糯，而却有似乎糯米[4]，竟可造酒。但只可现做现卖。

浸米

凡米三十担为一作，计二十缸。挑水、搧糠，并浸，共约二工[5]。但路有远近，不可概论。东浦以上，二十缸为一作，亦有十缸为一作者，各家规例不同。

用米担半一缸，指本地家酒而言。京酒每加加（疑为衍字）一，然米亦然。米亦有好歹、干湿不同，总以称饭[6]为主。京酒每缸三百六十斤（广秤）连笭、索，因京酒要赶粮船，日子不足，不过三十余天之内。家酒可停五、六十日之久，每缸连笭、索三百三十斤也。笭、索约重七斤。东浦养酒八十日之久，时多米白，作热水重镀煎，不取酒油，故佳。

酒娘（俗呼酒酵）

冬天每缸两搀斗（疑为搀两斗），春天折半。但须看天时之冷暖，用酵之多少。凡造酒之初，无所藉乎，惟用陈老酒两搀斗（疑为搀两斗），酒药三、四枚，共曲和饭而成矣。用酒娘之法，全凭天时。如点水成冻，即要四

---

① 糠细缠谷：细糠附着在米上。

② 咸醝：即咸盐。醝，音cuó 矬，即盐。

③ 宁波：浙江省东部沿海一个市，濒临杭州湾，是浙东地区土特产集散中心。

④ 有似乎糯米：（晚米的）特点和糯米很相似。

⑤ 二工：二个人工。

⑥ 称饭：出饭率高。

挽斗（疑为挽四斗），天暖则半挽斗（疑为挽半斗）足矣。

蒸饭是日[1]，晚间备猪肉斤余，祀酒仙，祭毕即给酒工散胙[2]。冬天日（疑为衍字）夜长，三鼓时候便须动手。先将淘镬水烧滚，垫好，以空甑（疑为甑字）放镬上，先贮米七、八斗，俟其气撺起，渐次加上，以满而熟为度。用簁（疑为箕字）匾盖之。曲先撒，去篓将饭倒出，用桦楫[3]摊开，少顷转面，俟稍凉盛贮于箩，每缸秤三百三十斤。如出外之酒，加上三十斤，用曲四斗，酒娘两挽斗，以小桦楫捣散饭之大块，次用大桦楫，前后左右，次第捣之，如稀饭一般便好。上用缸盖盖之，外面稻草围绕。春天不必，大约八、九个时辰，即能发觉（疑为酵字）。八、九个（疑缺时字）辰亦寻常而言，热作三、四个时辰即可开爬。冷作十多日俱不可定，务须加意留神，预备火俱（疑为炬字），灯笼，以便随时起看。其气触鼻，便是旺足，即用草肘[4]将缸盖竖起二、三寸高，总看天寒、热，以定竖草之高（古云：下缸要热，揭饭要热）。

先一日，将作水[5]挑齐，一面抽米，一面春曲八担，用袋盛贮，以便次日蒸饭之用（冬水［疑为衍字］三浆、三水，春水三浆）。

盆入缸内，如疎（疑为疏字）忽，则满足矣。热作者流必快，其味轻清香酏；冷作者其流必慢，其味重浊。

如自己无榨，色（疑为包字）给于人，每担给钱十四、十六文不等，仍吃本家之饭。榨出之日，须将细袋盋看。

或云：榨酒不宜割清，因浮面之酒无力，恐其色昏。如不割清，糟、酒一同榨出，统归澄清矣。此说亦可。

白糟

糟有燥、湿之说。燥则宜于缓烧，湿则宜于速烧。如欲速烧，将糟存贮

---

① 蒸饭是日：蒸饭的这一天。
② 散胙：胙，音 zuò 做，祭祀用的肉。散胙，把祭祀用的肉散发给工人。
③ 桦楫：楫，音 jí 机，划船用的短桨。桦楫，用桦木做的像桨一样的工具。
④ 草肘：肘，扬州人俗语，指短把。草肘即草把。
⑤ 作水：根据不同设备一次用的酿酒原料叫一作。作水即一次生产所需用的水。

缸内，些微①踏之，二、三日便可动手，其酒不至（疑为致字）减少。如欲缓烧，将糟盛贮于缸内，用力踏实，数十日后，自然转潮，即可便烧，烧酒亦多。出袋时必须督看，以杜偷运并留于袋角之斃（疑为弊字）。踏时用新蒲鞋一对，毕时仍挂该处，庶免糟踏带出。白糟存贮缸内之时，如有鸡、鹅、鱼、肉之类，后（疑为先字）用盐擦，浮放面上，便有香处。如欲久存，只要用盐椿（疑为春字）熟，入磁坛内封固，泥好，放在太阳晒到之处，要用开取，制度（疑为作字）食物最好。倘有跌闪②,（疑缺盐字）炒热，同灶窝煤捣匀，盦患处，功效立见。雪水与烊雪之水，俱不宜做酒，其性太寒。即欲做酒，必须格外留神③，下缸之坂要热，酒娘要多，不做为四水浆。三水即三桶浆，三桶水之谓也。每桶东关斗三斗（东关斗即官斗，较昌安米行相仿）。

开爬

开爬有热作、冷作之分。缸面有细裂缝，即是热作。或无裂缝，更热。先用手蘸尝味，甜时即可开爬。若到泚（疑为涩字）苦开爬，即酸矣。如果势太猛，叠次打爬，恐或误事，须用陈老酒倒入，以势乎为度。缸面裂缝太大，即是冷作。不可开动，甚至月余而开者，往往而有之。至于水管水，饭管饭，便为冻死④。急用好烧酒一茶壶，约四、五斤，炖热，连茶壶沉入缸底，自然起发如故。热作酒气旺，故力足而味香。冷作酒气弱而味木⑤。

初开之时，其气尚嫩，可以醉鱼。

榨酒

出外者已经加饭，四十日可榨。家酒六十日，先用小箩割清，次用细袋盛贮，以箬缚口，放入榨内，竹笏间之，加紬（疑为细字）袋，多余之顶（疑为项字），夫可用样签插边。俟其流榨套，样签可去。然后用千金加上蝴

---

① 些微：少许。

② 跌闪：大意，疏忽。

③ 留神：扬州人称注意、小心为留神。

④ 至于水管水，饭管饭，便为冻死：如果水、饭没有相融，则因为温度低，酵母冻死了。

⑤ 味木：气味寡淡。

蝶，再等（疑为等字）一回，逐渐加上石块，但必须次第加增，庶免裂破。迨晚①发出，解去其箬，将袋三摺，仍放入榨，竖起俟（疑为排字）列，照前式。此次可将石块一齐压上，至榨桶之清水。须时（疑缺时字）留心为妙。

糟烧

白糟四、五十斤，以砻糖（疑为糠字）拌匀，第次入氽（疑为蒸字）。上加镴氽（疑为蒸字）贮水，名曰"天湖"，中有子口（疑为口子）出酒。其天湖之水，每氽（疑为蒸字）二、三放不等②，看流酒之长短，时候之冷热。大约花散而味淡即止。将糟倒入石臼，如存缸者不可放水。随便用者，将氽（疑为蒸字）下热汤倾入两揽斗，名曰"假干头"。倘行饭则不然，必须另烧滚汤倒入。自己带枕下米揽入，木碓捣熟。本属每箩两氽（疑为蒸字），行贩以箩半作两氽（疑为蒸字）便于出卖。时骗人仍云两蒸。氽（疑为蒸字）下热汤，盆出，即将里镴水盘入，其里镴以天湖放落之水补之，所谓行败另烧水者，即里镴水也。氽半而日两氽（疑为蒸字）煮，名曰"割头"，此行贩，人皆是，主人不管也。

买糟之人，每人给酒工二、三文，名曰"脚钱"，行贩亦如是。维（疑为唯字）糟之正价，则行要少于土著，尚须吃饭一餐，不过贪其销货之多耳。烧酒瓶要时刻留心，倘或满出，流至灶下，便有火烛之虞③。

如两口氽，冬月可氽十八氽或二十氽，春天可加四氽（疑氽为蒸字）。一口氽者，折半。两口氽只可使草④，须得二人动手。独口可用柴，只要一人，不必起早。

烧酒

碧清堆细花者，顶高。花粗而疎（疑为疏字）者次之（名曰"朝奉花"）无花而浑者下之，加上酒油仍能化作好酒。近有一月余不散，不可不察。无花之酒，不能作假。

---

① 迨晚：迨，音dài代，趁。迨晚即趁晚。

② 每蒸二、三放不等：每蒸一次，从天湖中取酒两次或三次。

③ 火烛之虞：失火的危险。

④ 只可使草：只能用草烧锅。

过花者，烧时清而少（过花者，即无花也）。只要加上清水，便有细堆花。如水过多，则又无花而浑矣（又，作为药必须之物）。

煎酒

煎酒之先一日，预炼黄泥，用蕴头糠和。如遇冰雪，用草盖之，并溯（疑为涮字）汤。灰白坛更将压底，放于清缸，不致浑脚泛上。即用镴坛，将酒盛贮，以便起早举火。冬月三更起来，春日日长，只要亮时[1]。每作两日，每日两人。如外出之酒，须加一人包泥[2]。先将镴坛放于陶镬，以帽头盖好，用碗抽接油。油急而气直冲出，其酒自清而熟，可以抬起换生冷镴坛，放下即无过生、过熟之弊（即生翻白花之谓）如出外之酒，不宜去油。去其帽头，以镴盖盖之。

坛必炁（疑为蒸字）透，既透，用牌印写字号。以干净白布仔细擦抹。或坛于未炁时用印，有云，更清而坚。

灌酒时必须留心，不致倾泼于地。且必双灌，以免浅弊。灌酒之后，先用荷叶，次用竹箬，以篾缚紧，剪去四边，将黄泥泥好。其泥头如外出者，要高而大，家酒不拘。出外之酒，其坛要用瓦灯盏，亦有用瓦片者。

缸底浑脚，炁（疑为蒸字）熟加糟可吃。或泼在白糟上，一样烧。烧酒起早落夜，必须新灯。好烛则亮，酒无倾出之弊。新灯则酒气不致冲入，免火烛之患。

酒油

酒油者，老酒之油也，清而无花佳。煎时从帽头而出，所得无几，为酱酸油必须之物。凡烧酒无花者，此物加入，即能有花。花之粗者能变细堆。搀入清水则有花，若不搀售人，照烧酒加二提升。

糟

未烧者为白糟，已烧者为烧糟，可以喂牲畜，亦可壅用而养池鱼。

醋糟用灰拌过，亦可壅田。

---

① 只要亮时：天刚亮就起来。

② 包泥：酒装入坛后套上泥头，再用湿泥密封谓之"包泥"。

医酒

酒有酸翻，亦有有力、（疑缺无力二字）之别。有力酸者，饭足水短，开爬不得其时，或天气冷热不均，至（疑为致字）有此病。其酒轻味厚，交冬时候，将酒倒于缸内，尝其味之轻重，用燥粉①治之。去其酸，加以酒油，与随常好者一样，仍用坛盛贮，包泥，但急需发卖，春气动必致于坏也。无力酸者，酸味更动（疑为重字）于有力，且有似乎将翻之状，治法同前，但须多加酒油翻之。有力者缘煎之不熟，或煎时误入生水，其色微白，气重有花。只要将花滤净，每大坛加黑枣八、九枚，一、二日内便发。若发卖迟则无救。至于无力之翻，状如桐油，色如米泔，气不可闻，无可救矣。好酒之闻者有翻意，无关有力、无力，此坛之不干净故也。

有用赤小豆一升，炒焦袋盛，入酒坛中，则如旧。

又，酸酒每坛用铅一、二斤，烧极热投酒，则酸气尽去。

酒合酒

以老酒作水，加入曲饭便是。

过糟酒

未榨者为糟酒，如有酸酒，每糟，酒缸内可倒入一、二坛，和匀共榨，但切不可多，多则恐将好糟带酸。

酸酒倒入糟酒缸，必须用燥粉治过为妙。

泥头

家有泥头，俟稍干便可堆起。如出外之酒，须过二、三日，并用坛树界尺周围，敲其光坚，上面用矾红圆印边，用名字钤记②。如有大太阳③，须挑出摊晒。否则多用稻草厚盖，不致于冰冻。倘遇下两（疑为雨字）月（疑为日字），用簟覆盖。

做篓络

---

① 燥粉：石灰末。

② 钤记：旧时低级官员的印。这儿指店铺名字的印记。钤，音 qián 钳。

③ 如有大太阳：如果天气晴朗，阳光强烈。

凡出外者，必须做篾络。竹匠带篾而来，大酒每缸（疑为大酒缸每只）约五文零，小酒约三文零。工钱在内，仍给便饭、点心，但只须看竹价之贵贱。

论缸

缸有新、陈，有损有开，有胚（疑为坯子）漏，有大、小，须详细察之。新、陈原无二致，然新者不无耗，不如陈者之为妙也[1]。损不过细径，而开甚大，须用铁鐴鐴[2]好，敷以铁砂，可保无虞。至于横断之开，即用铁鐴鐴沙，终属无用，须检弃之。陈缸之漏，或由于砂疤。新缸之漏，或由于沙子，皆可修补。胚（疑为坯字）漏者，本身之土原松，渗漏之处，在在皆有[3]，无从着手，如何可修？即勉强修之，亦属无益，急宜捡去。至缸底犹为要紧，若少（疑为稍字）疎（疑为疏字）忽，漏必罄尽，既经修补明白，即用油灰擦上，水灰盖之，腰笃笃、口笃以毛竹为之，尤为结实。

空缸存贮，如遇大水，即以水灌满，便无妨碍。漏酒坛不宜浸水，浸水必坏。

论坛

坛有新、陈、开、损、胚（疑为坯字）漏，大小，而且有轻重之别。炖（疑为墩字）洲（疑为涮字）亦当留意[4]。新陈、开损、胚（疑为坯字）漏，其制度大约与缸一例。而大小、轻重则有所别。加大者，坛之顶大者也，约流芳斗（七折斗）可贮五斗之外，此家酒所用。而京帮挂头，亦间有之。一名大四斗，流芳七折斛约四斗余升。苏、扬、京、广等处，所谓大酒是也。建坛专发闽者，流芳七折斛，约二斗余，今扬州亦间有之。至小四斗，一名"金刚腿"，即京酒坛是也。流芳七折，不过一斗余。出外者新坛为妙。惟家酒可用陈坛，一则不至折耗，究竟可以多洲（疑为涮字）多洗。外出之酒，

---

[1] 不如陈者之为妙也：（新缸）不如旧缸质量好。

[2] 鐴：疑为锔（音 jù 剧）字。一种两端呈直角弯曲，中部略宽的铁制品，用以连接有裂缝的陶器或磁器等。

[3] 在在皆有：比比皆是。

[4] 炖、涮亦当留意：炖，扬州人讲把手上拿的东西放下曰"炖"，此处是假借字。这句话的意思是，放、洗坛子都要小心，以免手脚重了致使裂开。

限于工夫，故不能加洲（疑为涮字）洗之工。陈坛宜于伏天贮水，俟臭换水。用草灰，每个约一手把，三昼夜，洗净倒出，再进清水。又，次日洗过倒出，以石灰粉好。不可晒，晒则反松而易落。阴干者坚固且亮，即号"明升斗"。用钉将本坊名字画于肩上，名曰"灰马"。存贮屋内，便可上蒸（疑为蒸字），写字号。如隆冬时，不论新陈、大小，勿须洲（疑为涮字）洗。倘过严冬，宁令倒出，候天气稍（疑缺暖字）和再行灌进，庶不致有冰坏之弊。此小费力不可惜也。如不过稍寒，可用竹杠探入，将水倒出少许，坛口用稻草作肘塞紧，即可无碍。或尚恐其冻面，上厚铺稻草，以篹覆之。如做新坛，先将坛挑至河边，以便灌水，既经灌满，即移挨其地，则坛底吃住之水，另有分晓。次日用木棒将坛身重敲几下，则其坛底细隙含水之处，逐细涂明[1]，以便沙鑽修补。如沙已坚老，照式再办一回[2]，谓之转探。然后用细灰撩上，俟燥，以水灰粉之，双度[3]更妙。隆冬雨雪，坛身甚冷，油灰不能擦抹，须用缸灶、淘锅圈烧水烝（疑为蒸字）热，便可擦矣。金华坛有数种，出自石子山者第一，匀而光润。南枣田者亦可。

上坛头者，厚而重，但多旱点。

有一种下港货，亦叫金华坛，其货其（疑为甚字）次。港货亦有一处，出横巷堂（疑缺者字），菭（疑为薄字）而尖。小缸窑者，而菭（疑为薄字）胚（疑为坯字），漏居多，个头甚小。金华坛如下港货，反不如嵊县之马鞍窑多矣。

诸暨坛身分，比各处总大些，样子犹似乎金华，个头亦匀净，但有好歹不同。

嵊县坛有数宗，马鞍窑者为第一。不过不能好如金华，石子山之上下，匀净光润，坏却多。有一宗山口者，大罅点甚多。纵极修治，较马鞍不如，加工一半，尚不讨好。有一宗仙苗寺出者，其式有似乎山口，油水略觉光润，然亦多有坏点。有一宗淘（疑为陶字）家庄者，其色似乎马鞍而菭（疑

①逐细涂明：一个一个将（有砂眼的地方）用记号标明出来。
②照式再办一回：照上面讲的方法再用沙补一次。扬州人称一次为一回。
③双度：重复，两次。

为薄字）脆。有一宗大荒田者，油水觉红，其式亦似山口，而兼似淘（疑为陶字）家庄，总非正路货也（各窑俱要伏货①）坛必堆②，如遇大水，将堆折开，水灌之满便好。

论灶

如酒做二百缸，只要大淘灶一乘，小淘灶一乘。大者用大蜘蛛（疑为镶字）两口，小者用小淘镶两口，其稍（疑为梢字）镶头可合一只，只要尺八镶可矣。其灶丁字样打法，名曰"虾笼式"。小灶要有神仙灶之说，便烧柴也。去其方门，而用直圈。

蜘蛛淘在昌安门外三脚桥下，易姓一家所造。

舂米

每人每日四、五、六石不等（疑为等字）。不必太白，大约七、八分成色。如米真燥，必跳（疑为踹字）出，加水砻糠一把便好。

东圃造酒，大约干米舂，每天谨（疑为仅字）舂二、三石之间，故米白。孙篷俱用水潮③即有干米，亦和水而舂，每天可舂四、五石，故米糙。米白则酒鲜，米糙则酒味木。

合糟

将酒烧出之后，一时不能售出，用木碓炼热，不可放水，倒存缸内踏实，上用空缸覆盖，其合缝处，以卤醭和黄泥椿（疑为舂字）匀封之。如家常零星需用，以坛盛贮筑实，不可太满，口内约三、四寸用灰撒入，或用草肘塞紧；倒笃，不但不坏，而且随时可取。至立冬之后，可以开缸，以铁揪（疑为锹字）起之。

存酒

房屋须明亮、临风，忌湿暗。地势宜高不宜低洼，泥地则不干，低洼恐遇大水，则搬移不及。先将地调停平稳，凸者去之，凹者补之处尚须舂实。以小样者作底，大样者居上。大酒每舂三个，小酒每舂四个，均须平宜，不

---

① 伏货：夏天烧制的坛子。

② 坛必堆：存放坛子一定要堆起来。

③ 用水潮：加水浸润。扬州人说潮了，意即湿了。

可歪斜。倘有空隙，用草肘塞紧，庶不致有卸春之弊。每年过春两次，五、六、八、九等月是也。霉烂、渗漏，均可捡出。霉烂者即发坛也。渗者浸润而不漏，其酒尚不至于坏。如大漏，则有翻不翻之患。

蒸酒家伙

大蜘蛛淘镬（镀均疑为镬字）（每口约八、九十斤）　　小蜘蛛淘镬（每口约三十余斤）

随时尺八镬　　淘锅圈（三眼，煎酒、蒸坛用。）　　长火添（蒸饭、煎酒、烧草用。）

大火钳（烧酒柴灶用）　　镴坛（每副六个，廿二、三斤。）酒吊

大接口（约五斤）　　镴盖（代帽头，不用油用，每个一斤。）

押底（约四斤余）　　旧剪泥刀

钉钩（疑为钩字）　　铁揪（疑为锹字）　　切面刀

帽头（六个，每个六斤）　　锹（疑为撤字）　　小接口（约一斤）

过山龙　　镴蒸　　漏底搀斗一、畚斗

大蒸（烝［疑为蒸字］饭用，杉木树做，每口可贮米一石四、五斗。）

小蒸（上阔下小，烝［疑为蒸字］饭，每个可贮米三斗。）

小蒸（烧糟用，口小底阔，约贮糟五十二、三斤。）

搀斗（要大、小四个，小者米抽内可用。）

鹅食桶　　水接口　　风箱（烧糠用）

大、小镬盖中（有圈洞，煎酒用）　　大风箱　　担桶（每只约贮水三斗六升）　　扁担　　磨床　　米抽（五斤）水捞泚（［疑为涮字］坛用）　　桄　　磨担　　桄担

檀树即兴　　挑水扁担（有铁钩）　　桄床　　栀树木碓（烧糟用）

接碓（椿［疑为舂字］米）　　擂挑　　捣臼

大榨（套做［疑为用字］樟树。蝴蝶、千金、直柱均用栀树。）

细袋（一百二十只，丝细做。）

大小华椙（烝［疑为蒸字］饭用）　　车罗底

大竹箩（挑谷用棕绳，烝。［疑为蒸字］饭用草绳。）

团箕　　笼筛　　煎酒竹杠　　榨酒桶

石碓　　大磨　　榨酒石（六块）　　大广秤（十六两三分）

酒爬　　棹头极　　小笺（榨酒割清用）　　拨篮

蒸饭竹杠　　钉钩竹杠　　随用竹杠　　竹酒络　　押吹（茨菇叶做，淘镶圈上以烝〔疑为蒸字〕。）

梅花竹笏（蒸底用）　　白藤烝（疑为蒸字）狃

大、小笓帚（洗缸、烧糟明）　　烧酒甑（瓦、锡不拘）　　簟

扫帚

簸播（烝〔疑为蒸字〕饭熟时，以此盖之。）　　荷叶　　包坛篾　　竹笺络　　麻络索

大、小皮印　　直丝竹笏（榨里用）　　稻草垫吹（烝〔疑为蒸字〕底用）

小汲桶（浸泥刀用）　　（疑为草字）袋　　谷爬　　畚斗　　蒲硅（烝〔疑为蒸字〕饭内用）　　淡竹箸　　蕴头汤糠（即乱稻草）

黄泥（每船约一百十文，连挑在内。）　　砻糠（烧糟用）　　泥头套圈

大铜杓（要大、小四只）　　墨塞　　棕帚（拭牌用）

抹坛布　　草　　羊毛笔（号字）　　苕帚（盦曲用）

灯笼　　松柴　　墨　　灯盏　　铁簪（炼黄泥用）

［ 杂说 ］

偷酒弊

一日（疑为曰字）"天打煞"，一曰"杀和尚"，一曰"炙艾穴"，一曰"大开门"。"天打煞"者，即过山龙也。"杀和尚"者，将泥头磨动，坛身横放，其酒自出。"炙艾穴"者，用烟管火数袋炙松，以铁钻将炙处钻通，其酒亦出，后用杉树塞之。"大开门"者，泥头拨下，将酒倒出，以水换之，仍将泥头合上，用糯米糊护之。换城河水，清而不浊。黄河水有黄泥脚。

酸酒改醋

每酸酒十五、六坛，盛贮缸内。用糯米二斗煮饭，趁熟（疑为热字）踏

实，和曲四、五斗，放入，用盖盖好，上下四面均围稻草，至半月之久必酸，此二、三月可为也。再，酸酒不多，不必用缸。每缸放麦糖二、三斤，红火添，每天打三、四回便成醋。如要色红，用白糖半斤炒焦，以黑为度放水。不可过焦，焦则苦而不（疑缺红字），亦不可过嫩，嫩则甜而色淡。

白酒

用米一斗，冬日浸周时[1]，春日浸一日，烝（疑为蒸字）熟，将饭倾入竹箩，以水淋冷后，用热水还热，盛贮小缸内，以酒药一两二钱，捣碎，匀入。

自越至京发酒例

里河船每坛给钱二厘半，大坛倍之。至新埧，每坛二厘半，潭头四厘二。毛江山船装龙口，连税给钱七厘半，至中每坛三厘半，德胜每坛八厘半，上漕船交卸。

漕船抽分

每百作外加二抽，装至北仓交卸扬州者，分二厘，天津雇船卸货，每坛二十七文。至河南西务，查数报税，每三分银一坛（九八银[2]）到通州报落地税，每坛一分二厘。挑进堆房，每坛脚钱十文。

补漏

漏酒坛，用黑枣捣烂涂上，可过十余日。

陈酒

酒过八月无新陈，三、五年更佳。陈酒开时加浓茶一杯，无霉气。

辨酒

酒坛用坚物击之，其音清亮，酒必高。

泥头

黄泥有香气，其性柔；田泥有臭气，其性散。加砻糠炼[3]则韧而软，故用黄泥而不用田泥者，此也。

破泥头

---

① 周时：一昼夜。
② 九八银：银子的成色为九成八。
③ 加砻糠炼：添加砻糠拌和、摔打。

破泥头用酒捣泥，再泥无水气，不生花。或泥内少加石灰亦可，交秋泥更觉妥当[1]。

空坛

大空坛每个约重二、四、五、六、七、八斤[2]，泥头每个五、六、七、八斤，装酒四、五十斤。中空坛，每个约重十七、八斤，装酒二十余斤，泥头五、六斤。中小空坛，每个约重十三、四斤，泥头五斤，装酒十余斤。

夏日开酒

夏日开酒坛，易败坏。半截于泥地洼中，其味不走。

长路驮（疑为驮字）酒

长路牲口[3]驮（疑为驮字）酒，其坛须灌满瓶口，不晃动其酒不坏。做酒时亦须多加饭，少加水。

养猪

一年三次出圈，清明、中秋、年底是也。其猪必须买谷约四、五十斤。毛猪头，蹄要大，胸膛须开阔，身宜长，脚宜高，而不在乎瘦。冷天将泔水炖热，和糟而喂，多加蕴头。暖天只要随常冷水，和糟而喂，并要厚菬（疑为薄字）均匀，一日喂两次足矣。

过塘行

新堨　　倪心怀　　潭头

华家、王家（上下半月轮）　　龙口　　王东来　　中堨

柴凤歧　　德胜堨　　顾瑞华、顾振南（上下半月轮）

家酒本地销卖，每坛收脚钱三文。

［ 附各种酒 ］

绿豆酒　　锅粑酒　　高粮酒

---

① 交秋泥更觉妥当：用立秋以后的泥更加适合。

② 大空坛每个约重……：根据下文，似为每个约重二十四、二十五……斤。

③ 长路牲口：走长路的牲口。

鲫鱼酒（黄酒）　　史国公酒　　桂花酒（黄酒）

金桔酒（黄酒）　　竹叶酒

煎酒时，布包淡竹叶五钱，入甑烝（疑为蒸字）好取出，灌坛泥封，久之开用，另有一种清香气。又，孙簏、吴融酒，不用锡甑，而用锅煎，可与东蒲酒匹敌。东蒲酒较胜于他处者，取市心水，斤两更重，而能于缸中养一百日，精华约作出，气味浓郁。他家三、四十日即榨，故不及也。

又，酒煎好灌坛时，每坛入白糯米一大团，灌满泥封，饮之更觉味厚。

［ 附各种造酒盦曲法 ］

桃源酒：白曲十二两，剉如枣核，浸水一斗待发。糯米一斗，淘极净，炊作烂饭，摊冷，以四时消息气候①投放曲汁中，搅如稠粥，候发，更投二斗米饭，尝之，或不似酒，勿怪。候发，又投二斗米饭，其酒即成矣。如天气稍暖，熟时候三、五日，瓮头有澄清者，先取饮之，酣酌②亦无伤也。此本五陵桃源③中得之，今商议以定空水浸米尤妙。每一斗米，煮取一斗澄清，浸曲俟发。红（疑为经字）一日炊，候冷，即出瓮中，以曲和麦，还入瓮中。每投皆如此，其第三、第五皆待酒发后，经一日投之。五投毕，待发足，定讫一、二日可压，即大半化为酒。如味硬，每一斗烝（疑为蒸字）三升糯米，取大麦药曲一大匙，白曲末一大分，熟搅和，盛葛布袋中，纳入酒瓮，候甘美即去袋。然做酒，北方地寒，即如人气投之④。南方地暖，即须至冷为佳也。

碧香酒：糯米一斗，淘淋清净。内将九升浸瓮内，一升炊饭，拌白曲末四两，用筲⑤埋水浸米内，候饭浮捞起，烝（疑为蒸字）九升米饭，拌白曲

---

① 以四时消息气候：即以四时不同的温度。

② 酣酌：痛饮。

③ 五陵桃源：应为武陵桃源，晋人陶渊明写桃花源记，今在湖南省常德市西有其遗址。

④ 如人气投之：相当于人体的温度就可以投进去。

⑤ 筲：音 chōu 抽，竹制的酒笊。

末十六两。先将净饭置瓮底，次以浸米饭置瓮内，以原淘米浆水十斤或二十斤，以纸四、五重蜜（疑为密字）封瓮口，春数日。如天寒，一月熟。

腊酒：糯米二石，水与酵二百斤足秤，白曲四十斤足秤，酸饭二斗，或用米二斗起酵，其味浓而辣。正腊中做。煮时，大眼篮二个，轮置酒瓶在汤内，与汤齐滚，取出。

建昌[①]红酒：糯米一担淘尽，倾缸内，中留一窝，倾水一石二斗。另取糯米二斗，煮饭摊冷，作一团放窝内，盖讫。二十余日，饭浮浆酸，捞起，去浮饭沥干，浸米，先将米五斗淘净，铺入甑底，将湿米次第上去，米熟，略摊气绝[②]，翻在缸内，盖，下取浸米浆。花椒一两，煎沸出镀（疑为镬字），待冷，用白面曲三斤捶细，好酵母三碗，饭多饭少如常酒酵法，不要太厚。天道极冷，放暖处，用草围一宿。明日早，将饭分作五处，每放小缸中，用红面一斤，白曲半斤，酵亦作五分，每分和前面，曲、饭拌匀，踏在缸内，其余尽放面上，盖定，候二日打爬。如面厚，三、五日打不遍，打后面浮涨足，再打一遍，仍盖下。十一月二十日熟，十二月一日熟，正月二十日熟，余月不宜造。榨取澄清，并入白檀末少许，包裹，泥定。糟用熟水，随意加入，则只二宿可榨。

五香烧酒：每料糯米五斗，细曲十五斤，白烧酒三大坛，檀香、木香、乳香、川芎[③]、没药[④]各一两五钱，丁香五钱，各为末。白糖霜十五斤，胡桃肉二百个，红枣三升去核。先将米烝（疑为蒸字）熟，晾冷，照常下酒法，落在瓮口缸内，好封口。待发微熟（疑为热字），入糖并烧酒，香料、桃枣笒（疑为等字）物，缸口厚封，不令出气。每七日开打一次，封至七七日，上榨如常。服一、二杯，以腌物玉之，有春风和煦之妙。

山药酒：山药一（疑缺斤字）、酥油三两、莲肉三两，冰片半分，同研

---

① 建昌：古行政区名，明清时为建昌府。辖境相当于今江西省南城、资溪、南丰、黎川、广昌等县。

② 摊气绝：摊开使其热气散发掉。

③ 川芎：伞形科植物川芎（音xiōng胸）的根茎。入药有行气开郁，祛风燥湿，活血止痛之功效。

④ 没药：橄榄科植物没药树或爱伦堡没药树的胶树脂。入药有散血去淤，消肿定痛之功效。

如弹，每酒一壶，投药一、二丸，热服。

葡萄酒：法用葡萄子取汁一斗，用曲四两搅匀，入瓮中，封口，自然成酒，更有异香。

又法，加蜜三斤，水一斗同煎入瓶，候温入曲末二两，白酵二两，湿纸封口，放净处。春秋五日，夏三日，冬七日，自然成酒，且佳。黄精酒（**此三字为衍字**）。

黄精酒：黄精[1]四斤，天门冬[2]去心三斤、松针六斤、白术四斤、枸杞五斤，俱生用。纳釜中，以水三石煮之一日，去渣，以清汁浸曲，如家醖法熟。取清任意食之。主除百病，延年，变须发，生齿牙，功妙无量。

白术酒：白术二十五斤切片，以东流水二石五斗浸缸，二十日去滓，倾汁大盆中，夜露天井，五夜，汁变成血[3]，取以浸曲作酒，取清服，除百病，延年，变发坚齿，面有光泽，久服长年。

地黄[4]酒：肥大地黄切一大斗，捣碎。糯米五升作饭，曲一大升。三物于盆中揉熟相匀，倾入瓮内泥封。春夏二十一日，秋冬二十五日。满日开看，上有一盏绿液，是其精华，先取出饮之。以生布绞汁如饴，收贮，味极甘美。

菖蒲酒：取九节菖蒲生捣，绞汁五斗。糯米五斗炊饭，细曲五斤拌匀，入磁坛蜜（**疑为密字**）盖，二十一日即开，温服，日三次，通血脉，滋荣胃，治风痹骨立痿黄，医不能治，服一剂，百日后颜色光彩，足力倍长，耳目聪明，发白变黑，齿落更生，夜有光明，延年益寿，功不尽述。

羊羔酒：糯米一石如常法浸浆，肥羊肉七斤，曲十四两，杏仁一斤煮去苦水，同羊肉多汤煮烂，留汁七斗，拌前米饭，加木香一两同醖，不得犯水[5]，十日可吃，味极甘清。

---

① 黄精：百合科植物黄精、囊丝黄精、热河黄精、滇黄精等的根茎。春、秋采集，蒸透晒干。入药有补中益气，润心肺，强筋骨之功效。

② 天门冬：百合科植物天门冬的块根。秋、冬采挖，蒸、煮至外皮脱落，烘干。入药有滋阴，润燥，清肺，降火之功效。

③ 汁变成血：汁液变得像血一样红。

④ 地黄：玄参科植物地黄的根茎。十至十一月采挖，烘焙至黑。入药有滋阴，养血之功效。

⑤ 不得犯水：不能接触到水。

天门冬酒：醇酒一斗，用六月十一八日曲末一升，糯米五升作饭。天门冬煎五升，米须淘讫晒干，取天门冬汁浸。先将酒浸曲如常法，候熟炊饭，适寒温，用煎汁和饭，相入投之，春夏七日，勤看，勿令热。秋冬十日熟。东坡诗云："天门冬熟新年喜，曲末春香并舍闻"是也。

松花①酒：三月取松花如鼠尾者，细挫一斤，绢袋盛之。造白酒时，熟时投袋于水中心，浸三日取出漉酒饮之，其味清香甘美。

菊花酒：十月取甘菊花去蒂二斤，择净入醅，搅匀，次早榨，具（疑为其字）味清冽。凡一切有香花之酒，花如桂花、兰花、蔷薇花皆可做为。

五加皮三骰酒：法用五加根茎、牛膝②、丹参、枸杞根，金银花，松节、枳壳③枝叶各一大斗，用水三大石，于大釜中煮，取六大斗去渣澄清水，准水数浸曲，即用米五大斗炊饭。取生地黄一斗捣如泥，拌下。二次用米五斗炊饭，取牛蒡子④根细切二斗，捣如泥拌饭下。三次用米二斗炊饭，大蓖麻子一斗熬捣令细，拌饭下之。候稍冷，一依常法，酒味好，即去糟饮之。酒冷不发，加以曲末投之。味若薄，再炊米二斗投之，若饭干不发，取诸药物煎汁，热投，候熟去糟，时常饮之，去风劳冷气，身中积滞宿食痰，令人肥健，行如奔马，功妙更多，男女可服。

白曲：白曲（疑为面字）一石，糯米粉一斗，水拌，令干湿调匀。筛格过，踏成饼子，纸包挂当风处五十日，取下，日晒夜露。每米一斗，下面（疑为曲字）十两。

内府⑤秘传曲：白曲（疑为面字）一百斤，黄米四斗，绿豆三斗，先将豆磨去壳，将壳簸出，水浸听用。次将黄米磨末，入面饼、豆末和作一处，

---

① 松花：松科植物马尾松或其同属植物的花粉。四、五月开花时采收。入药有祛风益气，收湿，止血之功效。

② 牛膝：苋科植物牛膝的根。冬季茎叶枯死后采挖，晒干，以硫璜熏之。入药有散淤血，消痈肿之功效。

③ 枳壳：芸香种植物枸橘，酸橙等近似成熟的果实。入药有破气，行痰，消积之功效。

④ 牛蒡子：菊科植物牛蒡的果实。八、九月果实成熟时采集。入药有疏散风热，宣肺透疹，消肿解毒之功效。

⑤ 内府：皇家。

将收起豆壳浸水，倾入米面、豆末内和起，如干，再加浸豆壳水，可扽（**疑为扽字**）成块为准，踏作方曲，以实为佳。以粗草晒六十日，三伏内方好造酒，入曲七斤，不可多放，其酒清冽。

莲花曲：莲花三斤，白面百五十两（**疑为斤字**），绿豆三斗，糯米三斗（俱磨为末）川椒八两，如常造踏。

金茎露曲：面十五斤，绿豆三斗，糯米三斗，为末踏。

襄陵①曲：面一百五十斤，糯米三斗（磨末）蜜五斤。

红白酒药：用草果五个，青皮、官桂、砂仁、良姜、茱萸草、乌梅各二斤，陈皮，黄柏、香附子、苍术、干姜、甘葛花、杏仁各一斤，姜黄、菔（**疑为薄字**）荷各半斤，每药料共秤一斤，配糯米粉一斗，辣蓼三斤或五斤，水姜二斤捣汁，和滑石末一斤四两，如常法盦之。上料更加荜泼②、丁香、细辛、三赖（**疑为山柰③**）、益智④、丁皮⑤、砂仁各四两。

东阳酒曲：白曲（**疑为面字**）一百斤，桃仁三斤，杏仁五斤，草乌一斤，乌头一斤半，去皮绿豆五升煮熟，木香四两，官桂八两，辣蓼十斤，水浸七日，沥母藤十斤，苍耳草十斤（二桑叶包）用蓼草三味入锅，煎煮绿豆。每石米内放曲十斤，多则不妙。

蓼曲：用糯米不拘多少，以蓼捣汁浸一日，漉出，用面拌匀，少顷筛出，淳（**疑为醇字**）而厚。纸袋盛之，挂当风处。夏日制之，两月复可以用之，做酒极醇。

封缸酒：占米⑥三斗，淘过炁（**疑为蒸字**）熟，拌药丸做成白酒。俟酒满中仓，浇烧酒三斤，浇四边勿浇中间。过一日，入火酒二十斤，再过一、

---

① 襄陵：古地名。因宋襄公葬此，故名。在今河南省睢县。

② 荜泼：应为荜拨，亦名荜茇，胡椒科植物荜茇未成熟的果穗。九、十月份果实由黄变黑时采下，晒干。入药有温中，散寒，下气，止痛之功效。

③ 山柰：姜科植物山柰的根茎。入药有温中，消食，止痛之功效。

④ 益智：姜科植物益智的果实。五、六月间果实呈褐色时采集，晒干。入药有温脾，暖胃，固气，涩精之功效。

⑤ 丁皮：丁香树的皮。

⑥ 占米：扬州人称糯米为占米。

二日，浇冷水三十斤，封起缸来。七日后，用麻布滤出酒入坛，尝窖之。其渣再入井水二十斤，又过十四日，所有白酒亦与市卖不同。

酒酿亦用占米一斗，白酒药一丸，盛于净器内，中做一窝，一复时满中仓。外用草盖草围，宜暖。酒满取出，仍盖好，再满又取。

黄酒：酒米二斗、小曲二斤，酵水随手将饭拌匀，加花椒一两，六安茶一两，七日满塘。烧开水，带温入槽内，榨出清酒，即（疑为加字）火酒五斤，封坛窖之。如嫌酒淡，再入火酒五斤亦可。

粥酒：占米一斗，作二锅煮稠。预备曲块，一斗米用一斤曲，碾细，俟粥五、六分冷入曲末，不住手搅冷，即入火酒五斤，灌入坛内封固，七日后可用。如嫌酒多（疑缺味字）淡，再加大（疑为火字）酒。

琥珀光酒：红曲三两，洋糖三两，坛（疑为檀字）香末五钱，当归五钱，烧酒十二斤，入水三斤，绢袋盛，浸七日用。

又，烧酒十二斤，洋糖一斤，红曲一两，当归五钱，圆眼半斤，茹（疑为薄字）荷三钱，沉香五钱（或用坛［疑为檀字］香末）用绢袋盛，浸七日浸（疑为衍字）用。

冰糖百（疑为柏字）叶酒：烧酒二十斤，入柏叶一斤，冰糖三斤，或二斤亦可。

玫瑰酒：玫瑰花去蒂，须百朵。火酒十五斤，洋糖四斤，窖之。

郑公酒曲：白面三十斤，绿豆一斗煮烂，退砂①、末（疑为木字）香一两为末，官桂一两为末，莲花蕊三十朵，用须并瓣不用房，碎捣。甜瓜捣烂，用粗布绞肉②约一碗。揭辣蓼自然汁③，和前拌匀，干湿得中，用布包，脚踏令实，二朵叶包裹，麻皮扎，悬风梁上。一月后取出，去朵叶，刷净，日晒夜露约一月，入瓦上（疑为土字）瓮中蜜（疑为密字）封，每曲三十斤，约饼七十个。

酿酒：糯米，河水淘极净，浸十日许漉起，再以河水淋之。淋米水溜（疑

---

① 退砂：将皮洗去得到绿豆茸。
② 绞肉：除去部分汁液得到甜瓜肉。
③ 自然汁：辣蓼的本身汁液。

为留字）澄清用。每糯米一担，存一斗作饭，可迟三日浸。每米一斗，用淋米水八斤，面每石用五斤或四斤，作清酒只用三斤，每斤可酿米一石。将曲捣碎和饭，分作分，逐一分。先以小缸入水少许，搜拌令匀，逐一入缸，以手捺实，以木杓衬水浇之，以芦蓆、稻草（疑缺焙字）一宿后，看缸面有尖裂缝者，以手衬觉湿热，用扒打。待三次打扒后，即入投饭，仍用酿少许解饭，开倾入缸内再盖，打匀，再盖，约一月余熟。每二石用灰八团，一半入酿，作别袋榨之。一半以袋入酒汁中，澄清去脚。澄二次，入饼煮之。清酒不要投饭。

灰法：杂灰、标灰、炭灰，筛过如汤团小盏大。又，炭团火虾（疑为煅字）红三、四次，研末用之。

[烧酒花色]：烧酒花色，平常者，每缸加折榨清，每缸有大坛十五坛，清酒二大坛，其花可高一色。亦有每缸内加水三大斗，用龙骨[①]、陈麦为末，一酒杯酒油调和，去渣搅入，其花可二色。但须临时用之，一月以后竟可无花，以其发透故也，故须熟按酒务者[②]始能办。大酒做花者办法有三种：真者色清而洁，假者色白而浑；真者其味甜净，假者其味辛辣；真者缸面清洁，假者缸面有细丝，名曰"龙筋"。

节气迟速看冷暖，米有有（疑为好字）歹酒即高低。

屋内屋外有冷暖。屋内有风，屋外无风，可差半月天气，开爬时酌之。

酒有缸面酸，缸底不酸者，不可用爬，用入中间探取尝之。

[火]

顾宁人《日知录》[③]曰：人用火必取自木，而复有四时五行之变。《素问》

---

① 龙骨：古代哺乳类动物，如象类、犀牛类、三趾马等骨骼的化石。入药有镇惊安神，敛汗固精，止血涩肠，生肌敛疮之功效。

② 熟按酒务者：熟悉酿酒过程和技术的人。

③ 顾宁人《日知录》：顾宁人，明清之际思想家、学者顾炎武，字宁人，江苏昆山人，少年时参加"复社"。人称"亭林先生"。《日知录》是他著的一本读书札记。

黄帝言：壮火散气，少火生气。《周礼》：季春①出火，贵其新者，少火之义也。今人一切取之于石②，其性猛烈而不宜人。病痰之多，年寿自减，有之采矣。

又曰，病痰之多（此为衍句）。

又曰：火，神物也，其功用亦大矣。昔隋王劭，尝以先王改火之义，于是表请变火。曰，古者周官四时变火，以救时疾。明火不变，则时疾必兴，圣人作法岂徒然哉？在晋时，有人以碓阳火渡江，世世事之相续不灭，火色变青。昔时（疑为师字）旷③食饭，云是"劳心"④所炊。晋平公使视之，果然车辋⑤。今温酒、炙肉用石炭火、木炭火、竹火、草火、麻荄火⑥，气味各自不同。以此推之，新火、旧火，理应有异。

天下之制毒者，无妙于火。火之所以能制毒者，以能革物之性。故以气而遇火则失其气，味而遇火则失其味。刚者革其刚，柔者失其柔。凡食物之有毒者，但制造极熟，便当无害。即河豚，生蟹之属，诸有病于人者，皆其欠熟，而生性之未尽也。

［ 水 ］

甘泉旋汲用⑦之斯良。丙舍⑧在城，夫岂有易得理？宜多汲，贮大瓮中。但忌新气，为其火气未退：易于败水，亦易生虫。水气忌木，松杉为甚。木桶贮水，其害滋甚⑨，挈瓶为佳耳。

---

① 季春：季，排行第四或最小的。季春即指暮春。
② 石：指炭。
③ 师旷：春秋时晋国善操琴的盲乐师，字子野。
④ 劳心：疑为劳火，古时称烧车轮木的火为"劳火"
⑤ 车辋：辋，音 wǎng 网，车轮的外周。这儿指劳火燃烧的车轮木。
⑥ 麻荄火：扬州人称芝麻秆为"麻荄"（音 gāi 该），荄系草根，此处是用其音。麻荄火，芝麻秆烧的火。
⑦ 旋汲用：当时取水使用。
⑧ 丙舍：原指古代王宫中的别室。这儿泛指居住的房屋。
⑨ 其害滋甚：为害严重。

舀水

舀水必用磁瓶，轻轻出瓮后倾铫中，勿令淋漓瓮内，致败水味，切须慎之。

山下出泉曰"蒙"。蒙，稚也①。物稚则天全，水稚则味全。故鸿渐②曰：山水上。其曰乳泉石池漫流者，曰蒙蒙谓也。其曰暴涌湍激者，则非蒙矣，故戒人勿饮。

源泉必重，而泉之佳者尤重③。

山厚者泉厚，山奇者泉奇，山清者泉清，山幽者泉幽，皆佳品也。

泉非石出必不佳，故《楚词》（疑为辞字）曰，饮石泉兮荫松柏。

泉不流者，饮之有害。《博物志》：山居之民多瘿肿痰（疑为疾字），皆由于饮泉之不流者④。

泉上有恶木，则叶枝根润，皆能损其甘香，甚者能酿毒液，尤宜去之。

江水

江，公也，众水共入其中也。水共则味杂，故鸿渐曰，江水，中。其曰，取去人远者。盖去人（疑缺远字）者则澄深，而无荡漾之漓耳。潮夕近地，必无佳泉，盖斥卤诱之也⑤。天下潮夕，惟武林最胜⑥，故无佳泉。西湖山中则有之⑦。

扬子，固江也，其南泠则浃石停（疑为亭字）渊⑧，特入首品。余尝试

---

① 蒙，稚也：蒙，六十四卦之一。《易·蒙》："象曰：山下有险，险而止，蒙。"稚，幼小。此处系指泉水初出。

② 鸿渐：指陆羽，唐代人，字鸿渐。著有《茶经》，系第一部论述、研究茶的著作，后世视其为"茶圣"。

③ 泉之佳者尤重：越是好泉，水质越厚，比重亦相应增加。

④ 皆由于饮泉之不流者：完全是因为喝了死泉的水。

⑤ 斥卤诱之也：斥卤，土地含过多盐碱成分。司马贞索隐引《说文》："卤，咸地。东方谓之斥，西方谓之卤。"诱之，影响。

⑥ 天下潮夕，惟武林最胜：指钱塘江潮夕、因江口呈喇叭状，海潮倒灌，形成闻名的钱塘潮。

⑦ 西湖山中则有之：指虎跑泉。

⑧ 南泠则浃石渟渊：南泠即南零，在江苏省镇江市金山脚下。浃石，石头被水浸润。渟渊，水集聚而成潭。

之，诚与山泉无异。若吴松江，则水之最下者也。亦复入品，甚不可解。

井水

脉暗而味滞。故鸿渐曰，井水，下。其曰，井取汲者多，盖多则气通，而流活耳。终非佳品，勿食可也。

市廛居民之井，烟爨稠蜜（疑为密字），汗秽渗漏，时黄潦①耳，在郊原者庶几？

深井多有毒气。葛洪②方：五月五日，以鸡毛试投井中，毛直下无毒。若迴四边，不可食③。淘法，以竹筛下水方可。

若山居无泉，凿井得泉者，亦可食。

井水味咸色绿者，其源通海。旧云：东风时凿井，则通海脉，理诚然也。

移水，取石子置瓶中，虽养其味，亦可澄水，令之不淆。

黄鲁直④《惠山诗》："锡谷寒泉椭（椭的误字）石俱"是也。

择水中洁净白石，带泉（疑缺水字）煮之，尤妙。

汲泉道远，必失原味。唐子西云：茶不问团、锊，要之贵新⑤；求不问江，井，要之贵活。

花水（从花摘［疑为滴字］下者曰"花水"，以花之性而分美恶。）

花水主解渴，以此水和天花粉⑥为丸，预备远行无水处，渴时服即解。和粉作点心，食之益人。

井水平淡，第（疑缺一字）汲为井华水，功大于诸水。取天一真气浮

---

① 黄潦：潦，音 lǎo 老，雨后积水。黄潦，积聚了肮脏的黄水。

② 葛洪：字稚川，号抱朴子，东晋时道教理论家、炼丹术家、医药家、丹阳句容人。著有《抱朴子》一书。

③ 若迴四边，不可食：如果鸡毛在井的四周飘荡，这个井的水不能食用。

④ 黄鲁直：北宋诗人，书法家黄庭坚，字鲁直，号涪翁、山谷道人。分宁（今江西修水）人。诗词与苏轼齐名，世称"苏黄"。著有《山谷集》等。

⑤ 茶不问团、锊，要之贵新：不管是团茶还是散茶，要新茶为好。

⑥ 天花粉：葫芦科植物栝楼的根。富含淀粉、蛋白质，可作点心。入药有生津，止渴，降火，润燥，排脓，消肿之功效。

上①，煎补阴药及炼丹、膏，良。

（以下四条原在戏席部）

治浊水：青果汁或洋糖少许，投时即刻澄清。

（晴久，初接屋漏水，对入井水，捣碎桃水（疑为仁字）澄之，去秽解毒。澄黄河水亦用桃仁，顷刻即清。）

（做酱之水，必要五更时入缸，令其多露水。）

茶叶：取绍兴上灶者，味厚，可泡三次，他处不及也。然叶取色白者上。世有以桑杆灰稍拌，伪作白色，不久即变。

茶以紫红，菊雪为第一。凡茶叶，淡（疑为制字）后即入坛封固，丝毫沾不得潮气。即霉，并不可日晒②。

藏茶法：茶叶每斤作四包，入大黄沙坛内，坛底放整石灰一块。将包铺平，紧盖坛口，不令走气。用时取包，另装小瓶，三、四年后，其色仍然碧绿。

［南枣浸酒］：南枣浸陈绍兴酒，味浓而鲜。又，投纯酥白糖烧饼三十枚，约酒三十斤者，上浇以麻油三大杯，泥封一月可用。

（以下五条原在戏席部）

东坡真一酒：用白面、糯米、清水三物，谓之"真一法"。酒瓢（疑为酿字）之成玉色，有自然香味。白面仍（疑为乃字）上等面，如常法起酵。作饼蒸熟后，以竹篾穿挂风道中，两月后可用。每料不过五斗，只三斗尤住。每米一斗，炊熟急水淘过，沥十，令人捣细白曲末三两，拌匀入瓮中，使有力者以手拍实，按中为井子，上广下锐③，如绰面尖底碗状。于三两曲末中，预留少许，掺盖醅面，以夹幕复之④，俟浆水满井中，以刀划破，仍更炊新饭投之，每斗投三升，令入井子中，以醅盖合，每斗入熟水两碗，更三、五日熟，可得好酒六升。其余更取醨⑤者四、五升，谓之"二娘子"，犹可

---

① 天一真气浮上：因为一夜未动，早晨井中第一汲水凝聚了天一真气。

② 即霉，并不可日晒：即使霉了，也不能晒。意思是说，茶叶如发霉，晒也没有用。

③ 上广下锐：上面口大，底下口小。

④ 夹幕复之：用两层布覆盖起来。意即保温。

⑤ 醨：音lí离，薄酒。

饮。日数随天气冷暖，自以意候之。天太热减曲数两。

[乌糯酒]：丹阳乌糯米酒，枇杷、冰糖浸烧酒。

[解醉酒]：饮酒大醉，冲葛粉食之即解。烧酒醉者，饮糖茶或麻油。

[糯米茶]：糯米炒焦，冲水作茶饮。饥时米即可食。

东铺酒：东铺酒最出名者，沈全由字号，做法顶其（疑为真字），价值较他家稍减。

（以下五条原在衬菜部）

[浙江鲁氏酒法]

[造曲]：造曲在伏天，将上白早米一斗，白面三升，水浸米一时取起，稍干拌面。纸造二十六封[1]挂南梁（疑为楝字）通气处，一月取下捣、擦、晒、露四十九日夜，收贮。

造饼药：七、八月以早稻米磨粉，用蓼汁为丸，梅子大，用新稻草垫，以蒿覆或以竹叶代，再加稻草蜜（疑为密字）覆七日，晒干收贮。

造酵：造酵用小缸，如做白酒坛，每斗用药二丸或三丸，多则味老，少则味甘。俟三日浆足，入大缸如后法造。用米一石三斗，水浸四五日捞起，蒸饭，摊冷，用前酵，以米七斗，共入曲末十八斤，饼药八两，下水一石二斗，蜜（疑为密字）盖厚围，俟发响揭开，仍盖。一日打扒一次，连打六日，足用方榨。

金坛酒造曲：用白籼米，布包踏碎，稻草盖罨七日，晒干收贮。酿如前酵三斗，俟浆足，用粘米七斗，以滚水沃之，急用冷水灌之，浸一宿，取起炊饭，摊冷，用面十四斤，同酵下缸，入水一百二十斤，如前打扒，足月榨。

秋露白酒：用米三斗，用饼药作白酒。七日后入米曲末三两，入米拌匀三十六斤，火酒半斤，封缸，遂（疑为逐字）日打扒，澄缸即可饮。夏月亦可造。

---

[1] 纸造二十六封：用纸做二十六个小袋子。

第九卷　点心部

[切面论]

人食切面类，以油、盐、酱、醋等作料入于面汤，汤有味而面无味，与未尝食面等①。予独以味归面，面具五味而汤独清，如此方是食面，不是饮汤。制面有二种：一曰"五香面"，一曰"八珍面"。五香者何？酱、醋、椒末、芝麻屑、焯笋或煮蕈及煮虾之鲜汁也。以椒末、芝麻屑二物拌入干面，以酱、醋及鲜汁三物倾于一处，充拌干面之水。如不足，再加水。拌宜极匀，捍（疑为擀字）宜极箔（疑为薄字），切宜极细，然后入滚水下之，则味尽在面中，无借交情头②，适供咀嚼，而汤又清楚可喜。八珍者何？鸡、鱼、虾三物之肉晒干，与笋片、芝麻、花椒、香蕈四物，共磨细末，和入干面，与鲜汁共为八珍，加酱、醋和面。切鸡，鱼之肉，务去净肥腻，专取精肉。以面性见油即散，捍（疑为擀字）不成片、切不成丝故也。鲜汁不用煮肉之汤，而用笋、蕈，虾汁者，亦忌油耳，鸡，鱼，虾三物之中，惟虾最便，多贮虾米，以备不时之需。即自奉之五香，亦未尝不可六也③，干面内加真粉。又法，入番茄（疑为茹字）粉拌面。若加鸡蛋清一、二盏更美。又和面时入盐、蜜少许。

鸡粉面：只用鸡膜（疑为脯字），去皮切菪（疑为薄字）片，晒干，磨

---

① 与未尝食面等：和没有吃面一样。等，相同。

② 交情头：疑为交头情之误。交头，又称浇头，扬州人将另外加在面条碗里的菜肴称为交头。情，这儿是借助的意思。

③ 未尝不可六也：意思是说，人们可以根据自己的喜好，可以随意加添调香料，不必只拘泥于五种。

粉收贮。每面一斤，拌入鸡粉五两，和面焊（疑为擀字）切。用酱油、虾子做汤。又，鱼片晒干、磨粉同。近水僧舍，以鳗鲡粉和于面，捍（疑为擀字）切下，清汤素面，极鲜。

煮切面：如午间需用，清晨用前法和拌，或加盐水少许亦可。又法，加黑豆汁少许，解毒。团揉二、三十次，湿布覆之，少倾（疑为顷字）再揉，如此数次。加录（疑为绿字）豆粉捍（疑为擀字）切。其煮法，用笊篱[1]于滚汤内搅动下面。俟滚透即住火，盖锅再烧，略滚便捞入碗，迟则烂矣。

冷烧（疑为浇字）面：预备虾肉、芫荽、笋，芄、韭芽（俱切碎）冷肉汁拌好，再以姜汁、椒末和醋调酱（滤去渣）作汁置碗内。俟面入碗，用箸捞转，即将拌好肉汁烧（疑为浇字）之。

过水面：滚水晾温，用以过面[2]。若用生水，即碎、烂。

面饭：煮熟烂饭拌面，加水揉，如做团圆饼法，做成烙食，亦可包馅。如有余剩，煮熟捞起，入笤箕内晾干，用时切块油烙。

素面：鲜天花、鲜菌、蘑菇、蒿[3]熬汤下面。

水滑扯面：白面揉作十数块，入水候性发过，逐块扯成面条，开水下。汤用麻油、杏仁末、笋干，或酱瓜、糖茄，俱切丁，姜粉拌作交（疑为浇字）头（如晕［疑为荤字］者，加肉臊）。

绿豆面：绿豆面和入干面，捍（疑为擀字）切（黄豆粉同）。

面珠汤：干面盛大磁盆内，洒水拌匀，如录（疑为绿字）豆大。先将虾子熬汤，滚，下面珠，加蛋花、葱、姜、盐、醋。

猴耳枸（疑为朵字）：干面和水，捍菏（疑为擀薄）切片，捏作猴耳式，调汤煮熟用。

宽面条：鸡汁下，用中碗。加鸡丝、蛋花汤，另盛小碗，作交（疑为浇

---

[1] 笊篱：笊，音zhào罩。用竹篾、铁丝等编制的构形工具，可用以捞汤中的面条、水饺等食物。

[2] 过面：面条在里面浸透。沸水锅里捞出面条，迅速放入冷水，使糊化的淀粉不会粘连。夏季制作凉拌面皆如此。

[3] 蒿：似指茼蒿。

字）头。

煨肉面：用白酒娘煨肉，作交（疑为浇字）头。

面食：食余切面①，仍煮熟捞起，盛筲箕内，以碗覆之去水。用时，切成块油烙。

索粉面：索粉②与细切面同煮，另加鲜汁浇头。盘炒索面炒切面亦可。又，蛼螯可炒素面。又，虾米煮索面。

炒烧饺皮：在饺店中论片买回，用肉汤或鸡汤，或煮或烧，加肉片、葱、蒜等物，可以供客。

温面：将细面下汤沥干，用鸡肉、香芃浓汤卤，临用各自取瓢加上。

裙带面：以小刀截面成条，微宽，则号裙带。大概作面，总以汤多、卤多，在碗里望不见面为妙。宁使食毕再加，以便引人入胜。此法扬州盛行，却甚有道理。

素面：先一日将蘑菇蓬③熬汁澄清，次日再将笋汁加面滚上。此法扬州定慧庵僧人制之极精，其汤纯黑。

面衣：糖水糊面，烧油锅令热，同煮。夹入其作成饼形煮，号软锅饼，杭州法也。

面老鼠：以热水和面，俟鸡汁滚透时，以箸夹入，不分大小。加时菜④心，别有风味。

面茶：熬粗茶汁，炒面兑入，加芝麻酱亦可，加奶子⑤亦可，微加撮盐。凡炒面，用水爬炒熟再研。

麰面：面入荤汤多煮，加嫩青菜头、火腿、冬笋片、虾米、鸡肫、酱油麰，少入葱花。

炒面汤：白面五斤，茴香二两、姜末三两，杏仁、枸杞、胡桃仁、芝麻

---

① 食余切面：吃剩下的刀切面条。
② 索粉：指米粉丝。
③ 蘑菇蓬：蓬，指飞蓬，菊科二年生草本植物，花一般呈房状。蘑菇蓬即指菌盖。
④ 时菜：时令菜，即应时的蔬菜。
⑤ 奶子：即牛乳。

各八两，盐末，白汤点服^①，少入洋糖。

［面食］（原在戏席部）：每日饭面兼用；白面炒黑冲水饮；杂面、扯面炒面粉，鸡肉汁串炒。

［　面饼　］

凡用冰糖、洋糖，俱化水用，或熬过用。又，取飞面：用磨下面晒干，筛时飞轻面，作面食用。

油镟饼：最忌不松，油饼用卷，必有此病。以上白细面，同煮肉汁和，摊大饼，糁椒末，勿加油，俟捏极菏（疑为薄字）加油，油上加箩筛飞面，轻轻卷起，摘段，以生脂油、洋糖作馅，包成小饼，锅微火慢烙，饼上仍甩手轻捺，则极松散，此要法也。

晋府千层油镟饼：白面一斤，洋糖二两，水化开，加麻油四两，和匀拌开，入油桿（疑为擀字）。再如此七次，作饼烙。

荤烙饼：熟鸡脯切菏（疑为薄字）片，晒干为末，和面烙饼。虾米末同。

素烙饼：瓜仁、松仁、杏仁、榛仁^②共为末，和面印饼，烙饼，熟。

油糖酥饼：脂油和面，鸡绒（疑为茸字）、笋衣剥碎，包做小饼，油锅烙熟。

刘方伯月饼：用山东飞面作酥，作皮子，中用松、桃，瓜各仁^③为细末，微加冰糖，和脂油，作馅用之，不觉甚甜，而香酥油腻，迥异寻常。所谓月饼有大如酒杯香（疑为者字），甚佳。

水晶月饼：上白细面十斤，以四斤用熟猪油拌匀。六斤用水，略加脂油拌匀。大、小随意作块，用拌图卷^④，复桿（疑为擀字）成饼，加生脂油丁，

---

① 白汤点服：白开水冲和着吃。
② 榛仁：榛，音 zhēn 真，桦木科落叶灌木或小乔木，其种子可食用或榨油。种子除去硬壳称为仁。
③ 各仁：各种果仁。
④ 用拌图卷：意思是说，油面加入水油面中再卷起来。

胡桃仁、橙丝、瓜仁、松仁、洋糖同蒸，加熟干面拌匀作馅，包入饼内，印花上炉烙。分剂时，油面少用，水面多。

素月饼：先以瓦器贮香油，埋土中一、二日，不用脂油，余法同前。

菏（疑为薄字）脆饼：炁（疑为蒸字）过面，每斤入糖四两，麻油五两，水和，摘小团剂，桿园（疑为擀圆）半脂（疑为指字）厚，粘芝麻，入炉炙。

糖菏（疑为薄字）脆：白面五斤，洋糖一斤四两、香油一斤四两、水二碗加酥油、椒盐、水少许，拌和成剂，桿菏（疑为擀薄）如茶钟大小；用去皮芝麻撒匀，入盆煠。

锅块饼：白面，冷水和，少加盐（欲酥加生脂油，欲甜加洋糖）。揉撩数十遍①，做饼半指厚，略糙（疑为烤字）取出，再用子母火炙熟，切块（红炭装底，热灰盖。上支锅底平底锅，将炭块放满，上用以锅②，再加无灰红炭，是子母火）。

裹馅饼：生面，水七分、油三分③。裹馅，外粘芝麻，入炉，看火色④。

又，生白面六斤、炁（疑为蒸字）过饼面四斤、炁（疑为蒸字）过绿豆粉二斤，温水和脂油三斤，包馅（入炉炙）。

甘露饼：上白面和酒酵（疑为酵字）、熟脂油，揉捏多遍，桿（疑为擀字）饼入脂油炸透，上洒洋糖，取起每个用纸包好，松而不腻。

复炉饼：现成⑤烧饼一斤捣末，加蜜一斤、胡桃仁一斤，剥碎拌匀，共槎（疑为搓字）小团作馅，外用酥油饼包，入炉炙。

阁老饼：邱琼山⑥常以糯米、录（疑为绿字）豆淘尽，和水磨粉晒干。

---

① 揉撩数十遍：撩，揭起。意即揉叠数十次。

② 上用以锅：在平祸炭块上面再放上铁锅。

③ 水七分、油三分：即用七分水、三分油和匀。

④ 火色：看饼烤的颜色。即成熟的程度。

⑤ 现成：扬州方言。意即已经做好的，已经办到的。

⑥ 邱琼山：即邱浚（一四二○年——一四九五年），明代景泰进士，广东琼山人。官至礼部尚书、文渊阁大学士。故其饼称为"阁老饼"。

汁（疑为计字）粉二分，配白面一分，共馅，随用炙熟，软腻适口。

神仙饼：糯米一升炗（疑为蒸字）饭，加酒曲三两、酒娘半碗，入磁瓶按实，再加凉水五、六碗，盖口眠倒①放暖处，限一夜，待化，淋下清汁，入洋糖二两、盐末二钱，再量加冷水，用白面十斤或十五斤，调成饼块入盆内，放暖处，候醋起②做饼，包馅炗（疑为蒸字）食。

神仙富贵饼：白面一斤、香油半斤、生酯（疑为脂字）油六两。将脂油切骰子块，少和水，锅内熬烊，莫待油尽，见黄蕉（疑为焦字）色逐渐流出，如此则油白，和面为饼。熬盆上略放草柴灰，上面铺纸一层，放锅上，放饼烘。

椒盐饼：白面二斤、香油半斤、洋糖二斤、盐五钱、椒末一两、小回（疑为茴字）一两，和面为瓤③，入芝麻粗屑尤妙。每一饼夹瓤一块，桿菏（疑为擀薄）入炉。又，汤与油对半和面④，作外层。内用糖与芝麻屑并油为拌瓤。又，椒盐、脂油和面，捍菏（疑为擀薄）饼，于油锅烙熟，切饼。

素油饼：白面一斤、真麻油一两，搜和成剂，随意再加沙糖馅，印脱花样，炉内炙熟。

酥油饼：酥油面四斤、白面一斤、蜜二两、洋糖一斤，拌匀印饼炙。

芝麻饼：芝麻研碎和面，包脂油、洋糖，做小饼，油锅烙。

黑芝麻饼：黑芝麻去皮炒熟，杵细⑤入糖再杵合，印成饼。

春色糖饼：黑芝麻去皮炒熟，杵烂。鲜菏（疑为薄字）荷杵烂去汁⑥，紫苏⑦亦杵烂去汁。鲜姜去皮，剂（疑为挤字）去汁。玫瑰花剂（疑为挤字）

①盖口眠倒：盖严口，睡下来放置。

②候醋起：等发出了酸味，意即发酵了。

③和面为瓤：将上面讲的那些东西和均匀了作为馅料。

④汤与油对半和面：一半开水，一半油，搅匀后再和面。

⑤杵细：杵，音chǔ楚，捣物的棒槌。杵细即捣成细末。

⑥去汁：挤去汁水。意即留下渣滓。

⑦紫苏：一年生草本植物，有特异芳香味，可作为调味料。亦可入药，有解热，抗菌之功。

去汁。核桃仁去皮，烘干杵烂，俱加洋糖杵匀，合印成饼。

内府①玫瑰糖饼：面一斤、香油四两，洋糖开水拌匀，用制就玫瑰糖，加桃仁、榛仁、杏仁、瓜仁、菏（疑为薄字）荷、小茴共研末作馅。两面②糁芝麻，印饼炕熟③。

菏（疑为薄字）荷饼：糖卤入小锅内熬起丝，下炒面少许，随下菏（疑为薄字）荷末，乘热上按（疑为案字）桿（疑为擀字）开，面上仍糁菏（疑为薄字）荷末，切象眼块。乔木花饼同。

菊花饼：黄干菊去蒂，揉碎，洋糖和匀印饼。加梅卤④更佳。

揉糖饼：洋糖、熟脂油和面做菏（疑为薄字）饼，干油锅烙熟。油酥切饼同。

韭饼：带脮（疑为臕字）猪肉作臊子，炒半熟，或生用，韭生用，切细。羊脂剁碎。花椒、砂仁、酱拌匀。桿（疑为擀字）饼两个，合两面，合拢边，加馅（疑为煤字）之。荠菜同。

肉饼：每面一斤，油六两，馅子与韭饼（疑缺同字）。开拖盆炕。用饧糖煎色刷面。

肉油饼　肉油饼（疑为衍字）：白面一斤、熟油一两，羊、猪脂各一两，切小豆大。酒二盅，与面捞和⑤，分作十剂，桿（疑为擀字）开，裹（疑为裹字）精肉，入炉煿熟⑥。

雪花饼：饼与菏（疑为薄字）饼同。馅，猪肉二斤、脂一斤，或鸡肉亦可，大概如馒头馅，多用葱白或笋干之类，装花饼内，卷作一条，两头以面糊住，浮油煎，令红蕉（疑为焦字）色，或熟，辣、醋供。素馅同。

---

① 内府：指皇家内官。
② 两面：正面和反面。
③ 炕熟：用小火加热使之成熟。
④ 梅卤：酸梅盐腌后浸出的汁。
⑤ 捞和：疑为搜和，拌和的意思。
⑥ 煿熟：煿同爆，烧烤。

元宵饼：生糯米元宵，捺遍[1]，用麻油菜（疑为炸字）黄，可作点心，亦可宴客。又，可入红肉汤烧，白鸡汤脍（疑为烩字）。

春饼：干面皮加包火腿、肉、鸡等物，或四季时菜心，油炸供客。又，咸肉、腰、蒜花、黑枣、胡桃仁、洋糖共刮碎，卷春饼，切段。又，柿饼捣烂，加熟咸肉肥条，摊春饼，作小卷，切段。单用去皮柿饼，切条作卷亦可。

乔（疑为荞字）麦饼：即三角麦乔（疑为荞字）麦先炒成花。用糖卤、蜜少许一同下锅熬，至有丝，入乔（疑为荞字）麦花搅匀，亦不可稀。案上仍洒乔（疑为荞字）麦花，将锅内糖花泼上桿（疑为擀字）开，切象眼块。

松饼：南京莲花桥教门方店[2]最精。

篓（疑为篓字）衣饼：干面用冷水调，不可多揉。捍莤（疑为擀薄）后卷拢，再捍莤（疑为擀薄）。用猪油、洋糖铺匀，再卷拢桿莤（疑为擀薄）。饼用猪油炕黄。如要咸，用葱椒盐亦可。

莤（疑为薄字）饼：孔藩台[3]家整莤（疑为薄字）饼，莤如蝉翼[4]，大如茶盘，柔腻绝伦。又，秦人[5]制小锡罐，装饼三十片，每客一罐，饼如小柑。罐有盖，可以贮暖。用炒肉丝，其细如发，葱亦如之。猪、羊并用[6]，号曰"西饼"。

西洋饼：用鸡蛋清和飞面，作稠水[7]，放碗中打。铜夹煎一把，头上作饼形，如碟大，上、下两面合缝处不到一分[8]，炽烈火（疑缺烧字）。搅稠水（疑为衍字）糊，一夹一炕，顷刻成饼。白如雪，明如绵纸，微加冰糖屑子。

---

[1] 捺遍：疑为捺扁，扬州人称将物压为扁平状捺扁。

[2] 教门方店：扬州人称回教为教门，即指方姓清真店。

[3] 藩台：亦称藩司、布政使，清代时指专管一省内财赋和人事的官员。

[4] 莤如蝉翼：莤应为薄。像知了翅膀一样的薄。

[5] 秦人：陕西、甘肃一带的人。

[6] 猪、羊并用：猪肉羊肉一道使用。

[7] 作稠水：和成面浆。

[8] 一分：长度单位，一寸的十分之一。

[饽饽]

上好干白面一斤，先取起六两，和油四两（极多用六两，为顶高饽饽。）同面和作一大块，揉得极熟。下剩面十两，配油二两（多则三两）添水下去，和作一大块揉匀将前后两面合作一块，摊开再合再摊[1]，如此十数遍，再作小块子摊开包馅，下炉熨之[2]，即为上好饽饽。又，每面一斤，配油五、六两，加糖，不下水，揉匀作一块，做成饼子，名一片瓦。又，裹（疑为裹字）面用前法，半油半水相合之面，外再用单水之面[3]，菏（疑为薄字）包一重，酥而不破。其馅料用胡桃仁，去皮研碎半斤，松子、瓜子二仁各二两，香圆（疑为橼字）丝、桔丝饼各二两，洋糖、脂油（如入饴糖即不用脂油。）月饼同。

满州饽饽：外皮每白面一斤，配脂油四两，滚水四两搅匀，两手用力揉，越多越好。内面每白面一斤，配脂油半斤（如干再加油），揉极熟，总以不硬不软为度。将前后二面合成一大块，加油揉匀，摊开打卷[4]，切作小块，摊开包馅即（胡桃等仁），下炉慰（疑为熨字）熟。月饼同。或用好香油和面更妙。其应用分两、轻重与脂油同。

菏（疑为薄字）锅饼：白面和稠，桿（疑为擀字）大等片[5]。生脂油去衣，如酱。摊上一层，洒洋糖一层。卷叠如圈，桿（疑为擀字）开再卷，再加脂油、洋糖，如此三、五遍，入铁锅炕，松而得味。

油饼：生脂油四两、细盐一钱，细葱一钱、洋糖二两、椒末五分、白面一斤。将前物共揉油内极烂[6]，加滚水和得干、湿均匀，随意大小，桿（疑为擀字）开烙之。熬盘上加油。

油墩饼：糯米三升为粉，不过水。腐渣一斤、白面十二两。面，渣和揉

---

①再合再摊：即多次擀叠，使其形成众多层次。

②熨之：熨，音 yùn 运，加热使其平整。

③单水之面：即水调面。

④打卷：外面裹住内面卷成长圆条形。

⑤等片：疑为薄片之误。

⑥极烂：非常均匀。

已匀，将米粉用滚水一碗，以筷搅之，入渣面内再揉，如干加水。用洋糖八两，瓜仁、橙丝各一两。胡桃仁切碎，用干面、香油各少许拌匀作馅。做菹（疑为薄字）饼入滚油内，浮起少顷即熟。

金钱饼：和面作小饼，两面粘芝麻炕。

烧饼：每白面二斤，饴糖、香油各四两，以热水化开糖、油，打面作饼外皮，又用纯油和面作酥，裘（疑为裹字）各种馅。

［ 面酥 ］

雪花酥：酥油入小锅化开、滤过，粉面炒熟倾下、搅匀，不稀不稠。微（疑为端字）锅①离火，洒洋糖搅匀，上案桿（疑为擀字）开，切象眼块。

印酥：面一斤、油酥四两、蜜二两，拌匀印酥，上炉炙。如无油酥，或用脂油亦可。

东坡酥：炒面一斤，熟脂油六两、洋糖六两，拌匀揉透，印小饼式，模内刻东坡酥三字。

果酥：上白细面粉、洋糖拌匀。用鸡蛋清、脂油再拌令湿，桿（疑为擀字）小饼。将各果仁拌洋糖作馅，上炉烙。拌时如觅（疑为面字）粉干，加水少许。

蜜酥：烝（疑为蒸字）面同蜜、油拌匀印饼。蜜、油四、六则太酥，蜜六两四（疑为蜜油六、四）则太甜，宜各半配匀。

桃酥：白面四斤，烝（疑为蒸字）熟拌抖散、出气。入洋糖一斤，加瓜子仁、松仁，胡桃仁拌匀，再用鸡蛋清和熟脂油拌入。如干，略加开水，印饼，上锅烙。用鹅油即名鹅油酥。

麻油酥：白面微（疑为微字）火炒熟，用果仁、洋糖拌麻油作酥，或用洋糖并椒盐末拌麻油作酥。

顶酥：白面，水七分，油三分和，宜稍硬，作为外层（硬则入炉皮能

---

① 端锅：扬州人在一定情况下称拿为端。如端张凳子来，即拿一张凳子来。

松，软则黏而不松）。又，每面一斤，入糖四两，用油不用水，为内层。揉叠多次则层数自多。入炉火炙，候边干定为度。中层裹（疑为裹字）馅，又与顶酥面同。皮三瓤七①则极酥。入炉候边干定，否则皮列（疑为裂字）。

炗（疑为蒸字）酥：笼内半边铺干面，半边铺绿豆粉，中用拘②隔开，炗（疑为蒸字）两炷香取出。各乘热搓散，筛过晾干。再面一斤，用绿豆粉四两、糖四两、脂油四两，温水拌匀做馅，印酥。又，笼着纸一层，铺面四指，横顺开道③，炗（疑为蒸字）一、二炷香取出，再炗（疑为蒸字）起（疑为至字）熟，搓开细罗，晾冷，勿令久湿。候干，每斤入净糖四两，脂油四两。炗（疑为蒸字）过入干面三两，搅匀加温水和剂，包馅，模饼④。又，酥油十两，化开倾盆内，入洋糖七两，用手擦极匀，白面一斤和成剂，杆（疑为擀字）作小饼，拖炉微（疑为微字）火炕。

到口酥：白面一斤、麻油一斤，洋糖七两，化开和匀，揉擦一时，桿（疑为擀字）长条，摘段作小饼式，上嵌松仁，入炉微火炙。

麻油甜饼：上白面微火炒熟，用各果仁、洋糖、芝麻拌匀，作酥。

芝麻椒盐酥：前法不用果仁，用洋糖、芝麻、椒盐，入麻油拌匀作酥。芝麻研碎用。

油糖面酥：熟脂油、盐、葱、椒和面入铜圈⑤油锅烙熟。

奶酥：法用上白细面，奶酥（疑为酪字）代脂油和之，中加枣、栗为馅。制铁炉，铁盖，两面炽炭炸黄。义，用脂油作酥制饼，厚泊（疑为薄字）随意，其用松仁、桃仁作馅，则一也。炒（疑为妙字）不在甜，用时火烘之，松异常。

擦酥：白面不拘多少，铺甑内，以刀划纹炗（疑为蒸字）熟。每面三斤，洋糖一斤二两、水一茶盅，余面为撒粉，再加麻油或脂油、瓜仁、橙

①皮三瓤七：三分水油面，包七分油酥面，而后制成酥皮。
②拘：限制。这儿指用竹片之类东西隔开。
③横顺开道：横、竖方向划成沟。
④模饼：用各种木模制成饼。
⑤铜圈：一种制油炸点心的工具。

丝、胡桃仁，水、油调面印之（再，面一斤，椒末五分。）

油酥：脂油去皮、筋，洋糖二两揉捣极匀，作一块再入白面，再揉干湿如法，做成小饼，微火焙。锅底贴纸衬之，方不蕉（**疑为焦字**）。

［　馒头　］

发面同（**疑为用字**）碱者蜂窝小。用酒娘蜂窝大[1]。

常熟馒头：白面一斗、白酒娘一斤，糯米半升煮粥，入温汤一碗和匀（宜盖、宜露、宜凉、宜冷［**疑为温字**］以人身之气候为准则[2]）过一宿，俟醋发起，用笊篱滤去（**疑为出字**）清浆，搜（**疑为溲字**）面，用棍着刀（**疑为力字**）调搅，手法要一顺去[3]，不可倒迴。搅好分作三处，令三人擦揉多遍，酷（**疑为酵字**）力渐足，取馅包成。将烝（**疑为蒸字**）笼上锅呵熟（**疑为热字**）入馒头，盖一刻，取出一个抛水中，若浮起，是其候也[4]。随上温汤以及火烝（**疑为蒸字**）之。

豆沙馒头：豆沙、糖、脂油丁包馅烝（**疑为蒸字**）。

糟馒头：用大盘，先铺糖（**疑为糟字**）一层，上覆以布，布上放小馒头（宜稀疏，不可挨着）。再覆以布，加糟一层于面，经宿[5]取出油炸。冬日可留一月。如冷，火上再炙。

无馅馒头：并卷，去皮剩（**疑为乘字**）热蘸椒盐。无馅馒头切无馅小方块，油炸，蘸椒盐。无馅馒头去皮揉碎，拌洋糖，熟脂油攘，印[6]。

馒头：晒干、揉碎，和糯米粉、熟脂油，拌洋糖，印糕烝（**疑为蒸字**）。

无皮馒头法：生面作萡（**疑为薄字**）饼，先铺笼底，馒头排列饼上。复

---

[1] 蜂窝大：即酵发得足，孔洞大而密。

[2] 以人身之气候为准则：意即调制酵头以人感受的外界温度（即人的体温）为标准。

[3] 手法要一顺去：扬州人称朝着一个方向为一顺。这儿指顺着一个方向调和面浆。

[4] 是其候也：发酵发得正好。

[5] 经宿：过了一夜。

[6] 印：在模子压制成型。

生用（疑为用生）面菹（疑为薄字）饼盖面，炁（疑为蒸字）熟去上，下菹（疑为薄字）饼，馒头即鱼（疑为无字）皮。

[胡桃馒头]：作馒头如胡桃大，熟炁（疑为蒸字），笼用之^①，每箸可夹一双，亦扬州物也。扬州法（疑为发字）酵最佳，手捺之不盈半寸，放松仍高如杯，碗。

千层馒头：杨茶戎家制馒头，其白如雪，揭之如有千层，金陵人不能也。其法扬州得半，常州、无锡亦得其半。

[馍馍　烧卖]

酥馍馍：上细白面，洋糖拌匀，用鸡蛋清，脂油拌潮，剂桿菹（疑为擀薄），将各果仁拌洋糖，如干加水。馅包成，上炉烙。

油糖烧卖：脂油丁、胡桃仁剐碎（疑缺拌字）洋糖，包烧卖炁（疑为蒸字）。

豆沙烧卖：赤豆磨细，生脂油作馅。捍菹（疑为擀薄）面皮，做烧卖炁（疑为蒸字）。

[鸡肉烧卖]：鸡内（疑为肉字）、火腿可配时菜包烧卖。

海参烧卖

蟹肉烧卖

炒锅巴：和面如鸡蛋式（面内少加盐）三分厚，两面炙黄，切象眼块，加群菜^②，或炒用。

[馄饨]

汤馄饨：白面一斤、盐三钱，入水和匀，揉百遍，糁绿豆粉捍（疑为擀

---

① 笼用之：用笼蒸熟后，端上桌子，就着笼食用。
② 群菜：多种菜。

字）皮，菪（疑为薄字）为妙。取精肉（去净皮、筋、膘脂）。加椒末，杏仁粉、甜酱调和作馅。开水不可宽①，锅内先放竹衬底，水沸时便不破。加入鲜汤（凡笋，芄、鸭汁俱可。）馄饨下锅，先为搅动。汤沸频洒冷水，勿盖锅，浮便盛起，皮坚而滑（馅内忌用砂仁、葱花下用。）

烝（疑为蒸字）馄饨：和面同前，皮子略厚，拌成切小方块。馅取精肉（宜净如前）刮绒入笋米②、藤花、杏仁粉、椒末或芡白米、韭菜末和匀，包馅烝（疑为蒸字）。

水明角儿：白面一斤，用滚（疑缺水字）渐渐洒下，不住手搅成稠糊，分作一、二十块，冷水浸至雪白，放稻草上拥出水，入录（疑为绿字）豆粉对配③，捍菪（疑为擀薄）皮，裹馅烝（疑为蒸字）。

油馃儿：白面少入油，用水和成，包馅作夹儿，油煎。

苏州馄饨：用圆面皮。准（疑为淮字）饺用方面皮。

肉馄饨，糊面④摊开，裹肉为馅烝（疑为蒸字）之。其讨好⑤全在作馅得法，不过肉嫩、去筋、加作料而已。肉饺同。

馄饨皮裹作小烧卖用。或用春饼皮包馅作烧卖亦可。

［　面卷　］

油煎卷：脂油二斤、猪肉一斤（鸡肉亦可）配火腿、香芄、木耳、笋刮碎作馅，摊菪（疑为薄字）面饼内，卷作一条，两头包满煎，令红蕉（疑为焦字）色，或火炙用五辣醋供。

豆沙卷：豆沙、糖、脂油丁、各果仁，包面，卷长条烝（疑为蒸字）。

油糖切卷：脂油丁、洋糖包面，卷长条，切段烝（疑为蒸字）。包粉合

---

① 开水不可宽：蒸制时开水不要放得过多。

② 笋米：指笋丁。

③ 对配：各用一半，两相掺和。

④ 糊面：较软的面团。

⑤ 讨好：这儿是出色、出众的意思。

炁（疑为蒸字）同。

豆沙酥卷：脂油丁、豆沙、糖，包油面作卷，入脂油炸酥。

椒盐切卷：椒盐、脂油，和面卷长条，切段炁（疑为蒸字）。

油炸鬼：切大块，用鲜汁、肉片脍（疑为烩字），胜鱼肚。但不可多滚。

又，装火锅先将笋片、菜心、线粉滚透，临用加油炸鬼块。

鐅（疑为馓字）花：上细白面，洋糖拌匀，用鸡蛋清、脂油加开水为剂，切花切片，麻油炸。

酥鬼印：生面搀豆粉同和，捍（疑为擀字）成条，宽如箸，切二分长段，用小梳略印齿（疑为齿字）花，入麻油炸溜（疑为焦字）灼捞起，乘热洒洋糖。

[粉]

粉之名甚多，其异常有而适于用者，则为藕、葛、蕨、绿豆四种。藕、葛滚水冲食，不用下锅，即可奈（疑为耐字）饥。设仓（疑为苍字）卒有客至[①]可以即为供客，故速出者，以此二物为糇粮[②]之首。粉食之耐咀嚼者，蕨为上，绿豆次之。若绿豆粉中少入粉，和之甚好。

粳米粉：白粳米磨细为粉，可作松炙糕。

糯米粉：磨极细，可饼可糕，可糁糍，可炸用。

黄米粉：冬老米磨粉，入八珍料作糕。

松花[③]粉：松花拌米粉、洋糖，听各种用。

桑麻粉：桑叶晒干，揉末筛过。黑芝麻研末，和糯米粉、洋糖拌匀，小甑炁（疑为蒸字）。

---

① 设仓卒有客至：假如突然有客人来。

② 糇粮：干粮，古人亦称为路粮。

③ 松花：系松科植物马尾松或其同属植物的花粉，为淡黄色均匀小圆粒的细粉。可作甜点，亦入药，有祛风益气，收湿止血之功。

［ 粉糕 ］

粉干：糯米粉拌匀洋糖，上烝（疑为上笼蒸），画苍斜文（疑为划斜纹），或方或长，烝（疑为蒸字）熟烘干炙同糕再上炉炙黄。糕切片亦如炙糕法。又，烘糕以麻油泡过，用磁器盛贮，色、味俱美。

五香糕：上白糯米六分、粳米二分、黄实干一分，白米（疑为术字）、茯苓①、砂仁各少许，蘑油（疑为磨细）筛过，用洋糖、滚汤拌匀，烝（疑为蒸字）熟切块（粉一斗，加黄实四两、白术②二两、茯苓二两、砂仁［疑缺五字］钱，共为细末和之。洋糖一斤）。

马蹄卷：米粉同前，开水和成，捍菏（疑为擀薄），加红枣，煮熟去皮、核，栗肉，松仁俱研末，卷如春饼式，烝（疑为蒸字）熟，以线勒遍段③，捺扁同（疑为用字）。

米粉卷：生脂油、洋糖，卷入米粉饼内，切段油炸。

锅巴糕：锅巴磨碎，洋糖拌匀，上甑烝（疑为蒸字）成糕，透松而香，亦须先划其条、块④。

八烝（疑为珍字）糕：锅巴十两、山药二两、白茯苓二两、白扁豆二两、薏仁⑤、莲肉⑥去皮、心二两、麦芽二两、干百合一两共为细末，洋糖汤和，切片或印成糕烝（疑为蒸字）用。

芝麻糕：炒香、研碎，和糯米粉三分⑦，洋糖拌糕烝（疑为蒸糕）。

---

① 茯苓：系孔菌科植物茯苓的干燥菌核，多为不规则带瘤状绉缩块状。有渗湿利水，益脾和胃，宁心安神之功。

② 白术：系菊种植物白术的根茎，干燥后呈拳状团块，有不规则瘤状突起。有补脾益胃，燥湿和中之功。

③ 以线勒遍段：遍疑为扁。用细线勒成扁段，可免除刀切时粘刀之弊。

④ 亦须先划其条、块：意即蒸时划成小块，易蒸透。

⑤ 薏仁：禾本科植物薏苡的种仁，含淀粉，可食用或酿酒，亦可入药，有清热、利湿、健脾之功。

⑥ 莲肉：即莲子。

⑦ 和糯米粉三分：即一分芝麻屑与三分糯米粉掺和起来。

糖糕：糯米七升、粳米三升为粉，沙糖、开水拌匀，先铺一半于笼内，中放洋糖、生脂油丁，上面仍一半粉盖好、摊平烝（疑为蒸字）笼腐皮或箬衬底，未（疑缺蒸字）时竹刀划方块，熟时易取。

绿豆糕：将豆煮烂、微捣，和糯米粉，洋糖烝（疑为蒸字）糕，或用白面亦可。又，磨粉筛过，加香稻粉三分，脂油、洋糖印糕烝（疑为蒸字）。又，录（疑为绿字）豆粉一两、水三中碗，加糖搅匀，置砂锅中煮打成糊，取起分盛碗内，即成糕。

扁豆糕：磨糕（疑为粉字）和糯米粉，洋糖、脂油拌匀，印糕烝（疑为蒸字）。

黄豆糕：大黄豆炒去皮，糯米、白面、芝麻和匀，印糕烝（疑为蒸字）。

冰糖琥珀糕：柿核（疑为饼字）去皮（疑为核字），磨粉，和冰糖水、熟糯米粉印糕。

高丽印糕：栗子不拘多少，阴干去壳捣为粉，和入糯米粉中，大约米粉二分、栗粉一分，拌匀蜜水、洋糖，调润烝（疑为蒸字）熟。

葡萄糕：鲜葡萄拧汁，洋糖和粉，作糕烝（疑为蒸字）。

枇杷糕：枇杷肉拌糯米粉，加洋糖、脂油丁，切块烝（疑为蒸字）。

软香糕：软香糕以苏州都林桥为第一，其次虎丘糕西施家第二，南京南门外报恩寺则第三。

年糕：烝（疑为蒸字）糯米粉加糖为之，粉熟时，甚甘美。

三合粉、八宝粉：炒白米、糯米、锅焦①磨为三合粉。加茯苓、黄实、莲子等物便为八宝粉，炒过性用之不香。

肖美人点心：仪征南门外肖美人善治点心，凡糕、饺、馒头之类，小巧可爱，洁白如雪。

三层玉带糕：以纯糯米粉作糕，分作三层，一层粉，一层脂油、洋糖，夹好烝（疑为蒸字）之。烝（疑为蒸字）熟开切，苏州法也。

---

① 锅焦：焦香的饭锅巴。

运司糕：雅雨卢公任运司①，年已老矣。扬州店中，作糕献之，大加称赏，从此有运司糕之名。白如雪，点脂红如桃花。微（疑为微字）糖作馅，淡而微（疑为微字）旨。以运司衙门前店作为佳②也。他店粉粗、色劣。

风枵③：以白粉浸透，制小片，入脂油炸之。起锅时加洋糖掺之，色白如霜，上口而化，杭人号曰风枵。

白雪片：白米锅巴，（疑缺薄字）如棉纸。以油炙之，微加洋糖，上口极脆。金陵人制之最精。

风糕：白粉加酵水发透，上笼烝（疑为蒸字）之，切开每块起蜂窝，厚三寸许，一名封糕。馅料用胡桃仁，松、瓜等仁，整用。

粉衣：如作面衣之法，加糖、加盐俱可。

粘糕：每糕米七升，配白饭米三升，淘净，泡一日，捞起舂粉，筛细，加洋糖五斤（红糖亦可浇水拌匀，以手擦起成团，不可太湿。）笼烝（疑为蒸字）俟熟，倾出晾冷，放盆内极力揉挪，至无白点为数④，再用笼圈放平正处，底下⑤周围俱用笋壳铺贴，然后下压平，去圈成个。

松糕：上白饭米，先泡一日，碾磨细面和糖，亦如茯苓糕提法，二者俱备。一杯面、一杯糖水、一杯清水，加入面子（即面店取用曲也⑥）搅匀盖蜜（疑为密字），用发至透，下笼烝（疑为蒸字）之。要红加红曲末，要录（疑为绿字）加青草汁，即成各种颜色。又，松糕，陈糯米一斗、粳米三升，拣去黑色米⑦淘净、烘干：加糖水洒匀，入臼舂。俟汤沸，将粉渐渐（疑缺入

---

① 雅雨卢公任运司：卢雅雨，名见曾，字抱孙，号雅雨，清朝康熙朝进士，爱才好客。曾任两淮盐运使。运司，两淮盐运使的官衔。

② 以运司衙门前店作为佳：清时两淮盐运使衙门在今扬州国庆路西侧，斜对面是东圈门，现为扬州市政府。前店，衙门前的一个饮食店，这儿制作的糕点最好。

③ 枵（音xiāo消）：中空的树根，可引申为空虚。风枵指一种薄而多孔的米粉制油炸食品。颇类今日之虾片。

④ 至无白点为数：米粉蒸熟后揉匀揉透，有白点即未揉透，为数，为标准。

⑤ 底下：扬州之谓最下层为底下。

⑥ 面店取用曲也：点心店使用的酵母，即面头，亦称"老酵""老肥"。

⑦ 拣去黑色米：拣去霉变发黑的米。因为蒸松糕须用陈糯米，故有此说。

字）甑，用布如法炁（疑为蒸字），熟自松，切块用。炁（疑为蒸字）粉点心，用剪就小箸托底[1]，庶不粘手。

茯苓糕：用软性好饭米，舂得极白，研粉筛过。每斤配粉洋糖[2]六两拌匀，下炁（疑为蒸字）笼用手排实（米下时用高丽纸垫一重）炁（疑为蒸字）熟。又，用七成白粳米，三成糯米，再加二、三成连肉[3]、黄实、茯苓、山药等末，拌匀炁（疑为蒸字）熟。又，用上白饭米，淘尽、晾干，不可泡水，研极烂细粉，再用上（疑缺等字）洋糖，每斤配水一大碗，搅匀下锅，搅煮收沫，数滚取起，候冷澄去浑脚，即取洒入米粉令湿，用手随洒随搔[4]，勿令成块，至潮湿普遍就好。先用净布铺于笼底，将粉筛下抹平，略压，用铜刀划开成条、块炁（疑为蒸字）熟，取起候冷，摆开好用。又，用饭米淘泡、舂粉，洋糖水和、拌，筛下炁（疑为蒸字）笼，抹平，再筛馅料一重，又米粉一重，多馅做此[5]，再加二、三重皆可。用刀划开块子，中央名（疑为各字）点红花，炁（疑为蒸字）熟（馅用胡桃、松仁、瓜仁、研碎筛下）。

米粉菜包：用饭米舂极白，淘净滤干，磨筛细粉。将粉置大盆中，留下一碗。先将冷水下锅煮滚，将留下之粉，匀匀撒下，煮成稀糊，取起倾入大盆，和匀成块，再放极净热锅中，拌揉极透（恐皮黑，不入热锅亦可。）取起捻做[6]菜包，任菢（疑为薄字）不破。如做不完，用湿布盖蜜（疑为密字），隔宿不坏（要做菢［疑为薄字］，皮必当稠破［疑为衍字］，不可太稀）。又，将来（疑为米字）粉分作数次微炒，不可过黄，余悉如前法。其馅料用芥菜（切碎，盐揉，挤去汁。）萝卜切碎，青（疑缺蒜字）切碎，同肉皮、白肉丝[7]同炒半熟。又，或用熟肉切丝，香芄、冬笋、豆腐干、腌落

---

① 托底：扬州人称在烫、粘的食品或物件上加垫东西为托底。

② 粉洋糖：即绵白糖。

③ 连肉：应为莲肉，莲子肉。

④ 随洒随搔：随……随……是扬州人常用的句式，意思是一边……一边……搔，抓挠，这儿是拌的意思。

⑤ 多馅做此：若要增加馅料做糕。

⑥ 捻做：捻通捏。用右手姆指和食指把皮捏合起来。

⑦ 白肉丝：扬州人称不加酱油为"白"。白肉丝即不加酱油的肉丝。

花生仁、桔饼、冬瓜、香圆（疑为橼字）片，各切丁备齐。将冬笋先用滚水烫熟，豆腐干用油炒熟，次下肉一炒，再下香芃、冬笋、豆腐干同炒。取起，拌入花生仁等料包之。或加蛋条亦好。此馅只宜下盐，不可用香油，能令皮黑故也。凡做烧卖及蕨粉包肉（疑为用字）馅悉如菜包。其蕨粉皮如做米粉皮。

粉元宝：米粉磕成①小元宝，如豆大，候干，入清鸡汤煮熟，配菜作汤正月②宴客，糯米染黄色，或小粉③研粉做小元宝，即名金元宝。

水米粉：如磨豆腐法，带水磨细，为元宵。

碓粉：石臼舂极细，整（疑为蒸字）糕，软燥皆宜。

米粉圆：大枣式④，中裹火腿丝一根，油炸。

水晶糕：切小条、块，脂油煎，四面黄。

小糯米汤圆：用清鸡汤熬，少加酱油、笋丝。

菏（疑为薄字）荷糕：洋糖一斤、鸡蛋一个，加水少许搅匀，入大勺内炖化，熬得极老后，入菏（疑为薄字）荷末二、三钱，徐徐掺下。要用颜色⑤，或加青黛、紫粉之类，倾出成饼，乘热切开。

裹馅饼：粉裹脂油、洋糖、芝麻作饼，油炸。

年糕：加（疑为切字）片，入笋片、木耳，脂油煎，少加酱油。又，年（疑缺糕字）揉入桂花：洋糖，切方条，亦可煎用。

［ 粉饼 ］

糖粉饼：白酒娘一碗，滤去渣。糯米一升和白面一斤，候酵发，上丞（疑为上笼蒸）。

---

① 磕成：用水模制米粉点心，要捺实再一只只倒出来。故曰"磕"。
② 正月：阴历一年开头的第一个月。
③ 小粉：扬州人称小麦提出的淀粉为小粉。
④ 大枣式：红枣的样子，即长椭圆形。
⑤ 要用颜色：如果做有色的糕。

风清饼：糯米二斗捣粉作四分，一分作粹粹[1]，一分作饼，熟和现在二分，加豆粉一钟、蜜半钟、洋糖一两、初发酒醅[2]两块，炖熔共成饼，捍菥（疑为擀薄）如春饼式，皮破不妨，烙熟勿令焦，悬当风处吹干，入脂油炸。炸时用箸（疑为箸字）拨动，（疑缺食字）时掺洋糖、炒面。又法，只用糯米粉，煮透捍（疑为擀字）扯，摊于筛上，晒至十分干。凡粉一斗，拌芋末[3]十二两，此法简妙。

挂粉汤圆：粉裹碎肉馅，开水下（苏城饮马桥者佳）。

元宵：馅晕（疑为荤字）、素任配，水粉跌成[4]。

粉花香瓜：松花和米粉，做团起棱和（疑为如字）香瓜式，内裹各种馅。

苏州汤圆：用水粉和作汤圆，滑腻异常。中用嫩肉，去筋丝捶烂，加葱末、酱油作馅。水粉法：以糯米浸水中一日夜，带水磨之；仍去其渣，取细粉入水，澄清，撩起用。

青圆：捣夹麦青、菜、草为汁，和粉作圆，色如碧玉。青糕同。

金圆：杭州金圆，凿木为桃、杏、元宝之状，和粉搦成[5]，入水印[6]中更成，其馅不拘晕（疑为荤字）素。

神仙果：三分白米、一分籼米、六分糯米，作团如钮扣大烝（疑为蒸字）熟。可入菜中，可作点心，扬州作之犹佳。

[油糖粉饺]

粉饺：脂油丁拌洋糖，胡桃仁包粉饺烝（疑为蒸字）。油糖面饺同。

豆糖粉饺：豆沙、糖，脂油丁包米粉饺烝（疑为蒸字）。包烧卖、包面

---

① 粹粹：疑为饽饽，指馒头。

② 酒醅：醅，音 pēi 胚，未滤的酒。指酒药。

③ 芋末：似指山芋粉。

④ 跌成：跌指加工中药丸的一种手法，用竹筛有节奏地抖动。

⑤ 搦成：搦，音 nuò 诺，捏合。

⑥ 水印：疑为木印，即木模。

饺、包豆沙糖圆、包豆沙粉合烝（疑为蒸字）同。

芝麻粉合：芝麻、脂油、洋糖刮极细，包粉合烝（疑为蒸字）。

［　粽　］

凡煮粽，锅内入稻草灰或石灰少许，易熟。裹用果①，清香。

竹叶粽：取竹叶裹白糯米煮之，夫有如生切菱角。

艾香粽：糯米淘净，夹枣，栗亦绿豆，以艾叶浸米裹，人（疑为入字）锅煮。

蒟（疑为薄字）荷香粽：蒟（疑为薄字）荷水浸米，先烝（疑为蒸字）软，拌洋糖，用箬裹作小粽，再煮，粽再烝（疑为蒸字）。

豆沙粽：豆沙、糖、脂油丁，包小粽煮。

煎熟粽片：粽切片，脂油、酱油、酒、葱花煎。又，米粽捶作饼煎。

又，米粽或火腿粽，切菱角，用（疑缺油字）煎。

莲子粽：去皮心，拌洋糖，包小粽。

松仁粽：去皮，包小粽。

火腿粽：入火腿块包粽。火腿要金华者，精肥适均。又，肉丁包粽亦可。

（以下几条原在铺设戏席部）

柏叶饼：嫩柏叶捣烂，挤去墙汁②，和面作饼，或蒸或爆。去皮榛肉麻油浸，再入麻油炸酥，拌洋糖用。

西洋面鱼：用面粉捍（疑为擀字）薄如小酒盅口大，捻作小鱼式，内嵌豆渣饼③一条，滚熟④捞起沥干，加笋、火腿、香芃烩或烧。

（以下各条原在特牲杂牲部）

---

① 裹用果：包粽时加果料。

② 墙汁：即涩汁。

③ 豆渣饼：用绿豆粉做的一种素菜，大如铜钱。

④ 滚熟：在开水里烫熟。

肉馅卷酥：刮肉加笋衣烧作馅，油面包卷，入脂油炸酥。

肉馅煎饼：炒肉丝，多葱白丝，和面卷作长饼，两头捻缝[①]，浮油煎红焦色[②]。或煿熟，五辣醋供。

肉馅粉饺：肉丝加蒜花烧作馅，米粉包饺蒸（面饺同）。又，五色面作小饼。粉亦可。

五色糕：先起下肉皮，铺于笼底，上摊刮肉略蒸，加鸡蛋清和匀，再蒸。面上入葱花（头白、管青），绿橙丝、红黄蛋皮丝（加红花[③]少许摊开，染红色）。蒸熟，切象眼块。

肉丝烧卖：肉丝为君[④]，少配萝卜丝（滚水炸过），加酱油、葱丝烧作馅，做烧卖蒸。春饼同。

肉丝粉盒：肉丝加笋衣、盐、酒、葱花烧作馅，米粉包盒蒸。

椒肉面：肉切小丁，酱油、酒、椒末闷（疑为焖字）作浇头，鸡汤下面。

西椒面：肉切小丁，酱油，酒闷（疑为焖字）作浇头，鸡汤打蛋花加盐、醋、酒下面。

卤子面：嫩肉去筋、骨、皮，精、肥半斤[⑤]（分置二器），俱切骰子块。水、酒各半（汤不可宽[⑥]）烧滚，先下肥肉，次下精肉。半熟时将胰油研捣成膏，和酱倾入。次下椒末、砂仁末，又下葱白，临起锅调豆粉作糨[⑦]。北方作面浇头，是为卤子面。

油酥卷：脂油，洋糖、胡桃仁包酥面作卷，入油炸。

火腿糕：刮绒，拌香稻米粉、蒜花蒸熟，切块。

火腿烧卖：切小丁，配笋衣、鸡油、酒烧作馅。包烧卖蒸。包面饺、粉

---

① 两头捻缝：将两头捏合起来。

② 红焦色：即黄红色。

③ 红花：菊科一年生草本植物，有活血通经、去淤止痛之功效。此处似是指红颜色的花朵。

④ 肉丝为君：君，主。以肉丝作为主要馅料。

⑤ 精、肥半斤：似指瘦肉、肥肉各半斤。

⑥ 汤不可宽：扬州人吃面条若要汤多，则曰宽汤。汤不可宽即不能多。

⑦ 糨：浆糊。即作芡。

团同。

火腿卷子：刮绒，拌熟脂油，包面，卷，切长段蒸。

火腿包子：刮绒，配笋衣，肉皮汁[1]、酱油、酒、葱花，烧作馅，包粉盒（疑为包子）蒸。

火腿春饼：刮绒，加蒜花、脂油拌匀，卷薄面饼，干油锅烙熟，切段。

羊油豆：干面入椒盐末，作小方块，用羊油炸。取起冷定，其色洁白。

羊脂饼：取生脂切碎，和面作方块，烙如冬日饼。冷定。用铜火炉烘热，油味四溢。

（以下各条原在羽族部）

咸蛋饼：取黄，揉入米粉，包胡桃仁、洋糖、脂油作饼。

野鸭春饼：生野鸭切丝，拌黄芽（疑缺菜字）、葱丝，拌料[2]闷（疑为焖字）好，卷春饼油煎。又，切丁夕拌切碎豌豆头[3]、酱油、酒烧，卷春油炸。

野鸭粉饺：野鸭、蒜花烧，包米（疑缺粉字）饺蒸。

野鸭粉盒：切丁，配熟栗肉丁、酱油、酒烧馅，包粉盒蒸。

野鸭面：去骨切丁，加黄酒、盐、姜汁、葱煨作浇头，原汁下面。

鹅油酥：白面微水炒熟，配松仁、瓜子仁、胡桃仁、洋糖拌匀，以熟鹅（疑缺油字）作饼。猪、鸡油亦可。

黄雀卷：胸脯同葱，椒刮碎，面粉裹作小长卷，捻两头，蒸熟用。又，加（疑为如字）糟馒头法糟过，油炸更好。

鸡蛋酥：鸡蛋、洋糖、米粉、麻油和匀，入小铜卷，上敖（疑为鳌字）脂油烙。

鸡蛋糕：蛋清和香馅（疑为稻字）米粉，和酵水、洋糖、脂油丁，蒸熟切块。又，鸡蛋和炒面、洋糖，小铜圈印，上鳌烙。可分黄、白二色[4]。

---

① 肉皮汁：即肉皮冻，用猪肉皮熬制而成。气温略低可凝固，遇热即溶解成肉汁。

② 拌料：加上作料，此处指盐、糖等调味料。

③ 豌豆头：扬州人称豌豆苗的嫩茎叶为豌豆头。

④ 可分黄、白二色：指鸡蛋清和鸡蛋黄分开使用。

又，鸡蛋二十个，用箸打沫，投别器，再打取沫，白面二斤，入沫调稀（如不稀，少加水。）入洋糖十二两、松仁一两、脂油三两和匀，布垫笼底蒸，切块。

鸡蛋糕，每面一斤，配鸡蛋十个、洋糖半斤，合一处拌匀，盖密放灶上热处。放一饭时[①]入笼蒸熟，以筷子插入不粘为为（**疑为衍字**）度，取起候冷，切片用。如做干糕，灶上熟（**疑为热字**）后入铁炉熨之。又，面一斤，配鸡蛋黄十六个、洋糖半斤、酒娘（**疑为酿字**）半碗，挤去糟只用酒汁，合水少许和匀，用筷子搅稠，吹去沫，放热处令发：笼内用布铺好，倾下蒸之。

西洋蛋卷：洋糖、白面各一斤，鸡子十枚与糖、面搅匀，过一、二时[②]，冬月过三、四时，上下用铁鏊炙之，乘热卷好。

野鸡面卷：切丁，用笋尖刮碎作馅，油面包卷，入脂肉（**疑为油字**）炸。

野鸡饼：生野鸡肉入豆粉、蛋清、炒盐，刮绒作饼，脂油煎。

野鸡面：野鸡配笋片，入清鸡汤一滚即起，原汁下面。（以下各条原在江鲜部）

鲥鱼面：鱼切片，鸡汤汁熟（**疑为煮字**）好，去骨另盛小碗，作浇汤（**疑为头字**），鸡汤下面。

白鱼面：先切大块，加盐、酒、姜汁、葱条，煮熟去骨刺（即或碎块）作浇头，原汤下面。

鲦鱼[③]面：取小而活者，煮熟去皮，撕肉下面。

鳝鱼面：熟鳝切丝，麻油炸酥，加酱油、姜汁、醋烹作浇头，鸡汤下面。

又，熬鳝成卤，加面再滚，此杭州法。

鳗粉面：煮熟，晒干磨粉，和入干面，切细丝，清水下。此近水僧家秘制[④]。

---

① 放一饭时：放置煮一锅饭的时间。

② 过一、二时：经过一、二个时辰，即放置三、四个小时。

③ 鲦鱼：扬州人呼鳜鱼为鲦鱼，又称鲦花鱼。

④ 此近水僧家秘制：这是临近河、塘庙宇中的独特制作方法。

鳗面：大鳗一条，拆肉去骨，和入面中，入鸡汤（疑为蛋字）清，揉之、捍（疑为擀字）之成面片，小刀划成细条，入鸡汁、火腿汁、蘑菇汁滚。

糊鱼饼（疑为面字）：糊鱼炸熟，即用原汁下面，入酱油。

银鱼饼（疑为面字）：银鱼入鸡汤滚透，用原汁下面，作浇头。

蟹黄饼：生蟹黄入面少许，加姜、酒、炒盐，用虾仁刮绒，作饼煎，配豌豆头。

煎蟹饼：蟹肉外拖干面，铜圈印圆小饼煎。葱、姜、干面拌蟹肉煎，葱、姜不必多用。蟹饼油炸，配里肉[①]。

蟹糕：熟蟹剔肉，花椒末少许拌匀。笼底先铺干荷叶，后加粉皮或菠菜，将蟹肉铺粉皮上，蛋清肉入盐搅匀，浇蟹肉上蒸。冷定去粉皮，切象眼块。

又，蟹股肉剁绒，拌豆粉，生脂油丁做糕蒸。又，蟹肉拌姜汁、酒、糯米粉，用香稻米粉加脂（疑缺油字）丁作糕，蒸熟切块。

蟹肉烧卖：蟹肉拌姜汁、酒、醋、蒜、脂油丁，包烧卖蒸。米饺、饭饺、酥饺用（疑为同字）。

蟹肉徽包：蟹肉配猪肉，刮极细。加姜汁、味（疑为细字）盐、酒，烧熟拌肉皮汁为馅，作徽包蒸。

蟹肉粉盒：蟹肉、姜汁、盐、酒、醋、脂油炒熟，包米粉盒蒸。又，蟹肉作浇头，下面同。

甲鱼面：甲鱼半熟去骨，入鸡汤、盐、酒、姜汁，葱焖作浇头，原汤下面。

（以下各条原在衬菜部）

［茄饼］：嫩茄刮糜，和面煎饼。

元宝糕：大小、黄白不等。先刻元宝木模，一板十个，用米粉填一半，同（疑为加字）馅。素用捣烂松仁、洋糖或芝麻、核桃仁；晕（疑为荤字）用火腿肥丁或刮肉小元（疑为圆字）。

---

① 配里肉：用猪里脊肉作配。

糯米粉合豆粉做糕。

［粉点心不粘牙法］：粉点心，先买蒸儿糕等类和入粉中，即不粘牙。

［ 西人面食① ］

盒子：馅用鸡肉、韭菜或猪肉，煮用。

烫面饼：馅听用。

干炙薄饼：馅听用，切四开供客。

卷煎饼：摊薄皮，馅用韭菜、猪肉，油煎，不可炸。

瓠子煎饼：瓠子煎饼将瓠子擦丝，和入面，加花椒、盐、麻油煎。

油炸茄饼：茄子切花②，内夹肉馅，拖面③，麻油炸。

油炸翻（疑为番字）瓜④饼：法与茄子（疑为饼字）同。

水饺：果馅、肉馅俱可。下锅捞起，蘸醋或带汤用。

猴儿脸：肉臊、谷垒、茼蒿拌和干面、椒盐、麻油，蒸用。

米袭子面：米袭子面下粥内，加鸡丝、煎豆腐丝。

荞麦面和络：荞麦面和络，同羊肉臊。

蝴蝶面：盐水和面，擀薄，撕如钱大小，鸡汤、肉臊。

一窝丝：鸡汤、肉臊，与蝴蝶面同。

锨糕：面水搅菜⑤，入油摊。

石子炙：油和面内，包椒盐或包糖。将石子烧红，上下炙之，

油卷：酷水⑥发面做饼子，油炸。

枣糕：发面内嵌去核红枣蒸。

---

① 西人面食：指我国西北地区的面食。这儿收集的大约是在扬州见到的品种。

② 茄子切花：指茄片中再横切一刀，但不切断，中间可填馅。

③ 拖面：用面粉调成厚面浆，均匀地糊在原料外面，扬州人谓之拖面。时至今日，扬州所属之泰兴县民间擅长之茄饼，制法与此相同。

④ 番瓜：扬州人将南瓜称为番瓜。

⑤ 面水搅菜：把菜切碎了和面粉浆拌和。

⑥ 酷水：酷，音 gào 告。扬州人称发面为"发酷"。

囫囵发面火烧

猴子饼：发面内和椒盐、麻油，作小饼。

破布衫：盐水和面，擀薄，撕大块，用鸡肉汤下。

问句句：麦面、豆面搅和，用铁杓漏下。

羊肉火烧：木炭炉烧。

香脂油饼：生脂油刮（疑缺碎字），葱、椒盐做饼，烙。

剥皮点心：发[1]，样式随意，蒸用。

烫面饺：馅用肉、菜皆可，蒸。

发面包子：馅素、荤听用。

疙瘩汤：油、醋、椒盐打稠面，如冰糖块式。滚起，再入鸡蛋作穗[2]，搅匀粘，浮面即熟[3]，须用鲜汤。

汤油面饼[4]：如汤碗口大，松而多层。

白面糖饼

发面饼：如通州火烧式，裹馅，用火煨熟。饭碗口大，供客，上叉子火烧一盘。

兰州人做面：兰州人做面，以上白面，用蛋清揉入。工夫最久，用指尖随意捏成细条，长丈余而不断，亦绝技也。

［蛘蛾汁和面］蛘蛾汁和面，或做饼，或切面。一切鲜汁皆可，如火腿、鸡、鸭，鲜蛏、鲜虾。

［芝麻面］：芝麻去皮、炒熟，研细末和面。

［面粥］：散面入粥，搅匀。

荤汁面：青菜并浇头先行制好，同荤汁另贮一锅。面熟入碗，加上荤汁。素汁面同。

（以下各条原在蔬菜部）

_____

① 发：使其发酵，亦即用发面制作。

② 鸡蛋作穗：鸡蛋打散倒入汤中。

③ 浮面即熟：面疙瘩一漂起来就熟了。

④ 汤油面饼：用荤汤浮油调面制成的饼，颇类现在的水油面。

笋衣粉盒：笋衣切丝，配鸡皮丝、酱油、酒、蒜花、脂油烧馅，包粉盒蒸。解（疑为鲜字）笋衣配烧各种菜。又，晒干亦可。

萝卜汤圆：萝卜刨丝，滚熟去臭气，微干，加葱、酱拌之，放粉圆作中（疑为中作之误）馅，再去（疑为用字）麻油炸之，汤滚亦可。

萝卜糕：每日米饭（疑为白饭米之误）八升，加糯米二升，淘净，泡隔宿，舂粉筛细，配萝卜三、四斤，刮去粗皮，擦成丝①。用熟猪油一斤，切丝或切丁，下锅略炒，次下萝卜丝同炒，再加胡椒末、葱花、盐各少许同炒，萝卜半熟捞起，俟冷拌入米粉，和水调匀（以手挑起，坠有整块，不至大[疑为太字]稀）。入笼蒸之（先用布衬笼底）。筷子插入不粘即熟矣。又、脂油、萝卜、椒料俱不下锅，即拌入米粉同蒸亦可。

青菜熬面：青菜切段，笋片、虾米、火腿、鸡肫、鸡肉汤加酱油熬面。

韭菜饼：韭菜细切，油炒半熟，配脂油丁、花椒末、甜酱拌匀，捍（疑为擀字）面作薄饼，两张合桄（疑为拢字），中着前馅，饼边掐花油炸。北人谓之合子。旚（疑为荠字）菜盒子同。

韭菜盒：干面用脂油揉透做盒。韭菜切碎，配猪肉片，不可切丁，加作料拌匀作馅。又，韭白拌肉，加作料，面皮包之，入油炸。

韭菜酥盒：韭菜刮碎，拌鸡肉丁，熟鸡油、酱油、酒包油面作盒子，入脂油炸酥。

韭菜春饼：韭菜切碎，细切网油，拌盐、酒，包春饼，入油炸。

苋菜饼：刮碎，配野鸡、鸭丁、鸡丁、姜末，酱油、酒、熟脂油和面，作小饼油炸。苋菜饺同。

荠菜饼：切碎，加盐，酒、麻油、姜米拌，包饼炙。

蓬蒿②饼：取嫩头，飞盐略腌，和面作饼，油炸。

蓬蒿裹馅饼：取蒿菜和面，包豆沙、糖、脂油丁，做小饼、油锅略煮

---

① 擦成丝：将需加工的原料在特制的刨板上摩擦，使其成为丝状。这是扬州人常用的加工方法，至今亦然。

② 蓬蒿：即茼蒿。

（疑为炸字）。

蓬蒿糕：取汁和糯米粉，脂油，洋糖作馅，如蒸儿糕式。

莴苣叶糕：白米一斗淘、泡，配莴苣叶五斤，洗净切极细末，拌米，合磨成浆。糖和微水，下锅煮至滴水成珠，倾入浆内搅匀，用碗量，大入（疑为入大之误）蒸笼蒸熟。重重放此下去①，如蒸九重糕法，甚美。以薄为妙。

莴苣卷：生莴苣叶入熟水略拖，如春饼式，包卷各种馅。

仪征县②腌莴苣甚咸，冷水泡淡，略干，入甜酱。又，生莴苣晾瘪，淡盐腌，晒干作盘③，衬底玫瑰一朵，装小瓶。

芋粉圆：蘑（疑为磨字）芋粉晒干，和米粉用之。朝天官④道士制芋粉圆，野鸭馅极佳。

芋子饼：生芋子去皮捣烂，和糯米粉为饼，油炸。或夹洋糖、豆沙，或用椒盐、胡桃仁、桔丝作馅。

芋糕：芋子去皮，捣极碎，和香稻米粉、洋糖、脂油丁拌揉，印糕蒸。

芋粉和糯米粉，或糕或团皆有，煎用更宜。

［ 糖卤（台糖上，海南次）］

凡做甜食，先起糖卤，此内府秘方也。泡制、炖糖，俱用河水。加鸡蛋清用以去糖沫。

洋糖十斤（多少任意，今以十斤为则）。用行炉安大锅，先用凉水二勺，若勺小糖多，斟酌加水在锅，用木扒搅匀，微火一滚。用牛乳另调二勺点之。如无牛乳，鸡蛋清调水亦可，但点滚起，即点即起，抽柴熄火，锅盖，

---

① 重重放此下去：重，音chóng虫，一层一层的。意即蒸熟一层再加一层生料蒸，如此数次。

② 仪征县：扬州市西南约三十公里的一个县，濒临长江。一九八七年撤县建市。

③ 晒干作盘：晒干以后卷成圆盘的形状。

④ 朝天官：道教观名，在南京市。五代时吴王杨溥所建。原名"紫极宫"，后又改名为"祥符宫""天庆观""玄妙观""永寿宫"。明洪武十七年（1384年）重建，始称朝天官。

闷一餐饭时，揭去盖，加火又滚，但滚即滚（疑为起字），俱如此点法。糖内泥泡滚在处，将漏（疑缺勺字）捞出锅边。沫子恐焦，用刷蘸前调水拭。第二次再滚，泥泡只聚一边，漏勺再捞出。第三次用紧火[1]将白木（疑为沫字）点滚处，沫子牛乳滚再（疑为在字）一边，聚一餐饭时，沫子捞得干净，黑花去白花见方好。用净棉布滤去，入甔。凡家伙[2]俱用洁净。若用黑砂糖，亦须先入锅，熬大滚[3]，用布滤过用。用白糖霜，预先晒干方可。

松子海罗䕸：糖卤入小锅，熬一餐饭时，搅冷，随手下炒面，放下刮碎松子仁或胡桃仁、瓜子仁搅匀。案上沫（疑为抹字）酥油，拨（疑为泼字）上捍（疑为擀字）开，切象眼块（凡切块要乘热，若冷恐碎。）

艾芝麻：糖卤入小锅，熬至有丝。先将芝麻去皮，晒干或微（疑为微字）炒干，碾成末，随手下入糖内搅匀，和成一处，不稀不稠。案上先洒芝麻末，便不沾。乘热泼在案上，仍洒芝麻末，使沾。古铲捶捍（疑为擀字）开，切象眼块。

洒馇儿：用熬成糖卤，不用胡桃仁，笊上案摊开，用江米粉围定，铜圈印之，即是洒馇儿。切象眼块，名曰白糖块。

提糖：上洋糖十斤，和天雨水，盛瓦器内。炭火熬炼，侍糖起沫，掠尽。水少再加，炼至三、五斤，磁罐收贮。如杏、梅、桃、李，一切鲜果，浸入糖内，火之[4]取出，鲜丽非常。若养桃、梅花、桂花、荷花更佳。

净糖：每洋糖　斤，用蛋清一个，水一小杯，熬过方净。

一窝丝：糖卤下锅，熬至老丝，倾石板上（用细石板一片，抹熟香油。又取炒面，罗净预备。）同（疑为铜字）切刀二把，转遭掠起。待令（疑为冷字），将稠，用手揉、拔扯长，收摺一处，（疑缺越字）拔越白。若冷硬，于火上烘之。拔至数十次，转成双圈，上案用炒面放上，二人对扯、顺转，

---

① 紧火：扬州人称大火为紧火。

② 家伙：使用的各种器具。

③ 大滚：扬州人称汤沸腾为"滚"。大滚即剧烈沸腾。

④ 火之：疑为久之。

炒面随手倾入。扯拔数十次成丝，丝用刀切断，分开绾成小窝①。

荆芥糖：荆芥细枝，扎如花朵。蘸糖卤一层，蘸芝麻一层，焙干用。

牛皮糖：川蜜放铜锅内，熟（疑为熬字）至极老切片，以干面为衣②，略加洋糖。用冻亦可。

玫瑰糖：五月开取玫瑰花，阴干，矾（疑为扩字）腌，榨干膏。取玫瑰卤，拌洋糖捣，收瓶听用。桂花糖同。

松花糖：取松花粉，入白蜜，拌莲子、白果等物，甚香脆。

雪梨糖：梨汁熬洋糖或红糖，用茶匙挑入青不（疑为石字）上，冰干用。掺入陈皮末更好。

米糖：俱米粞③都可做。每米十斤，泡一日，次日烝（疑为蒸字）饭，倾出，用大麦等④十二两捣碎。用冷热汤拌饭，均入坛盖好，要围热则发，半日后榨出浆水，入锅先武后文⑤熬得十之半⑥，以箸挑起如旗样，以口吹之，其糖即碎为度。如做饴糖，内起大泡，即可取起盖。先取（疑为衍字）起细泡，后起大泡。可以吹碎，取起扯拔即成糖饼矣。

酥糖：米糖一斤、白面二斤，将面先入锅微（疑为微字）火炒，然后将糖锋（疑为撖字）面面内（疑多一面字），俟米糖软，与面同揉，硬则仍入面内，取起再揉，以面多入更松。视糖、面相妨，入大锅软⑦，取起捍菏（疑为擀薄），再入锅内，俟软取起，包馅卷寸许大，切六、七分长，居中又切一刀相连⑧（馅内用洋糖八两，椒末一两、紫苏、熟面四两，拌洋糖内，冬月可做。）

---

① 绾成小窝：绾，音wǎn碗，盘结。意即将波好的糖丝盘绕成小雀窝的形状。

② 以干面为衣：衣，指器物的外罩，这儿指包沾在糖片的外面。

③ 米粞：粞，音xī西，碎末。亦可指其它谷类的碎粒。米粞即碎米。

④ 大麦等：等疑为芽之误。

⑤ 先武后文：先用大火，（沸腾后）再用小火。

⑥ 熬得十之半：用火熬得还剩下一半。

⑦ 入大锅软：投入大锅中，（用火加热）使糖变得柔软。

⑧ 居中又切一刀相连：在正中再切一刀，但不要切断了。

[瓜子（六月交新①）]

汴梁②者（疑缺佳字），泰兴次之。杨梅核、瓜子仁捍（疑为擀字）以柿漆渣，晒干皆能自开。又，瓜子以面糊过，日爆之，片片自碎。

炒瓜子：取大瓜子，用湿布擦净，用秋石化卤炒。

瓜子仁：瓜子仁微火炒，拌洋糖。又，仁经为（疑为微字）火单炒，更香。又，用脂油、盐少许，略炒黄色，加水少许烹，则壳软而仁亦厚。

又，煮过用。

[栗（七、八月交新）]

藏栗时捡大栗，不拘多少，用木甑烝（疑为蒸字）熟，悬挂当风③，数日后水气全无，或坛或木桶装贮。春、夏取出，入水煮透，去壳，其色、味如鲜④。广西山内出栗最广，其价亦廉。居民及时收置，以备青黄不接之用。

栗性制羊，煨羊肉多用之。食羊后恶膻⑤，吃栗一枚即鲜（疑为解字）。霜降⑥后取沉水栗⑦一斗，用盐一斤，调水浸栗，令勿（疑缺露字），经宿取出晾干（每晨食生栗二枚，能生力。）煮栗子、银杏，用油灯草三、四根圈锅面，或入油纸捻在内，其皮自脱。又，破栗脐下火⑧煨不爆，或曰眉上将之，或先煮后炒，小不爆。

---

① 六月交新：农历六月时新瓜子就收获了。

② 汴梁：指今河南省开封市。

③ 悬挂当风：挂在通风的地方。

④ 其色、味如鲜：它的颜色、味道和新鲜的一样。

⑤ 食羊后恶膻：吃过羊肉后讨厌膻味。

⑥ 霜降：二十四节气之一，是秋季最后一个节气。在十月二十三日前后。

⑦ 沉水栗：沉在水底的栗子。以水试栗，浮者为虫蚀、空洞的。

⑧ 脐下火：对着锅脐烧的火，亦指小火。

又，收栗不蛀，以栗蒲①烧灰，淋汁浇二宿，火之②，候干，置盆中，用沙覆之。又，同橄榄食，作梅花香③，而无渣。

新栗：新出之栗烂煮之，有松仁香。人不肯煨烂，有终身不知其味香（疑为者字）。

风栗：装栗之法，或袋或篮，悬皆（疑为背字）日通风、走路便于（疑为处字）。日摇三次，不坏、不蛀而易干。又，拌圆眼或荸荠，悬当风处。圆眼借栗之潮润，田（疑为肉字）渐肥厚，而栗壳渐干，内衣易去，其肉亦渐甜软。又，拣平底栗④二枚，一用香油（疑缺涂字）底，一用白水涂底，合作一对，置锅心，逐渐放栗在上，将锅盖蜜（疑为密字），烧一饭倾俱熟不帖壳。

栗丝：不论切丝、切片，或烘或晒，用洋糖、熟芝麻拌贮。

煨栗：去净（疑为尽字）衣，配藕块、洋糖同煨。

炒栗：微划开皮，略炒。每斤约用水一碗，干即起⑤，胜于糖炒栗。

糖炒栗：取中样栗⑥，水漂净，浮者拣去，晾干。择粗砂糖煮过，先将砂炒熟（疑为热字），入栗拌炒。每栗一斤，用砂一斗。

栗炒银杏：生栗取肉，腰划一刀，拌银杏炒，各有香味。

荷包栗：熟栗肉，外拖豆粉，作荷包蛋式，油炸。

烧栗肉：生栗肉，鸡汤煮烂，配鸡冠油、酒、酱烧。又，栗肉加脂油，洋糖烧。

栗糕：熟栗肉研碎粉，和糯米粉。三分米粉，一分栗肉粉，拌匀，包脂油、洋糖，印糕烝（疑为蒸字）。又，煮熟栗极烂，以纯米粉加洋糖为糕烝（疑为蒸字），之上加瓜仁、松仁。又，栗取生者，阴干捣粉，和入糯米粉，

---

① 栗蒲：栗成熟后，在硬壳外面包裹着一层带刺的壳，谓之栗蒲。

② 火之：用火焙他。

③ 作梅花香：有梅花的香气。

④ 平底栗：底边平整、没有弧度的栗子。

⑤ 干即起：水熬干了栗子也好了。

⑥ 中样栗：大小适中，亦即中等大小的栗子。

约三分之一，拌匀，蜜水、洋糖调润，炁（疑为蒸字）用。

栗饼：大栗捣碎磨粉，加糯米粉七分之三①，和洋糖炁（疑为蒸字）熟，切块。

栗粥：栗肉、莲肉、白果肉、香芋，山药皆切丁，煨烂，入鸡汤，下香稻米煮粥。又，栗肉切丁，先将糯米煮半熟，加红枣，去皮核用。煮烂时再加洋糖。

糖（疑为糟字）栗：熟栗入白酒糟。又，风栗入白酒糟更佳。

酱栗：生栗去壳，裹袋入甜酱，三日用。

栗粉：风栗切片，晒干磨粉，可糕可粥②。

[胡桃（七月交新，亦名核桃）]

藏胡桃不可焙，焙则生油。其两合处有缝，掌拍之可碎。以麻悬当风处不油。

胡桃汤：桃仁，冰糖、白蜜，清晨服，开水冲用，专治咳嗽。

腌菜核桃：泡入（疑为去字）衣，穿入腌菜梗，或用腌菜（茼蒿干扎最好）。

盐水胡桃仁：去衣水炒（不去衣亦可）胡桃仁取，整碎不一，须筛出碎者，先炒盛起，将整者另炒。若做一锅，恐整者未熟，碎者易焦也。

煨鲜胡桃：取鲜胡桃仁，配木耳煨。

酱胡桃：连壳捶碎，焯去苦水，油炸，加洋糖、甜酱、芝麻。

酱炸胡桃仁：去衣，麻油透炸，酱、酒烹，加熟芝麻。治咳嗽。

酱拌胡桃仁：水浸去衣，晾干，麻油炸拌酥（疑为酥拌）甜酱卤，收贮。

油炸胡桃仁：每胡桃仁四斤，同红糖斤半、甜酱二斤、菜油三斤。先将胡桃仁焯去苦水，晾干，入菜油炸，再拌红糖、甜酱，芝麻。

---

① 加糯米粉七之三：指制栗饼须用四分栗粉三分糯米粉。

② 可糕可粥：可以做糕，也可以烧粥。

胡桃糕：去衣，研碎，对香稻米粉二分、糯米粉二分，拌洋糖，印糕丞（疑为蒸字）。

炸胡桃饼：取仁，去衣，油炸拖洋糖成饼，洋糖内少（疑缺加字）炒面。

糖胡桃饼：先将洋糖熬至滴水成珠，倾入胡桃仁、瓜子仁、菭（疑为薄字）荷梗，先拌匀成圈，和饼俱可。又，胡桃仁，皮烘干，舂烂入糖，再舂成饼。

桃仁酥：去衣，和洋糖捣烂，搓饼（不用粉、面等物）。先以粳米煮饭，摊平晾干冷（疑干为衍字），铺纸一层，于纸上放饼。越宿则酥实，而饭稀矣。

炒胡桃仁：胡桃仁滚水泡过，加盐少许，去皮，入花椒、茴香各一钱，与水同滚三、四沸，取起烘干（不去皮者，入锅炒熟，宜秋冬，不宜春夏。）又，冰糖炒去皮胡桃仁（不去皮亦可）榛仁、松仁同。去皮胡桃仁拖豆粉，油炸，拌洋糖。去皮胡桃仁穿冬笋片，或炒。

酱炒三仁：胡桃、杏仁皮去净，榛子不必去皮。先用油炸脆，再下酱。不可太焦，酱之多少，亦须相物而行。

［　枣　］

白枣七月有，南枣、北枣九月交新。南枣出东阳、义乌，花纹细润者佳。

藏南枣：桶内用干稻（疑缺草字），錾寸段，拌藏不蛀。与栗草同收，亦不蛀。又，南枣多晒干透，藏桶不蛀，遇潮湿，味即酸，南枣干透，须用冷水、湿布擦之，或洒麻油少许，搓之则光亮可观。煮红枣滴香油一滴，色润。又，枣同灯草煮，其皮尽脱。枣内（疑为肉字）同。

枣内（疑为肉字）圆：面筋和红枣内（疑为肉字）刮圆，素馔用。

南枣糕：南枣内（疑为肉字）和香稻米粉，包豆沙、糖、脂油丁，印糕丞（疑为蒸字）。

枣饼：红枣煮熟，去皮、核，入洋糖，擦烂，同白面和成饼，加水少许，如菭（疑为薄字）糊样。锅内先用香油烧熟，将前面挑入锅内，如酒钟口大，前（疑为煎字）两面黄，取起任用。藕、梨去皮擦丝同。

制南枣：大南枣十个，烝（疑为蒸字）熟，去皮、核，配人参一钱，布包，搁饭锅架中烝（疑为蒸字），烝（疑为蒸字）烂捣匀，作弹丸收贮，用之补气。又，大南枣一斤、好柿饼十个，芝麻半斤去皮炒，糯米粉半斤。炒芝麻研成细末，枣、柿同入饭中，烝（疑为蒸字）熟取出皮、核、子，蒂，捣极烂，和麻、米二粉，再捣匀作丸，晒干收贮，临饥用之。若加人参，其妙不可言矣。

须问汤：东坡先生歌括云：二、三钱生姜（干研末）一斤枣（干，同去皮。）二两白盐（飞过，炒黄。）一两草①（炙去皮）丁香、香末各五分，约略陈皮一处捣，煎也好，点也好，红白颜容真到老②。

永枣：河南永城县白枣，整就无核无皮，大者十枚盈尺，煮食之如鸡卵，香甜无比。

［ 榛子 ］

八月新。僚（疑为辽字）东有新、陈之分。

酱炸榛仁：去皮取肉，麻油炸酥，或加酱、糖、油炒，或拌甜酱汁。

盐水榛仁：榛仁加盐水，炒。

油炸榛仁：脂油炸酥，拌洋糖。

［ 松仁（八月交新）］

松仁油者，摊纸上焙之如饼。又，松子拌防风③少许，不油④。

---

① 草：指甘草。

② 煎也好，点也好，红白容颜真到老：指按上述方法制成的药末，可以煎水服，也可以用开水冲服。长期饮用能养生益人，使人容颜永葆青春。

③ 防风：伞形科植物防风的根。又名山芹菜、白毛草。有发表祛风、胜湿止痛之功效。

④ 不油：（松仁）不走油，即不易有耗味。

松仁饼：每料①酥油六两、洋糖六两、白面一斤，先将酥油化开，倾入瓦盆内，入洋糖搅匀，次日白面揉擦和成，揉成置案上，捍（疑为擀字）平，铜圈印小饼，上载松仁，入熬（疑为整字）炙熟。

松仁糕：糖卤入锅熬，一次搅冷，随手下炒面，加刮碎松仁，拨②案上，先用麻油抹开，乘热加（疑为切字）象眼块，冷切即碎。又，松仁研碎，和五分米粉，加洋糖，烝（疑为蒸字）熟。

鸡油炒松仁：少加甜酱，豆粉。

松仁泡茶

松仁浸酒

松仁熬汁：配晕（疑为荤字）素各菜。又，捣烂入菜亦可。松仁拖米粉，用铜圈印作小圆饼，油煎，粉内加洋糖。瓜仁同。

［花生（九月交新。福建上，江西次）］

生则能泻人，焦则不堪用③。以纸苴水浸④，然后入釜炒之，则内熟而不焦，其香如桐子。

炸花生：净肉，用洋糖（疑为脂油）炸，拌洋糖。

醉花生：连壳晾干、煮熟取出，加酒、盐、椒末、酱油拌醉（又，煮熟去壳，拌椒末，酱油。）、酒醉半日可用。

炒花生：拣去破损，花生拌枕糠⑤，微火炒。去（疑为用字）净肉炒亦可。

麻油炸，拌甜酱装瓶。

花生糕：炒花生肉，刮碎，对糯米粉三分，洋糖、脂油丁，切糕。

---

① 每料：每做一次使用的原料。

② 拨：疑为泼之误，倒下。

③ 焦则不堪用：（炒）糊了便不能再吃。

④ 以纸苴水浸：苴通渣，用泡纸的水来泡花生。

⑤ 枕糠：扬州人称稻壳为枕糠。

糖花生：花生取净肉，入熬熟洋糖，少加菪（疑为薄字）荷末。

腌花生：落花生连壳煮熟，下盐，再煮一、二滚，连汁装入缸盆内，三、四日可用。又，煮熟捞起，入盐（疑为腌字）菜卤内，亦三、四日可用。又，将花生同菜卤一齐下锅，煮熟连卤装入缸内，登时可用。若代（疑为带字）出门，包好，日久不坏。按后法虽便，但其皮不能剂（疑为挤字）去，用前法一剂（疑为挤字）就去，雪白好看。

［ 桐子（八月交新。到处出①）］

桐子肉拌洋糖：桐子用油炒，其壳酥脆，易去。

桐子糕：桐子肉研碎，拌糯米粉，加洋糖，印糕。

［ 圆眼（九月交新。福建上，广东次）］

北圆眼：壳上针刺三、四孔，入滚（疑缺水字）煮透，满味不走。

风圆眼：圆眼拌栗子，放筐内，肉自润，而不丁。

套圆眼：剥多肉，填一壳②，饭上烝（疑为蒸字）过。每晚取一枚，压舌底，津液自生。

莲花圆眼：剥肉去核，将肉作蒂，攒镶瓜子仁，如莲花式装盆。

桂圆糕：桂圆肉切丝，刮碎，和香稻米（疑缺粉字），印糕烝（疑为蒸字）。

圆眼糕（疑为膏字）：将圆眼煎碎或捣烂，煎浓汁如膏，加冰糖。

桂圆肉：俱可浸酒。

［蒸圆眼］：嫩腐皮卷圆眼肉，饭上烝（疑为蒸字）一、二十日用，甚益人。

---

① 到处出：扬州人称随便什么地方为到处。到处出即什么地方都出产。

② 剥多肉，填一壳：意指用许多圆眼净肉，填满一个较完整的壳子。

［荔枝（四、五月有。福建上，广东次）］

鲜荔枝热，并食多而碎（疑为醉字）者，以壳浸水，饮之即解。粤人或以苦瓜①，或以蜜以盐，皆能解。

荔枝取其壳小而干瘪者，有肉②。

荔枝酒：取肉浸烧酒。又，荔枝肉浸梅卤、紫苏，晒干收用，最佳。

［榧子（十月有）］

榧子同甘蔗食，则渣软。

糖榧片：榧子去壳，放水中浸一、二日，去细皮，切菏（疑为薄字）长片，乘潮③入洋糖，拌腌一宿，取起用隔筛烘干。

炒榧仁：榧仁用磁瓶瓦④刮去黑皮，每斤加菏（疑为薄字）荷霜、洋糖熬汁拌炒，香美可供。

榧子糕：榧子炒，磨碎，和糯米粉、冰糖水、脂油丁，拌烝（疑为蒸字）切块。

榧果：煮素羹鲜羹（疑为美字）逾常⑤。又，脂油炒榧果，黑皮白脱。

（以下各条原在茶酒部）

---

① 苦瓜：亦名锦荔枝、癞葡萄等，为一年生攀援类草本植物。每年九、十月为果期，可当蔬菜食用，亦可入药。有清暑解热、明目去毒之功效。

② 有肉：指荔壳小而多皱的，里面肉较厚。

③ 乘潮：乘，音chèn 趁，扬州方言，有利用、趁机的意思。乘潮，利用榧片还潮湿的机会。

④ 磁瓶瓦：指磁器有刃口的碎块。

⑤ 逾常：非同寻常。

[饭粥单]

饭、粥本也,余菜末也。本立而道生,作饭粥单。

[饭]

王莽云:"盐者百肴之将"[1]。余则曰:"饭者百味之本。"《诗》称:"释之溲溲,烝(应为蒸字)之浮浮。"[2]是古人亦吃蒸饭。然终嫌米汁不在饭中。善煮饭者虽煮如烝(疑为蒸字),依旧颗粒分明,入口软糯。其诀有四:一要米好。或香稻,或冬霜,或晚米,或观音籼,或桃花仙。春之极熟霉天,风摊播之,不使惹霉发颣;一要善淘。净米时不惜功夫,用手揉擦,使水从箩中淋出,竟成清水[3],无复米色;一要用火。先武后文,闷起得宜[4];一要相米放水。不多不少,燥湿得宜。往往见富贵人家,讲菜不讲饭,逐末忘本,真为可笑。余不喜汤烧饭[5],恶食(疑为失字)饭之本故也。汤果佳,宁一口吃汤,一口吃饭,分前后食之,方两全其美。不已[6],则用茶,用开水淘之,犹不夺饭之正味。凡物久生厌[7],惟谷禀天地中和之气,乃养生之本。居家诸事宜俭,饭粥毋甘粗糯钱肤[8],以肠胃为砥石[9],亦殊可怪。

香稻饭:一种香稻,江南丹阳县、常熟等处皆产。用以煮饭,另有一种

---

① 盐者百肴之将:盐是所有菜肴的统帅。意即味的美否由使用盐的合适程度来决定。

② 释之溲溲,蒸之浮浮:语出《诗经·大雅·生民》,意指淘米时水声溲溲,蒸饭时蒸汽弥漫。

③ 竟成清水:最后(使淘过米的水)像清水一样干净。

④ 闷起得宜:意指煮饭必须掌握好的火力,闷透才好。

⑤ 汤烧饭:用开水冲泡,再上火略煮的饭。扬州人称为"烫饭"。

⑥ 不已:不得已。这里是退而求其次的意思。

⑦ 凡物久生厌:指长期吃某一种食物会使人厌烦。

⑧ 饭粥毋甘粗糯钱肤:此句恐有误。粗糯、钱肤疑为粗鲁、浅肤,即简单、粗陋的意思。毋甘,不要甘心于。整句的意思是说,过日子要处处节俭,但吃饭吃粥却不能太简陋。

⑨ 砥石:磨刀石。砥,音dǐ底。

香气。一担米内和入三、四斗，则通米①皆香。

烝（疑为蒸字）饭：北方控饭②，南方煮饭，惟蒸饭适中。早辰（疑为晨字）粥内捞起干粒，午餐用甑蒸透，既省便，又适口，人口多者一（疑为亦字）最便。

煮饭：一碗米两碗水乃一定之法。或米有干湿，水亦随之加减。但不可一火煮熟。俟滚起，火稍缓，少停再烧，才得熟软。否则内生外熟，非烂即焦。又，南方以三芦炊一顿饭③，又四两柴可熟。以四围用湿草鞋塞之，细柴烧釜脐故也。

姑熟炒饭：当涂人尚炒饭。或特地煮饭俟冷，炒以供客。不着油盐，专用白炒，以松、脆、香、绒四者相兼，每粒上俱带微焦。小菏（疑为薄字）锅粑皮（疑缺更字）为道地④，他处不能。其用油、盐硬炒者不堪用。

荷香饭：白米淘净，以荷叶包好放小锅内，河水煮。

香露饭：预取花露一盏，俟饭初熟时浇之。浇过稍闷（疑为焖字）拌匀，然后入碗，以之供客，齿颊皆芳。不必满釜全浇香露，或一隅足供座客⑤，只浇一隅。露以蔷薇、香橼、桂花三种为宜，取其与谷性相若⑥。不必用玫瑰，其香易辨也。

红米饭：饭熟后，用梅红喜纸⑦盖上，即变嫩红色，宴客可观。

乌米饭：每白糯米一斗，淘净，用乌桕⑧或枫树⑨叶三斤捣汁拌匀，经

---

① 通米：整个，全部米。

② 控饭：即捞饭，米加水烧开后，复将米自汤中捞出。

③ 以三芦炊一顿饭：用三根芦柴烧好一餐饭。

④ 道地：原指真实、真正。此处指出色。

⑤ 一隅足供座客：隅，音yú于，角落。意指将花露倒在一部分饭上就可以满足客人需要了。

⑥ 相若：相似，差不多。

⑦ 梅红喜纸：介于大红和粉红色之间的彩色纸。

⑧ 乌桕：大戟科落叶乔木，叶互生，呈菱形卵状。夏季开花，蒴果球形，三裂。其籽、叶皆可入药。籽有杀虫、利水、通便之功。叶有治痈、去湿、杀菌之效。

⑨ 枫树：亦名枫香树，多年生乔木。其皮、叶均可入药。皮有治泄止痢之功，叶有治急性肠胃炎，疗痈肿发背之效。

宿①取起蒸熟，其色纯黑。供时拌芝麻、洋糖，又名"青精饭"。

青菜饭：取青菜心，切细加脂油、盐、酒炒好。乘饭将熟时放入和匀。大约以饭菜适均，不可偏胜乃妙②。

蚕豆饭：蚕豆泡去皮，和米同煮。红豆、绿豆同，不必去皮。

炸糍粑：糯米煮饭，按实切片，脂油炸，盐叠。

炸锅粑：黄菏（疑为薄字）锅粑油炸酥。或加盐，或加拌洋糖。

馊饭：晒干磨粉，可作酱。饭再蒸，不揭锅盖过半夜，虽酷暑亦不馊。

又，生苋菜铺饭上，置凉处，经宿不馊。若铺新荷叶上，更得香气。

又，枣树作饭瓢，不馊，不粘饭。

五更饭：五更时用米饭一茶杯，补益胜于人参。或浇以干蒸鸭汁，更美。

饭肉（原在第三卷）：白菜和肉各一半同煮，去肉食饭。

［ 粥 ］

见水不见米，非粥也；见米不见水，非粥也。必使水、米融洽，柔腻如一，而后谓之粥。人云："宁人等粥，毋粥等人"。此真名言。防停顿而味变汤干故也。近有为鸭粥者，入以荤腥；为八宝者，（疑缺入字）以果品，俱失粥之本味。不得已，则夏用绿豆，冬用黍米。以五谷入五谷，故自不妨。

香稻粥：香稻米一茶杯，多用水，加红枣数枚（去皮核）煨一宿，极糜（疑为糜字）。五更时用最益人。

井水粥：煮粥用井水则香，用河水则淡而无味。陈宿河水亦可。凡暴雨初过，井水亦淡。法以淘米同水下锅，煮滚即盖锅，少停一刻③，通身搅转④，加火煮熟。

---

① 经宿：过了一夜。

② 不可偏胜乃妙：意指菜和饭比例适当，不要过多过少才好。

③ 少停一刻：扬州方言，稍微等一下。

④ 通身搅转：彻底搅拌一下。

肉粥：白米煮半烂时，切熟肉加（疑为如字）豆，加笋丝、香芃丝、松仁，加提清美汁①啖。熟腌菜下之，佳。

羊肉粥：蒸烂羊肉四两，加白茯苓一钱、黄芪五分研末、大枣二枚（去皮核）细切。粳米三合、糯米三合、飞盐二分煮粥。

火腿粥：金华淡火腿去肥膘，切丁、装袋，用白米加香（疑缺稻字）米一撮，煮粥。

晚米粥：晚米磨碎煮粥。或粥煮捞起作饭，均与（疑为于字）老人相宜②。

乌米粥：乌桕叶浸糯米，加香稻米煮成饭，再入鸡汤，加盐、酒煮粥。

芝麻粥：芝麻去皮蒸熟（取香气）研烂，每二合配米三合煮粥。芝麻皮、肉皆黑者更妙。乌须、明目、补肾，修炼家美膳也。

小米粥：小米和糯米，入鸡汤煮粥。

薏米③粥：薏苡舂白，并去尽坳内糙皮④，用腐渣⑤擦过即无药气。和水、磨浆、布滤，四分薏仁浆，六分白米配，煮粥。（山药粉同。）又，怀山药为粉，煮粥。又，杏仁酪煮粥同。

芡实粥：芡实去壳，新者研糕，陈者磨粉，对末（疑为米字）煮粥。扁豆、红豆、豌豆、绿豆粥。

莲子粥：去皮、心，煮熟捣烂，加鸡汤煨。入糯米、香稻米各一撮，煮粥。

神仙粥：糯米五合、生姜五六斤⑥、河水两碗，入砂锅一、二滚，加带须葱头七、八个，俟米烂，入醋小半杯，乘热吃。葱能散，醋能收，米能补，

---

① 提清美汁：指动物性原料制作的不含渣滓的清汤。

② 老人相宜：（晚米粥）最适合老人食用。

③ 薏米：禾本科植物薏苡的种仁，富含淀粉、蛋白质和脂肪，粉性强。可入药，有健脾补肺，清热利湿之功效。

④ 坳内糙皮：坳，音 ào 奥，又读 āo 凹，低洼之处。薏米呈圆球形或椭圆形，基部宽平，侧面有一深而宽的纵沟，沟底粗糙，有褐色组织。

⑤ 腐渣：制豆腐时余下的粗渣。

⑥ 糯米五合、生姜五六斤：疑为半合、五六片之误。

配合甚妙。伤寒、伤风初起等症，皆可治。或只吃粥汤亦效。

又，用小口瓦坛洗净，入半熟白米饭一酒杯，滚水贮满，加陈火腿丁一撮，红枣去皮核二枚，将瓶口封扎，预备火缸，排列炭基，于临睡时将瓶安炭火上，四围灰壅，仅露瓶口，五更取食，香美异常。病后调理及体虚者食之，大有补益。每日按五更食，勿失为妙[1]。

稠粥：白晚米和糯米同煮，入它（疑为陀字）粉[2]少许，色白而稠浓。大米八分，小米二分煮粥。

[米]

年内舂米，谓之冬舂。若来春舂，则米发芽，易亏折。后入米团（疑为囤字），须用一尺厚砻糖（疑为糠字）盖之，半拌以草灰，或取出频晒，或预取楝树叶铺囤内贮上。收回租稻米多潮易颣，亦照此法辨（疑为办字）之。

又，草囤贮白米仍用干草盖，以收水气，并要踏实，则不蛀，煮亦易收熟。又，仓底板离地尺余，上加砻糠、草荐或芦席，贮米于上无潮气。其用缠席[3]囤者，下面先用板架起，上面如前法加糠，席垫高。若米多易霉，中藏气笼[4]，自无朽坏之虞。松毛可断米虫，入蟹壳于米内不蛀。南京南乡银条米亦香。绍兴一种湖田白，粒长性软，居家用之，最为合宜。

炒米：腊月极冻时，清水淘糯米，再用温水淋过。水太热则不酥，过冷亦不酥。盛竹箩内，湿布盖好。俟涨透，入砂同炒。不用砂炒，则米不空松，只用（疑为可字）加五[5]。与砂同炒，可得加倍。香、脆、空松。筛去细

---

① 勿失为妙：不要遗漏掉（每日五更食用）才好。
② 陀粉：扬州人称淀粉为陀粉。
③ 缠席：一种用芦苇编的窄而长的席子，可盘旋制成粮囤。
④ 气笼：用竹编之长圆形器具，竖放在粮囤中以使空气流通。
⑤ 只可加五：指不用砂炒米的体积只扩大了五成。

砂，铺天井透处①，以受腊气。冷定收坛，经年不坏。益脾胃，补脏腑，治一切泻痢。三年陈，治百病。黄豆同。

炒米包：炒米磨粉，筛，和香稻米粉，包脂油、洋糖，上笼蒸。

小米②包：小米磨粉，筛过加香稻米粉十分之一，拌洋糖，包豆砂（疑为沙字）、糖、脂油，上笼蒸。

炒空心米：将顶高糯米③，淘、蒸成饭，晒干，复入砂炒，筛去砂。一斗可炒三斗。

饭膏：下米煮饭，俟汤稠时，将浮上米油舀起，入碗数刻，即干厚成膏。炖热时时饮之，大有补益。

米露：用锡打就如取烧酒甑式。将香稻米或晚米、糯米一斗淘湿，三分入甑中，下用河水，上用冷井（疑缺水字），不时倾换，每次可得露一中碗，炖热饮之，有人参之功。取下多露，存贮磁瓶，久亦不坏。谷芽、麦芽，诸果品同糯米。取露后，其饭加入酒药䤖之，并可蒸酒。各露倾入酒中，另有种香味。

（以下各条原在衬菜部）

［ 粥类 ］

［鸡汤粥］：燕窝、火腿丁、鸭舌、鸡皮，晚米，鸡汤煨粥。

［鸭汁粥］：鸭汁粥，或用苡米煨。

［荤汤粥］：海参、火腿加肉丝、晚米，荤汤煨粥。

羊肾粥

［鸭丁粥］：鸭丁、晚米煨粥。

野鸭同鸡肝粥

---

① 天井透处：小院子里露天的地方。

② 小米：扬州人称籼米为小米。

③ 顶高糯米：颗粒饱满，整齐的糯米。

羊汁粥

羊肝粥

[麻雀脯粥]：麻雀脯丁、火腿、蔓菜①、新鲜晚米煨粥。

牛乳粥

[肺羹粥]：肺羹、荸汁，晚米粥。

炒面煨粥

[红汤粥]：鸭块用苡米、红汤粥。

[小米粥]：火腿绒煨小米粥。

[建莲粥]：建莲去皮心，用鲜汁先煨八分熟，入晚米、洋糖煨粥。

[果品粥]：各种果品、红枣去皮，核桃肉、杏仁，徽岳（疑为药字）研碎晚米，同洋糖煨粥。

[素菜粥]：荠菜、口蘑、香芃、嫩笋尖、鲜汁同晚米煨粥。百合同。

[苡米粥]：苡米、晚米煨粥。

糯米粥

豇豆粥

晚米粥

[绿豆粥]：绿豆去皮，入晚米煨粥。

[豆腐粥]：豆腐、酱、晚米煨粥。

莲子粉粥

菱粉粥

番茄粥②

芋粥

[油菜粥]：油菜粥，菜须先炒熟。

松仁粥

竹叶熬汤粥

---

① 蔓菜：扬州人称嫩青菜为蔓菜。

② 番茄粥：番茄，即番薯，亦名甘薯、山芋等，番茄粥即山芋粥。

野鸭粥（原在羽族部）：切丁，加盐、酒煮连汤下香稻米煨粥。

油酥法（原在衬菜部）：重罗上白面，将荸荠水，洋糖、熟猪油和面为酥，包洋糖、瓜仁等果，入锅烙熟，酥美异常。

第十卷　果品部

［ 梅（三月有，六月黄熟）］

青梅于小满^①前，用竹逐个取下，搥碎去核，用竹筋（疑为箸字）削尖拔（疑为拨字）出，一切拌盐拌糖，皆不可粘手^②，装瓶亦不可粘手，此为要诀。食梅齿嚃^③，嚼胡桃仁即解。又，韶粉和青梅食，牙不酸。

梅卤：酸梅盐腌，晒久有汁，是为梅卤，磁瓶存贮。

腌青梅：矾水浸一宿，取出晒略干，槌碎，用尖竹筪（疑为筷字）拨去核，每四斤，甘草末二两、炒盐二两、生姜二两、青梅（疑为椒之误）五钱、红椒二钱，拌匀入瓶装满，留盐糁面^④，封贮。

糖青梅：大青梅磕碎去核，滚水略焯，多加洋糖拌晒，日久，味也脆而（疑缺色字）青。

紫苏梅：拣大清（疑为青字）梅，入磁钵，撒盐，擎钵簸数次，取出晒干，槌碎去核，压扁如小饼式。将鲜紫苏叶入梅卤浸过，取梅逐个包好，上饭锅烝（疑为蒸字）熟装瓶，一层梅放一洋糖，装满封固，再上饭锅一烝（疑为蒸字）。又，熟梅一斤一斤（疑一斤重复），盐一两，晒七日，去皮、核，加紫苏，再晒七日，收贮。和冰水用。

---

① 小满：夏历二十四节气之一，在每年五月二十一日前后。此时我国北方夏熟作物籽粒渐饱满，南方则进入夏收夏种。《月令七十二候集解》："四月中，小满者，物至于此，小得盈满"。

② 皆不可粘手：都不能粘在手上，意即不能用手去碰。

③ 齿嚃：嚃疑为齼，音chǔ楚，牙齿接触酸味后的感觉。俗称"倒牙"。

④ 糁面：糁，音sǎn伞，以米和羹。这儿指把炒盐撒在瓶口青梅上。

礆梅：青梅，先用竹刀周匝划一路①，再入线缠入，缉（疑为挤字）去核，加洋糖、紫苏，晒七日收贮。

饯梅：去皮、核，用熬过洋糖饯。

玫瑰梅：整朵玫瑰花，包黄梅，蜜饯。

梅酱：黄梅烝（疑为蒸字）熟，去核，拌洋糖。拌蜜同。又，三伏②日取出熟梅，捶烂，不可见水，晒十日，去皮、核（和）（疑为衍字）加紫苏再晒十（缺日字）收贮。用时加洋糖。

梅卤茶：肥大黄梅，烝（疑为蒸字）熟去梅核，每一斤用炒盐三钱、干姜末一钱五分、干（紫）（疑为衍字）紫苏二两、干草、芸香③末少许，拌入磁器，晒干加洋糖点茶④。夏月调茶更羹（疑为美字）。

梅仁：敲核取仁，酸浆浸三日，味如杏仁。

干梅：梅卤浸晒多日⑤，取出捏扁，干透存贮。

乌苏梅：乌梅肉二两、干葛六钱，檀香一钱、紫苏叶三钱、炒盐一钱、洋糖一斤共捣。将乌梅肉研腐如泥，作小丸。

风雨梅：焯去涩味晾干，每个衬玫瑰花一朵，浸（疑缺入字）熟蜜水，加菭（疑为薄字）荷少许。

青脆梅：拣大青梅磕碎，用竹筐入滚水略焯即起，水内少加矾，沥干。一斤梅一斤洋糖拌匀，加玫瑰片。

腌青梅：青梅用石灰水拌湿，手搓翻一遍，隔宿将水添满，泡一日尝，酸涩之味当去七、八，如未，即换薄灰水再泡，洗净捞起，铺开晾，风略

---

① 周匝划一路：周匝（音zá），环绕一圈。划一路，扬州方言，指刻进去一道印痕。

② 三伏：指初伏、中伏、末伏，一年中气温最高的一段时间，又称为"大伏天"。《初学记》卷四引《阴阳书》："从夏至后第三庚为初伏，第四庚为中伏，立秋后第一庚为后伏，谓之三伏。"

③ 芸香：一种多年生草本植物，带白霜，有强烈气味。夏季开花，花小色黄。枝叶含芳香油，可作调香原料。全草可入药，有解表利湿，平喘止咳之功效。

④ 点茶：即泡茶。唐、宋时烹茶法之一种。蔡襄《茶录》：凡欲点茶，先须熁（音协，火迫也。）盏令热，冷则茶不浮。

⑤ 浸晒多日：浸透了晒，晒干了再浸，反复多次。

干（不可太干，以致皱缩）每梅十斤，配盐七、八两，先拌腌一宿，后加冰糖水令满。隔三日倾出煎滚，加些洋糖，候冷仍灌下，隔十日八日，再倾再煎，装瓶久存不坏。日久或雨后发霉，即当再煎。腌姜同。

腌咸梅：当梅成熟之时，择其黄大有肉者，每斤配盐四两，先下少许，将梅、盐一齐下盆，用手顺着翻搅，令盐化尽。每日不时搅之，切勿伤破其皮，上用物轻轻压之，六、七日取起晒之，晚用物压便扁。杏子同。

醋酸梅酱：大青梅、大蒜去外皮各十斤，紫苏一斤，将紫苏切碎共入瓶，滚醋灌一次，三日后醋倾出，仍（疑缺如字）前一滚，复灌入瓶。包好，晒两月可用，愈久愈妙。

玫瑰片：拌梅酱。又，梅干去核，水泡。用腌桂花洗淡。作圈合烧梅干，装盆。

乌梅饼：大乌梅肉五斤，滚水悼（疑为焯字）去涩味，加洋糖五斤、生姜、甘草末少许，捣烂印饼。

乌梅膏：大乌梅去核，每斤用甘草四两，炒盐水煎成膏。

乌梅酱：乌梅一斤，洗净连核捶碎，加沙糖五斤拌匀，隔汤煮一炷香，伏天取用。

[杨梅（四月有，五月止）]

[存杨梅]：红梅一斤、白矾二两，洋糖水入灌，放阴处，至冬不损[1]。

杨梅圆：去核，配猪肉剐，加酱油、酒、豆粉作圆。又，配荸荠肉剐圆。

醉杨梅：拣大、紫杨梅，每斤用洋糖六两、菏（疑为薄字）荷二两，贮瓶，灌满烧酒，封固一月后，酒与杨梅俱可用，愈久愈妙（名梅烧酒。）

糖杨梅（即杨梅酱）去核，糖饯，冬日可佐酒。又，饭锅烝（疑为蒸字）熟，去核，拌洋糖，即时[2]可用。

---

① 至冬不损：到了冬天都不会坏。

② 即时：当时，立刻。

杨梅干：每三斤用盐一两，腌半日，清汤浸一宿，取出沥干，入洋糖二斤、菏（疑为薄字）荷叶一把，轻揉、拌匀，晒干。

熏杨梅干：盐略腌，干柏枝熏。

［樱桃（四、五月有）］

用地上活毛竹①挖一空，拣有蒂樱桃装满，仍将孔封固，至夏不坏。

樱桃脯：大熟樱桃，去核，层层捺实装瓶，半月倾出糖汁，煎浓仍浇入，一宿取出，铁挑（疑为铫字）上加油纸，摊匀，炭火培。其大者两枚镶一个，小者三、四个镶一个，晒干，色仍鲜红。

樱桃干：取河水烧滚，入矾少许，候略温，将樱桃浸半日，取出核，滤干，加洋糖少许，慢火熬过，置磁瓶收贮，晒干。又，略用滚水泡过，去核，拌糖干之。

樱桃糕：樱桃去核，同熟蜜捣，作糕印之。

［椒盐樱桃］：樱桃去核，拖椒盐、面油炸。酱食可，及时配菜亦可。

［花红（四、五月有）］

北方呼沙果，大而且甘。南省者②小。熟则甜，生则涩。

花红饼：大花红去皮，晒二日，用手捺扁，又晒，烝（疑为蒸字）熟收藏。又，拣硬大者，用刀划作瓜棱式③。

花红茶：见茶部。

---

① 地上活毛竹：仍生长着的毛竹。
② 南省者：江南各省生长的。
③ 瓜棱式：长圆而略有棱角的样子。

［ 杏（四、五月交新）］

杏粉：熟杏研烂、绞汁[1]，磁盘晒干收贮。可和水饮，可和面粉用。又，去皮晒干，磨粉，加入诸馔，晕（疑为荤字）素可用。

盐水杏仁：带皮，加盐水炒。

咸杏仁：杏仁带皮，以秋石、秋汤作卤[2]，微拌，火上炒干。

焙杏仁：杏仁四两，用盐二酒杯，化水要淡，只用一杯拌匀，浸一时[3]，沥去水，焙干。胡桃仁同。

酥杏仁：杏仁不拘多少，香油炸，用铁丝结兜[4]捞起，冷定用极脆。又，杏仁泡数次，去净苦水，沥干油炸，捞起冷定，加洋糖拌。

杏酪：甜杏仁，（疑缺石字）灰水泡去皮，量入清水，如磨腐式带水磨，绢袋滤去渣，入锅加松仁、米糖调煮成酪，或加牛乳亦可。又，捶杏仁作浆，绞去渣，拌米粉，加洋糖熬之。

酱炸杏仁：杏仁去皮，麻油炸，拌甜酱卤。

酱杏仁：熟杏仁装袋，入甜酱缸。

杏子糕：叭哒杏仁[5]去皮，磨粉，对三分糯米粉，冰糖研末，脂油拌烝（疑为蒸字），切块。

法制杏仁：疗咳嗽、止气喘、心腹烦闷。甜杏（一斤，滚灰水焯过，晒干，用麸炒熟炼蜜入，下药末拌炒）。缩砂仁二钱、白豆蔻二钱、木香二钱，共为细末，拌杏仁令匀，食后服七枚[6]。

---

① 绞汁：挤压出汁水。

② 秋石、秋汤作卤：疑为秋石汤作卤之误。秋石，药名，由童子尿中提炼，亦有以人中白（人尿自然沉结的固体物）和食盐加工而成，有滋阴降火之功能。

③ 浸一时：一时，一个时辰，即两小时。

④ 铁丝结兜：用铁丝编制的漏勺，形似铁勺而较深，下端稍尖。

⑤ 叭哒杏仁：明人蒋一葵《长安客话》："杏仁味皆苦，有一种甘者，谓之巴旦杏。"叭哒杏仁即巴旦杏的种仁。

⑥ 食后服七枚：饭后服用七枚（法制杏仁）。

烧三仁：胡桃仁、榛仁、杏仁俱去皮加火腿丁、笋丁、松菌烧之。

杏仁浆：先将杏仁去皮、尖，与白上（疑为上白之误）饭米对配磨浆①，加糖，炖熟作茶。或单用杏仁，磨浆、加糖。或杏仁为君②，米用三分之一。设无③小磨，用臼捣烂，布滤亦可。又，甜杏仁泡去皮、尖，换水浸一宿，如磨豆腐式，澄去水，加姜汁少许，洋糖点饮。

杏仁汤：大杏仁去皮，冰糖研碎，滚水冲服。

［ 枇杷（四、五月有）］

煨枇杷：将枇杷煨熟，去皮、核，拌洋糖用。

蜜饯枇杷：去皮，入熬熟蜜内饯之。

糖腌枇杷：去皮，洒洋糖，随瓣（疑为拌字）随食。

枇杷糕：枇杷肉拌糯米粉，和洋糖、脂油丁作糕，切块炁（疑为蒸字）。

［ 菱 ］

水红菱四、五月有。四角（疑为川字）七月有风菱肉。江、浙八、九月有。

鲜菱：菱池中自种者佳，现起现煮④，菱魂犹在壳中也。

煨鲜菱：煨熟鲜菱，鸡汤滚之。

拌菱梗：夏、秋采来，去尽叶、蒂。苗根上圆梗，滚水焯熟，拌姜、醋、糟，醉可也。

烧菱肉：菱肉老而有粉者，入肉汁煮，或加酒、盐、鸡脯、笋尖，脂

---

① 对配磨浆：用一半杏仁，一半白饭米，掺和起来磨成浆。

② 杏仁为君：以杏仁为主。

③ 设无：假如没有。

④ 现起现煮：现……现……系扬州口语，指当时或马上怎么样。这儿指将菱角采摘下来，立即就煮。

油烧。

菱片：切片，或晒或烘。拌洋糖、熟芝麻末。

菱圆：和猪肉刮圆、加蘑菇、鸡汤烩。又，老菱肉配栗肉、白果肉、蛋饺、笋片、香芃（对开）鸡汤脍。

煮风菱：风老菱剥肉，加洋糖煮。

炒风菱丝：切丝配火腿丝、脂油、酱油炒。

酱菱：风老菱剥肉、装袋，入甜酱。糟菱同。

菱粉糕：老菱肉晒干、研末，和糯米粉三分、洋糖，印糕蒸。色极白润。

［烧风菱］：春笋块烧风菱肉。鲜菱同。

［ 鸡豆 ］

性补，吴人呼为鸡头。有粳、糯二种。糯者壳菪（疑为薄字）味佳。粳者反北（疑为之字）。生名鸡豆，熟（疑为俗字）名鸡豆芡实。用防风[①]水浸，经月不坏。生者一斗，用防风四两。换水浸之，可以度年。

鸡豆糕：研碎鸡豆，用微粉为糕，烝（疑为蒸字）之，临食用小刀片开。

炸鸡豆：连壳，开水　焯即熟，乘热剥食，妙品。

炒鸡豆：配荸荠丁炒。

鸡豆粉：晒干，去壳磨粉，加洋糖冲服，或作粥。捣米可煮饭。

鸡豆散：鸡豆去壳，金银花、干藕切片，各一斤烝（疑为蒸字）熟，曝干捣细为末，食后，滚汤服二钱，健脾胃、去留滞。采鸡豆根茎，焯熟听用。将鸡豆烝（疑为蒸字）过，烈日晒之，其壳即开。春捣去皮，捣为粉，或烝（疑为蒸字）或炸，作饼。

---

① 防风：指伞形科多年生草本植物防风的根，含挥发油。中医以之入药，有发表、祛风、胜湿、止痛之功效。

莲实汤：干莲实一斤，带黑壳炒极燥，研筛细末。粉草①一两，微炒磨末，和匀。每二钱入盐少许，沸汤冲服，通心气，益精髓。

［梨（五、六月有，次年正月上 ［疑为止字］）］

梨取其柄（疑缺直字）者味佳，以其日色晒周故也②，若柄歪而凹，其味必酸。

［存梨法］：又，梨以数枚共插一梨上③。放暖处，可久存。怕冻，忌酒气。又，拣霜后不损大梨④与萝卜相间收藏，或拣不空心萝卜，插梨于内，纸裹，放暖处，至春不坏。带枝甜桔同。

煨梨片：面筋油炸，煨梨片。（如）加香芃，酱油。

梨煨羊肉：生梨去皮、切块，和羊肉煨，无膻味。

整烧梨：去皮，挖空，装野鸭丝，酱油、脂油烧。

拌梨丝：梨切丝，拌红糖、姜、卤。又，加芥末、盐卤⑤拌。

梨糕：梨取汁，调糯米粉五钱（疑为分字）香稻米粉五（钱）分⑥印糕。桃糕同。又，取好梨五十斤，去心，切片，捣烂，榨干。取汁，加洋糖三斤，文武火熬成糕。膏收入磁器，滚水冲服。

煎梨膏：凡烂梨、粗梨、酸梨，捣汁，加洋糖煎。

风梨：皮纸裹，悬当风处。

---

① 粉草：即粉甘草。甘草，豆科、多年生草本植物甘草的根。其主根甚长，含甘草甜素等物质。中医上应用广泛，有缓中补虚，泻和解毒，调和诸药之功效。将甘草外层栓皮去除，谓之曰粉甘草。

② 其日色晒周故也：（直柄梨）是因为太阳光均匀照射的缘故。

③ 梨以数枚共插一梨上：将几只梨的把柄，一道插在一只梨上。

④ 不损大梨：没有虫蚀和碰破皮的大梨。

⑤ 盐卤：亦称盐胆水、滴卤，系食盐沥下的卤汁，咸苦，有大毒。中医多外用治疔痈。

⑥ 五（钱）分：疑为五钱。

酱梨：带皮入甜酱，久而不坏。

梨煨老鸭：清肺化痰。

雪梨糕：同洋糖熬汁，先用香油擦青石，后用茶匙舀糖滴石上，水干揭起，入瓶收贮。

[桃（五月有，秋桃七月有。种桃树可获大利）]

藏鲜桃：五月五日，用菱粉煮面稀糊，入盐少许，候冷，倾入瓮。取新鲜、红色、半熟桃，纳满用纸封固[1]，至冬月如新。又，十二月取洁净瓶，或小红缸，盛冰雪水，凡青梅、枇杷、花红、杨梅、小枣、（蒝）葡萄、莲蓬、菱角、橙子、荸荠等果，加铜青[2]末或菏（疑为薄字）荷一握[3]，或明矾少许，与果同入收贮，颜色不变。又，只水气相近，又不着水[4]尤妙。又，梨、枯、榴、木瓜等，藏以磁罐，放阴僻处[5]不干。又，一切鲜果，用提糖拌贮，则不变色。其糖用鸡蛋清熬过则净糖，以之饯果，更无渣滓。净糖，每洋糖一斤，用鸡蛋清三个、水一小杯，熬过方净。一切鲜果，晒干宜用大、小磁盆收盛，置桌上晒之，便于不时翻转。晒成，味皆美。

煨桃子：大生、熟桃，煨熟，拌洋糖。

盐桃：半生熟桃，烝（疑为蒸字）熟去皮核，飞盐糁拌，晒干再烝（疑为蒸字）再晒，装瓶封固，饭锅内炖三次[6]。

桃干：鲜红大熟桃，水烧滚，上笼烝（疑为蒸字）之，火候不可太过，

---

① 纳满用纸封固：疑月为用之误。应为：纳满用纸封固。

② 铜青：亦称铜绿，为铜器表面经二氧化碳或醋酸作用后，生出的绿色锈衣。可入药，有退翳、去腐、敛疮、杀虫，吐风痰之功效。

③ 一握：一小把。

④ 不着水：不要挨着水。

⑤ 放阴僻处：放在太阳晒不到的僻静之处。

⑥ 饭锅内炖三次：指将装满桃的磁罐隔水炖，冷透再炖，反复三次。

以皮可剥为度。去皮，剖开去核，兼之去靠核之丝。每核（疑为桃字）五斤，加洋糖二斤，入桃腹合成一个，停二、三时[1]，放筛内，炭火烘过夜，次早再入桃卤。烘干恐洋糖易焦，须不时翻看。如前制，加洋糖之后不放筛内，用大、小盆贮之，蒂凹向上，将桃汁用茶匙挑入，俟汁足用。或烘晒，不时翻转，干透收贮。先期备糖听用[2]。

桃卤：烂桃纳瓮，七日滤去皮、核封固，二十八日成卤。

桃膏：不拘多少，洗净煮去核，用麻布袋榨浆入锅，缓火[3]滚干，竹箸急搅，将浓，入洋糖再搅，候成珠。以不粘手为度，晒干听用。

桃脯：大桃炁（疑为蒸字）熟，去核晒干，用糖和蜜饯之[4]。

桃酱：炁（疑为蒸字）熟，去皮核，拌洋糖。

干桃片：取未熟硬桃煮用，或切片晒干。其嫩叶炸熟[5]，水浸成黄色，淘净，油盐拌。

神仙桃：去皮核，切块，洒洋糖。每斤用糖一两，随做随食。

醉仙桃：洋糖、桃卤，对入烧酒一半，其色鲜红可爱。

［ 雨粟（疑为芋薯）[6]（五月有）］

雨粟出桐城县。闽人至县，遍山种植。粟磨粉和面，加洋糖炁（疑为蒸字）糕。

蕃茄（疑为番茄）[7]：拣大条者去皮干净，放笼内炁（疑为蒸字）熟，用

---

① 停二、三时：放置二、三个时辰，即四至六小时。

② 先期备糖听用：预先准备好糖等待使用。

③ 缓火：微火。

④ 用糖和蜜饯之：用糖和蜜来加工（桃干），使之成为蜜饯。

⑤ 炸熟：用水烫熟。

⑥ 雨粟：疑为芋薯（山芋）之误。因下文讲是闽人传至。明人周亮工《闽小记》："番薯，万历中，闽人得之外国"。

⑦ 蕃茄：疑为番茄，即山芋。在衬菜部中收有番茄粥。

米筛摩细。去根，晒出水气揉条。或印或饼，晒干装罐，不时作点心甚佳。

蕃茄（疑为番茄）粉：出闽省，愈者（疑为老字）愈坚。以之和切面最宜。更有晒干磨粉，作砖砌墙，墙留为荒年之用。

［ 山药（七月交新）］

专用，并用皆（疑缺可字）。

炒山药片：配软面筋片炒。

烝（疑为蒸字）山药：大山药，或烝（疑为蒸字）或煮，去皮切长方块装盆，临用洒洋糖。

煨山药：山药、火腿俱切骰子块煨。鸡、鸭同。

煎山药饼：山药擦绒，加鸡绒、椒末、酱油，作饼煎。

山药糊：不见水烝（疑为蒸字）烂，用箸搅之如糊。有不烂者去之。同肉煮。又，加洋糖，加鲜汁煨脍。

假鲥鱼：大山药烝（疑为蒸字）熟，去皮切作鱼式，捺扁，加醋、糖、姜汁煎，名假鲥鱼。

烝（疑为蒸字）山药饼：白术①一斤、菖蒲②一斤，米泔浸，刮去黑皮，切片。用石灰一小块煮去苦水，晒干，加山药四斤为末，和面粉对配烝（疑为蒸字）。作饼烝（疑为蒸字）食，或加洋糖制成薄饼，烝（疑为蒸字）、熯可食。

山药糕：去皮烝（疑为蒸字）熟、捣烂，和糯米粉、洋糖、脂油丁，炸（疑为杂字）揉透，印糕、烝（疑为蒸字）饼，可随意用馅。百荷（疑为合字）、藕、栗同。

---

① 白术：为菊科植物白术的根茎，粗大，呈拳头状。可入药，有补脾、益胃、燥湿、和中之功效。

② 菖蒲：亦名石菖蒲，天南星科多年生草本植物石菖蒲的根茎。可入药，有开窍、豁痰、理气、活血、散风、去湿之功效。

山药膏：山药去皮，煮熟捣烂，拌洋糖、脂油丁、松仁、淡肉①，和糯米粉炁（疑为蒸字）。熟透装碗供客，或片用。掘出药根蒸用甚美。

素烧鹅：煮熟山药，切寸为段，腐皮包，入油煎之。加酱油、酒、糖、瓜姜②以色红为度。

山药粉：鲜者捣，干者磨，可糕可粥，亦可入肉充馔。

［ 百合（六月交新）］

百合糕：熟百合研粉，糯米粉、冰糖米（疑为末字）揉匀，包脂油，小甑炁（疑为蒸字）。百合煨久成汁，加洋糖，或用汁调和诸菜汤。

百合根：采根辨（疑为瓣字）晒干，和面粉作汤饼炁（疑为蒸字）食，益血气③。

百合折（疑为拆字）片：拖椒盐、面油炸。山药同。

百合剥片：煮熟，加洋糖。

［ 薏仁（月［疑月为十月之误］交新）］

薏仁：用腐渣擦洗无药气。以新为贵④。淮北人多种之。新获者色白，煮之汁腻。陈久则霉，且有油耗气。

葛仙米：将米淘净，煮半熟用鸡汤、火腿汤煨。临上时要只见米，不见鸡肉、火腿搀和才佳。

---

① 淡肉：扬州俗语，指新鲜猪肉。

② 瓜姜：扬州俗语，指腌制的菜瓜和生姜。

③ 益血气：百合入药，有润肺止咳，清心安神之效，故言之。

④ 以新为贵：以当年收获的为好。

［ 何首乌（八月交新）］

煨首乌块：久食能乌须黑发。

酱何首乌：竹刀去皮，切片装袋，入甜酱内十日。拌莳萝①、花椒、麻油。

首乌粉：削去外皮，水浸磨粉，拌洋糖，冲开水用。

首乌片：切片，晒干装盘，鲜用。或刻花，或切段。亦可福桔配首乌。

［ 莲子 ］

六月交新。湘、建、江、浙俟至八、九月始有。收藏莲子用干荷叶作衬。所谓子不离母，虫不离（疑为敢字）蛀。又，莲子、南枣用干稻草切寸段拌藏，不蛀。

［莲子去皮法］：滚水泡莲子，入红炭火一淬，闷片时，其皮能脱。又，整莲子下罐，每斤用草灰二碗，水滚，莲嘴自浮出水面。取起放竹箩中擦去衣，其皮亦脱。

［煨莲子法］：煨莲子砂罐口皮纸封固，漫（疑为慢字）火煨易熟，且整颗不散。建莲子②虽贵，不如湖莲之易熟煮也。大盖小热，抽心后下汤③，用文武火煨之，闷住合盖，不可开视，不可停火，如此两柱香，则莲子熟时不生骨④矣。

煨莲子：新莲子整颗去皮心，俟水滚下之，入洋糖煨透，不碎。又，莲子用鸡汤汁煨，加火腿或鸡丁。薏仁、芡实同。

---

① 莳萝：为伞形科植物莳萝的果实，气微香，可作调香剂。入药有温脾肾、开胃、散寒、行气、解鱼肉毒的功效。

② 建莲子：福建建宁产的莲子。莲子系睡莲科植物莲的果实，可入药，有养心、益肾、补脾、涩肠之功效。

③ 抽心后下汤：去掉莲芯后放在开水里。

④ 不生骨：骨，扬州俗语，指原料内部有没熟透的硬块。

糖莲：采整颗，去皮、心，用糖，滚米粉①蒸过，可作汤点②。

糖莲干：夏日，新莲子去皮、心，洋糖腌一日，晒干或烘（疑缺干字），贮用。

莲子缠：莲肉一斤，煮熟去皮、心，拌菏（疑为薄字）荷霜二两、洋糖二两，缠身③焙干，入供。杏仁、榄仁、胡桃仁同。

莲子糕：莲肉去皮、心，磨、晒筛过，和糯米粉、冰糖研末，小甑蒸，切糕。又，研碎磨粉，洋糖冲服。

莲子粥：莲肉先煨，入白米再煨，以烂为度。

酱莲子：去皮，心，装袋，晾干入甜酱。

[莲子菜]：莲肉煨水鸡腿。莲肉煨鱼肚。莲肉煨柿子。莲肉瓢鸭。莲肉煨面筋切骰子块。俱佳。

莲房：去皮，取瓢并蒂，先入灰煮。又换清水，煮去灰味，同蕉（疑为焦字）脯法，焙干压扁。

莲子膏：取糯莲子，去皮、心，入冰糖，慢火煨一宿。未化之莲④，捞起研烂再煨。面洒瓜子仁、刳碎去皮核桃仁。

［ 藕（五月有）］

白炭刮皮，则藕不锈⑤。切用竹刀，煮忌铁器。同盐水食不损口。同油炸面、米食，无渣。同菱肉食则软而香甜。入草灰汤煮，易烂。藕粉非自磨者，信之不真。百合粉亦然。

熟藕：藕须灌米、加糖自煮，并汤极佳。外卖者多用灰水，味变不可用

---

① 滚米粉：在米粉中滚（使之沾满米粉）。

② 可作汤点：当作茶点，喝茶时吃的点心。

③ 缠身：让薄荷霜、洋糖沾满（莲子）全身。

④ 未化之莲：化，扬州俗语，指煮烂。未化之莲，即没有煮熟透的莲子。

⑤ 则藕不锈：藕去皮后会迅速产生褐色物质，俗谓之"锈"。如用白炭刮皮，则藕不会生出褐斑。

也。余性爱嫩藕，须软熟，须以齿决①，故味在也。如老藕一煮成泥，恐无味矣。并忌入洋糖。

烧藕：切长方块，加脂油、酱、豆粉烧。

烧藕片：藕片加（疑为夹字）火腿条，拖米粉烧。

煎藕片：切片，脂油煎。加甜酱、豆粉煎。

[菜灌藕]：仍将盖签上，煮熟，去皮切片。又，灌各种攒菜，煨烂切片。

晕（疑为荤字）灌藕：拣大藕，灌虾丁、火腿丁，煮熟切片。

炸灌藕：灌鸡脯、虾脯，切片拖面，油炸。

酱藕：洗净去皮，切块，晾干装袋，入甜酱。

藕干：切条，煮一、二沸，用篦筛晾去水。一层藕，一层糖，腌一复时，仍用筛盛，烘干，晚复入卤，次日复烘，三次为度。

藕粉：先将冷水调匀，配碎胡桃仁、桔饼丁、洋糖，用开水冲搅熟。

湖藕：拣生者截作寸块，汤焯盐腌去水②，加葱、油少许，姜、桔丝、大小茴末，黄米饭研烂拌匀，用荷叶包、压，隔宿用。

做藕粉：老藕切段浸水，将磨缸上架起，以就磨上擦之，淋浆入缸，绢袋绞滤，澄去水，晒干。每藕二十斤，可成粉一斤。藕节粉疗血症③。

素水鸡：藕切直丝，拖面，少入盐、椒，油炸。

[李（五月有，六月止）]

盐李：黄李，盐腌去汁，晒干去核，再晒。用时以汤洗，荐酒。

瓢李：取李，挖去核。青梅、甘草滚水焯过，用洋糖、松仁、榄仁研

---

① 须以齿决：应该用牙齿一咬就断（而不能粘牙）。
② 去水：指盐腌后挤去藕中咸水。
③ 藕节粉疗血症：藕节有止血散淤之功效。《纲目拾遗》："藕节粉开膈，补腰肾，和血脉，散淤血，生新血。产后及吐血者食之尤佳。"

末，填满蒸熟。

李脯：大黄李，去皮、核，放筛内烘干，拌洋糖。

[苹果（六、七月有，次年正月止）]

猥（疑为煨字）猪肉：生苹果切厚片，煨猪肉或煨羊肉。

整烧苹果：撕去皮，挖空，填鸡丝等馅，酱油、脂油烧。

平安果：苹果挖空，填馅，用浓汁脍，配安豆头^①，名平安果。

苹果糕：去皮、核，切细，拌糯米粉五分，冰糖研末，脂油切小丁和入，印糕蒸。

苹果酒：见酒部。

苹果片：拖糖面或盐（疑缺面字），油炸。

苹果膏：生者切片用。熟者去皮、心，捣糜，照山药糕式，但不可加油。

[葡萄（六、七月有，可用至次年正、二月）]

葡萄干

葡萄酒：见酒部。

葡萄糕：鲜葡萄拧汁，拌糯米粉、洋糖、脂油丁作糕，切块蒸。

[甘蔗（十月交新，六月有青皮蔗）]

甘蔗同银杏食，无渣。

[荸荠蔗]：甘蔗削荸荠式，装小盘。

---

① 安豆头：扬州人称豌豆苗的嫩茎叶为安豆头。

[甘蔗茶]：甘蔗捣汁，冲茶。

假杨梅：甘蔗去皮，取心削圆，洒红色，或拌洋糖、姜卤，内放带叶小梅条一、二枝，俨与杨梅无二。

[白果（即银杏。六、七月有）]

烤白果：新择（疑为摘字）下白果，去壳，用铁丝络烤熟。乘熟（疑为热字）拌洋糖。

白果糕：熟白果研开，和糯米粉三分，香稻米粉三分，洋糖，脂油丁捣匀，印糕蒸。

[无心果]：白果去心，入洋糖煨。姑苏城内之五条巷，有庙，曰五显庙。殿前大银杏一棵，其果无心。俗土人呼为无心果，惜不多得。

[煨白果]：白果配栗子、藕煨。又，火煨白果，先取一个紧握，余果不爆。多食能醉人①。又，白果与萝卜、菜梗同煮，味不苦。

烧白果：酱烧白果肉，加脂油。

[橄榄（一名青果）]

江、浙七、八月有，次年三月止。橄榄味长，胜含鸡舌香②。饮汁解酒毒、河豚。如无橄榄，用核磨水饮。并化诸骨鲠喉，去口气③。又，用萝卜片拌之，日久不坏，可以行远。又，完好橄榄入点锡灌（疑为罐字）。皮纸封固，可至夏日。又，食橄榄必去两头，其性热也。与盐同食，无涩味。

---

① 多食能醉人：《日用本草》："（白果）多食壅气动风。小儿多食昏霍，发惊引疳。"《本草纲目》："多食令人腹胀。"元人贾铭《饮食须知》："银杏能醉人，食满及千者死。"

② 鸡舌香：即公丁香，其形如鸡舌，故名。含有挥发性丁香油，故可作调香剂。含口中可去口臭。入药有温中、暖胃、降逆之功效。

③ 口气：即口臭。

钱橄榄：磁锋①刮去外皮，用河水入沙铫内，煮三、四沸即软。铜刀刻花，以熬过洋糖钱。

橄榄脯：砂跳（疑为铫字）内先铺洋糖一层，青果一层，不拘多少几层，用乌梅三、四梅（疑为枚字）盖顶，再入洋糖，隔汤煮一宿取出，内加（内加两字疑为用字）矾红水一浇，沥干，油纸衬，烘成脯。

橄榄糕：白圆②切片，烘干研末，白面调和，加洋糖、松仁、核桃仁作馅，炭火炙熟。

橄榄饼：切碎，烘干研末，拌洋糖印饼。长途解渴最便。

榄仁饼：取仁研碎，加洋糖印饼。

炸榄仁：麻油炸酥，加甜酱拌。

制橄榄膏：用竹刀去青皮，削肉研末，炖作膏，点茶。

制橄榄丸：百药煎③五钱，乌梅五分，木瓜、干葛④各一钱，檀香五分，甘草末五分，甘草（疑为橄榄）膏为丸，晒干用。

橄榄茶：见茶部。

［ 柿（七、八月有）］

红柿摘下未熟（疑缺者字），每篮入木瓜二、三枚，得气即发，并无涩味。又，每柿百枚，用矿灰一升调汤，浸一宿，味不涩。若迟用，将汤停冷浸之。又，柿未熟，味涩不可食，肥皂能熟之。每生柿百枚，用肥皂二枚同放盆中，二宿即熟。

柿饼：蒸熟，压扁去核，洒洋糖。柿饼略蒸，更觉软熟可用。充假耿饼

---

① 磁锋：有刃口的碎瓷片。

② 白圆：即橄榄。又名白榄。

③ 百药煎：系五倍子同茶叶等经发酵而制成的块状物，为灰褐色之小方块，表面间有黄、白色斑点，微有香气。可入药，有润肺化痰，生津止渴之功效。

④ 干葛：即葛根，豆科多年生藤本植物葛的块根，呈长圆柱形，切片后用盐水、白矾水、淘米水浸制而成。入药有升阳解饥，透疹止泻，除烦止渴之功效。

者即此法。

柿条：切条或切各种花式，嵌胡桃仁。

柿霜清隔膏：柿霜二斤四两、桔皮八两、桔梗四两、菏（疑为薄字）荷六两、干葛二两、防风四两、片脑一分，共为末，甘草膏和入，印饼。

制柿：生柿入缸，用滚水泡一宿，次日即熟。又，去皮捻扁，日晒夜露，候至干，晒纳瓮中，待生霜，取出即成柿饼。又，取半熟方柿，用香油炸之，甚佳。又，糯米一斗，大柿一百个捣烂，同蒸为糕。或加枣去皮，煮烂拌之，则不干硬。又，柿饼烂，加煮熟腌肥肉条，摊春饼，作细卷，切段。又，单用去皮柿饼作馅亦可。

琥珀糕：柿核（疑为饼字）浸透，去皮磨粉，和冰糖水、熟糯米粉，印糕。

[桔（七、八月有，次年正月止。福州上，衢州①次）]

桔性畏冷。

藏桔：松毛包桔入坛，三、四月不干，须置水碗于坛口。橄榄同绿豆内藏桔亦久。又，桔以菏（疑为薄字）竹刀就其蒂边微勒一匝，其汁不枯。以糯米数粒置桔中，仝筐尽烂。又，藏桔，地中掘一窖，或稻草或松毛铺寸许厚，就树上摘下青桔，不可伤皮，逐个排窖内二、三层，别②用竹作架，又以竹作帘搁上，再放一、二层、以缸覆定，四周湿泥封固，至来春如故。

横切桔：去皮，整个横切，中心嵌青豆一颗，装盘。

饯桔：桔去（疑缺皮字），入铜锅煮熟，取起，周围刮缝去核，捺扁入罐，用炖过洋糖饯贮。又，煮熟，入水浸去涩味，切丝或整个入糖饯。

桔皮丝：青桔皮切丝，晾干拌合种小菜。

---

① 衢州：古州名，在浙江省。唐时置州，以境内有三衢山而得名，治所在今衢州市。
② 别：另外。

瓤红桔：小红桔挖去瓤，用藕粉或豆粉和洋糖，或用各种馅灌满，蒸熟油炸，可烧可脍。

酱桔皮：福桔皮腌去辣味，线穿装袋，入甜酱酱之。

桔皮糕：刮碎，和糯米粉五分，香稻米粉五分，洋糖、脂油丁揉匀，蒸热切块。橙子、金豆、金桔、天茄各皮作糕同。

制陈皮：桔皮半斤、白檀一两，青盐一两、茴香一两，四味用长流水①二大碗同煎。俟水干，拣出桔皮，贮磁器内，勿令出气。每日空心②取三、五斤（疑为片字）细嚼，白汤下。又，桔二十两，盐煮过，茯苓末四分、丁皮末四分、甘草末七分、砂仁末三分同拌，焙干。

福桔汤：福桔饼撕碎，滚水点饮。

［　金桔　］

金桔入汤煮过，装锡罐，浸以麻油。又，藏金桔于绿豆中，经久不坏。

蜜饯金桔：金桔以蜜渍之，经年不坏。又，入蜜煮过亦妙。

糖腌金桔：金桔用糖蒸过，复用糖拌之，香味绝伦。

金桔饼：刀划缝，捺扁，拌糖腌。又，去核，拖洋糖、面油炸。

酱金桔：焯去酸味，装入甜酱。

金桔：配红果装盘。

金桔茶：见茶部。

［　金豆儿（即决明子）］

焯金豆：取豆，滚水焯，供茶香美可口。

---

① 长流水：流动的河水。

② 空心：空腹，吃饭以前。

[石榴（七、八月有，次年二月止）]

河北者佳。大石榴连枝藏新瓦坛，纸封十余重，日久如鲜。

[拌石榴]：石榴子拌洋糖。

石榴冲茶。

石榴羹：拣大石榴子拧汁，配鸡皮、鸡汁作羹。

[荸荠（广名①马蹄）]

煨荸荠：去皮切片，配鸭片舌、火腿片，有莴苣时，切片同煨。

荸荠圆：配鱼（不拘何等鱼）刮碎，加豆粉作圆，鸡汤脍。又，石耳脍。荸荠圆切片亦可。

荸荠荤饼：荸荠去皮、擦绒，配虾绒、酱油、酒，作饼煎。

荸荠素饼：切碎，入豆粉、姜汁、黄酒、盐，刮绒作饼，麻油炸。

瓤荸荠：去皮，削圆、挖空，心嵌鸡绒烧。或蒸熟填玫瑰糖。

荸荠糕：煮熟，捣烂，和面加洋糖蒸。糕上印胭脂梅花点。

荸荠卷：取荸荠汁，和糯米粉，包豆沙、糖，作卷油炸。

荸荠干：洗净，去皮烘干。

风荸荠：用草把擦去泥（勿见水，恐烂。）拌圆眼，悬风檐下。

糖荸荠：晒干、去皮，淡盐腌，装袋入甜酱，用时切片。

卤荸荠：闭瓮菜卤煮荸荠，削去外皮。

荸荠粉：晾干，去皮，磨粉用之，可以不饥。

荸荠片：切片，拌洋糖用。

[荸荠花色]：荸荠去皮，用粗砂石擦作寿桃式，桃嘴点胭脂，衬天竹叶，装围碟用。又，作菊花式抽起，中心点胭脂。又，糖、姜丝拌荸荠丝。又，荸荠去皮、切片，拖盐、面油炸、或刮碎，和豆粉、洋糖蒸。又，去皮，

---

① 广名：广州人叫的名字。

入洋糖煨。

[荸荠茶]：荸荠捣烂，擦汁冲茶[①]。

荸荠签花：对开作两瓣，中心点胭脂。

荸荠整个刻花。

小熟荸荠，配梅肉圆装盘。

[荸荠衬菜]：荸荠去皮，削圆作衬菜。荸荠配炒蛤蜊肉。又，脂油、酱、豆粉、笋片片炒荸荠片。水鸡豆炒荸荠片。

炒荸荠丝：切丝，脂油、酒、盐、蒜丝炒。

八宝羹：荸荠、白菜（疑为果字）、菱、栗、枣、藕，加糖（疑缺煨字）之，用小碗盛上。杭州菜也。

荸荠羹

[糖球（江、浙九月有，次年三月止）]

北方呼"山里红"，即"山查"（疑为楂字）。南方呼"糖球"，又名"红果"。和浮炭水同装磁瓶，过时不变色，而且不坏。

饯糖球：蒸熟，去皮、核，用熬过洋糖饯。

糖球糕：糖球拧汁，和面粉，加洋糖蒸糕。又，熟糖球去皮、核，研开，和糯米粉、洋糖拌蒸，切糕。香芋糕同。又，山东大山查（疑为楂字）去皮、核，每斤用洋糖四两捣糕，明亮如琥珀，再加檀屑一钱，香美耐久。又，蒸熟去皮、核，杵极烂，称重与洋糖对配。如不红，加红花浓汁，杵匀，用双层油纸摊平，包方压扁，或印花，或整个切条块收贮。倘水气不收，用炉灰排平，隔纸将糕摊上，纸盖一、二日，收干水气，装用。又，煮熟去皮、核留肉，将煮山查（疑为楂字）之水下糖，乘滚泡浸查（疑为楂字）肉，其味酸甜，可作围碟之用。又，不拘多寡，去两头及核，蒸熟。每

---

① 擦汁冲茶：用荸荠的汁液（以开水）冲泡成茶。

肉一斤，加洋糖半斤捣烂。盆内先铺油纸，将糕均铺纸上，再以抿子①抹平，面盖油纸，过三、二日切块。将用再切。又，将红果略蒸取起，去其外皮，拌洋糖。每查（疑为楂字）一斤，该糖②半斤。

乳酥拌红果：红果蒸熟、去皮、核，略捣，将乳酥刮片拌之，少加洋糖。

红果錾花：配荸荠花。

[香橼]

香橼去蒂，以大蒜捣烂，罨蒂上③，则满屋皆香，须用湿纸盖。又，香橼蒂插芋内，不瘪。

香橼脯：取去切条，焯去辣味，蜜饯。又，切碎丁，或切片，或整块，蜜饯用。

香橼丝：取去煮熟，入清水浸去涩味，切丝。用糖下锅，熬熟饯之，冷定收贮。佛手同。加入盐梅饯之。

香橼挤汁：入洋糖、茶、菊瓣，磁瓶收贮，可以醒酒。

酱香橼皮：滚水焯去辣味，切细条，装袋入甜酱十日，加麻油收贮。或配入酱小菜亦可。

香橼皮霜：香橼对半切开，取皮，切斜片，滚汤一焯即起出，用清水浸，一日一换。七日后又烧开水，一焯起出，沥干贮大盆内，用洋糖菭菭（疑为薄薄）铺匀。隔二日可入味。晒八分干，再拌洋糖。棉纸衬筛摊晒，上霜贮用。佛手同。每香橼五斤，用洋糖一斤。又，香橼皮蒸熟，用河水泡去涩味，披菭（疑为薄字）片，洋糖为衣，烘干用。

香橼煎：取皮切丝，煮一、二滚取出，沥干，每蜜一两，加水一分，于

①抿子：抿，音mǐn敏。一种工具，上窄下宽，类似漆工所用腻刀。一般多用牛角等制成。

②该糖：用糖。

③罨蒂上：罨，音yǎn掩，敷。敷在（香橼）蒂上。

银磁器中慢火熬稠，入香橼丝于内，略搅，连器取起、经一宿又熬，略沸取起，候冷又熬，一沸取起，又候冷。磁器收贮，荐酒用。

[佛手（六月交新）]

蒂上少放冰片，以湿纸围固，经久不坏。又，捣蒜罨蒂，其香更溢。

佛手装桶：用桔片叶逐层隔衬，可以行远不损。

佛手片：洋糖腌透，晒干。

佛手露：将佛手切条，浸酒。

佛手糕：取佛手汁，和糯之（疑为米字）粉，包豆沙、脂油丁，小甑蒸。

酱佛手：与香橼不同者，香橼只酱皮，此则全酱。

[橙（八、九月有）]

甜橙以燥松毛逐层铺放，或用绿豆亦可。近酒即烂。又，用一大碗盛橙，以小碗盖之，泥封，可至次年四、五月。

香橙饼：黄香橙皮四两，木香、檀香各三分，白豆仁一两，沉香一分，毕澄茄[①]一分，冰片五分，共捣为末，甘草膏为饼。

橙片：焯去涩味，晒干，拌洋糖烘。

橙丝：入作料用。

[木瓜（[疑缺八、九两字]月有）]

法制木瓜：初收木瓜汤焯白色为度，取出晾冷，头上开孔去瓤，入盐一

---

① 毕澄茄：《本草纲目》"毕澄茄，海南诸番皆有之。蔓生，春开白花，夏结黑实，与胡椒一类二种，正如大腹之与槟榔相近耳。"

小匙，少顷化成水。先将官桂、白芷、藁草①、细辛、藿香、川芎②、胡椒、益智子③、砂仁各等分，研末和匀，每一瓜中，入药一小匙，将木瓜内所化盐水调搅，曝干。又入熟蜜令满，曝干收贮。又，制木瓜勿犯铁器。以铜刀削去硬皮并子，切片晒干，以黄牛乳拌蒸，从巳至未④，待如膏，乃晒用也。又，木瓜、橙、桔皆可作糕，但当蒸熟去皮，捣烂揉细，加糖，与山查（疑为楂字）糕一样做法。

[紫苏（[疑缺四、五两字]月有）]

紫苏饼：四、五月摘嫩紫苏叶，洗净、剐碎，或加盐、糖和面，先将锅烧红，入麻油少许，熬锅摊饼。饼宜菏（疑为薄字）。作饼之用生面粉七分，炒熟面粉三分，饼始发松。

菏（疑为薄字）荷、桂花、玫瑰、白玉簪同。又，取叶杵烂，去丝，挤去汁，入糖再杵，合印成糕。又，紫苏叶炸用，煮饮亦可。其子研汁，煮粥甚美。又，叶可生用。与鱼炸羹，味尤美。

面水鸡：取紫苏嫩叶、黄酒、酱油，少加姜丝，和面，拖水鸡油煎。

素水鸡：又将面和稠，入紫苏嫩叶、香芄、木耳丁，少加盐，油炸脆。

---

① 藁草：藁，音gǎo搞。伞形科多年生草本植物蒿本的干燥根茎，含挥发油，可入药，有散风寒，祛湿邪之功效。

② 川芎：伞形科多年生草本植物川芎（音xiōng胸）的根茎，呈不整齐结节状拳形团块，含挥发油等。可入药，有行气开郁，祛风燥湿，活血止痛之功效。

③ 益智子：姜科多年生草本植物益智的果实，干燥呈纺锤形或椭圆形。入药有暖脾，暖肾，固气，涩精之功效。

④ 从巳至未：巳，音sì寺，十二时辰之一，九时至十一时。未，十二时辰之一，十三时至十五时。从巳至未，约等于半天的时间。

［　薄荷　］

菏（疑为薄字）荷饼：鲜菏（疑为薄字）荷杵细，入糖再杵，印糕。

菏（疑为薄字）荷糕：菏（疑为薄字）荷晒干、研末，将糖下小锅熬至有丝，先下炒面少许，后下菏（疑为薄字）荷末。案上亦洒菏（疑为薄字）荷末，乘热泼上，仍用菏（疑为薄字）荷末捍（疑为擀字）开，切象眼块。又，糯米粉二分，香稻米三分，菏（疑为薄字）荷刮极细末，加洋糖，蒸块切。又，将菏（疑为薄字）荷浸水，拌糯米粉蒸，或将菏（疑为薄字）荷用布包甑底，其气透亦可。

［　桑椹（月有［疑为四、六月有］）］

［桑盆洗面］：桑木榧盆洗脸，终身无眼疾。

［桑椹丸］：桑椹利五脏，闭关节，通血气，久食不饥。多收，晒干捣烂，蜜和丸，每日服六十九，终身不老。

［桑椹方剂两则］：又，取黑桑椹一升，蝌蚪一升，瓶盛封闭，悬屋东边，尽化成泥，染白须如漆。又，桑椹十四枚，配胡桃仁二枚研烂，拔去白须，填孔中即生黑须。（见《本草拾遗》）

［藏桑椹］：采桑椹，熟者熬成膏，摊桑叶上晒干，捣作饼收贮。或取桑椹子晒干，可藏经年。取桑椹子汁，置瓶中，封三、二日即成酒，其味似葡萄酒，甚佳。亦可熬烧酒，藏久味力愈。其叶（疑缺不字）拘嫩老者，皆可拖面粉炸。用其皮炒干磨粉亦可。

桑椹酒

［　枸杞（月结子［疑为七、十月结子］）］

子及嫩叶、苗头皆可食，四时俱佳，冬食子。

枸杞粥：取子，和白米煮粥。

枸杞茶：深秋摘红色枸杞子，和干面粉成剂[①]，桿（疑为擀字）饼晒干，复研细末，每末二两，配茶叶一两，酥油三两，或香油亦可，盐少许，入锅煎熟用。

枸杞膏：不拘多少，采红熟者，用无灰酒浸，冬六日，夏三日，取出研碎，布袋绞汁，与前浸酒入铫，慢火熬膏，贮磁器内，重汤煮。每服一匙，入酥油少许，温酒调下。

枸杞汁：去蒂，洗出沥干，盛夹布袋内，于砧上推压、取汁，澄一宿，慢火熬过，瓮器收贮。每服半匙，温酒调下。

甜菜头[②]：即枸杞头，配鸡片或鸡皮、作料炒。

[玫瑰　桂花]

玫瑰花四、五月有，桂花八、九月有。捣去汁而香乃不散，他花不能也。

野蔷薇及菊花叶亦可去（疑为取字）汁。

鲜玫瑰花：阴干露水，矾腌，榨成膏。入茶油，即玫瑰油。

上年[③]先收酸梅，盐腌，俟晒久有汁，入磁瓶存贮。次年摘玫瑰花阴干，将梅卤量为倾入，并洋糖拌腌，入罐封好听用。矾腌者，只宜浸油，不可食。如无梅汁，不能久留。亦有用梅盐卤腌，临用洗去盐味者。

桂花同

蜜饯玫瑰、桂花朵：晾干去蒂，浸蜜。整朵装盆，锤烂，去汁用渣，入洋糖，印小饼。

玫瑰卷酥：玫瑰膏加洋糖、脂油丁，包油面作卷，脂油炸酥。

玫瑰粉饺：玫瑰膏和豆粉作饺，包脂油、洋糖。面饺同。

---

① 成剂：做成厚扁平状。扬州人称相等分的厚块状为剂子。

② 甜菜头：扬州人称枸杞嫩茎叶为甜菜头。

③ 上年：前一年，去年。扬州口语。

玫瑰糕：玫瑰膏揉糯米粉，包脂油、洋糖蒸。

玫瑰酱：玫瑰瓣入洋糖卤钱。又，甜酱炸入玫瑰片，蘸用。又，花片入缸，以之酱物亦佳。

玫瑰酒

桂花饼：取才放桂花①，挤去汁，入糖捣烂，印饼。

桂花糕：取花，洒甘草水，和米春粉，作糕。又，桂花拌洋糖、糯米粉，印糕蒸。

桂花糖：洋糖十斤先煮，滴水不散，下粉浆二斤（粉浆即麦麸节所余之水，澄下白粉是也。）再煮龙眼肉样②，下桂花卤，玫瑰卤亦可。再煮，倾起，候冷捍箔（疑为擀薄）摊开，整领剪块。要煮明糖，候煮硬些取起，上、下用芝麻铺压，以面捍（疑为擀字）摊开。按，西瓜糕及桂花糖，均可（疑缺用字）饴糖。

［ 蔷薇 ］

蔷薇膏：蔷薇俟清晨初放时采来，不拘多少，去心蒂及瓣头有白处摘净。花铺于罐底，用洋糖盖之，扎紧。明日复取花，如法制之。候花过时③，罐内糖、花不时翻转，至花略烂，将花坐于微火上煮片时，加洋糖和匀，扎紧候用。

［ 菊花 ］

八、九月有，霜后渐干而不落。杭州城头所产紫背单瓣者，曰"茶菊"，贡物也，不可多得。

---

① 才放桂花：扬州人称刚开始为才。才放桂花即刚开始开放的桂花。
② 再煮龙眼肉样：鲜龙眼肉半透明而质嫩。将澄粉煮成这般样子。
③ 候花过时：等花全开放过之后。

藏菊：鲜冬瓜切去盖，藏菊朵于瓤内，仍盖好，放稻草中煨（疑为偎字）之。

炸菊苗：春、夏收金菊旺苗嫩头，汤焯取起，将甘草水和山药粉，拖苗油炸。

饯菊：采茶菊瓣，用熬过洋糖饯。

菊花饼：茶菊取花瓣捣烂，挤干，洋糖拌匀，再捣印饼。菊花、荷蕊、圆眼、南枣，皆可蒸露。

［炸菊叶］：菊花嫩叶，拖粉油炸。

［ 栀子花 ］

［炸栀子］：栀子花，一名"檐菊"。采花净洗，水漂去腮。用面粉或糖、盐作糊，拖过油炸。又，取半开花，矾水焯去，入细葱丝、大、小茴香、花椒、红曲、黄米饭，研烂，同盐拌匀，腌压半日用。

［饯栀子］：又，矾水焯过，蜜饯，其味亦美。玉兰瓣、芍药瓣、茉莉叶、荷花瓣、莲须、菊叶、新花椒叶，俱可拖面粉油炸。

［ 藤花 ］

藤花：采花洗净，盐汤洒拌，入瓤蒸熟，晒干作馅食，美甚。荤用亦可。

又，采花炸熟，水浸洗净，油、盐拌，微炸晒干，用尤佳。

［ 松花　苍耳 ］

松花蕊：拣去赤皮，取嫩白者，熟蜜渍食，甚香脆。

苍耳：采嫩苗叶炸熟，换水浸去苦味，淘净，油盐拌。其子炒微黄，捣去皮，磨粉作烧饼，或蒸用。取子熬油，可点灯。

[红花子]

红花子：拣子淘去浮者，臼内捣碎，入汤泡汁，更捣更煎，锅沸，入醋点住，绢挹之①，似肥肉。素食更美。

[花露]

茉莉花蒸露，气极臭。珍珠兰根有毒，蒸花露者忌之。他如梅、兰、桂、菊、莲、玫瑰、蔷薇之类，并南枣、圆眼，皆可蒸露。

（以下九条原在衬菜部）

[收青果法]

收青果法：白萝卜切片，一层青菜（应为果字）一层萝卜，收磁瓶内久而不干。又，以马蹄松切碎②收亦妙。

制香缘（疑为橼字）：破四、五瓣，不劈开，去内粗丝及核，用河水泡五、六日，每日换水。取起榨干，用洋糖入蜜少许，同香缘（疑为橼字）熬干，以一炷香为度，成饼。又，香缘（疑为橼字）皮切丝，用核水浸去皮瓤。丝，核水浸如前，用热蜜、洋糖熬成酱圆。

制橄榄（即贡榄）：大橄榄一百枚，磁片刮去皮，投水中刮完。铜锅下蜜一斤，双梅三、五枚，和匀橄榄，先武后文熬，不住手搅，以汁尽为度，取起晒干。

藏核桃肉：桃肉入锅炒，用棕刷刷衣，用新炒米埋入坛中，久不油。

熟栗：将栗俟次近锅底至锅边俱排好，锅脐中少着水，用纸一层盖栗上，洒湿，盖锅微火煮，片时即熟。

---

① 绢挹之：挹（音yì邑），汲取，舀。用绢将红花子的稠浆兜起来。
② 马蹄松切碎：马蹄即荸荠，松切碎，用刀拍酥后再切。

收梨：白萝卜尾挖空，将梨蒂插入尾内，久之不干。

收诸果：半熟摘下，用腊雪水净之。以一层麻布、一层棉布扎坛头，柿漆涂之，可收三年。凡果要有衣者。

又，收法：开花时，如李子大即用油纸袋以线缚之，至霜后摘之。七日换一白果在蒂上，可收二年。

榧酥法：榧子去壳烘极热，米泔水熬之，取起去皮再烘热，复以冷水激之如前再一次，则榧子酥不可言矣。

柑桔（化痰清火）：玄明粉、半夏、青盐、百药煎、天花粉、白茯苓（各五钱）诃子、甘草、乌梅去核（各二钱）硼砂、桔梗（各三钱）以上俱用雪水煮半干，去渣澄清，取汤煮柑桔，炭火微烘，翻二次。每次轻轻细捻，使药味尽入皮内，如捻破水出，即不妙矣。